＼初心者から／

ちゃんとしたプロになる

HTML+CSS

実

NEW STANDARD FOR HTML+CSS

相原典佳
草野あけみ
サトウハルミ
塚口祐司 共著

books.MdN.co.jp
MdN
エムディエヌコーポレーション

はじめに

本書は「初心者からちゃんとしたプロになる」シリーズの第4弾となる書籍です。HTMLとCSSの基本をひと通り習得した方を主な読者対象としており、制作現場で必要になる、HTML・CSSを中心とした「Webコーディング」の技術とフロンドエンドの実装技術の周辺知識に特化した内容になっています。

たとえばWebデザイナーの養成スクールを卒業された後に、「どのようにWebコーディングの技術を伸ばしていいのかわからない……」といった悩みを抱えている方、本シリーズの『Webデザイン基礎入門』や『HTML+CSS標準入門』に取り組んだあと「もう一歩先にチャレンジしたい！」という方などにとって、ちょうどよい内容を目指しました。

全7章構成で前半のLesson1からLesson3までが、開発環境やフロントエンド技術の「いま」など、現場で必要になる周辺知識を解説した章となっています。まずは、ここでテキストエディタの設定や開発環境の構築などに関する知識を身につけ、制作環境を整えましょう。

後半のLesson4以降は、デザインカンプやWebサイトを題材にHTML・CSSの設計を行い、コーディングしていく実践的な内容になっています。後半は章ごとにテーマを変え、どの章から取り組んでも構わない構成ですので、興味がわいたところからチャレンジしてみてください。

制作現場の第一線で活躍できる技術レベルと、Webコーディングの初心者を脱して間もないレベルには、当然ですが大きなギャップがあります。本書では、このギャップを少しでも埋められるような内容を目指しました。「ちゃんとしたプロ」になるために、本書を最大限に活用していただけたら、著者一同うれしい限りです。

2020年7月
著者を代表して　相原 典佳

Contents 目次

Contents 目次

Contents 目次

本書の使い方

本書は、主にHTML・CSSの基本はすでに身につけた方を対象に、制作現場の実践的なWebコーディングの技術やフロントエンド開発の周辺知識を解説したものです。
本書の構成は以下のようになっています。

① 記事テーマ

記事番号とテーマタイトルを示しています。

② 解説文

記事テーマの解説。文中の重要部分は黄色のマーカーで示しています。

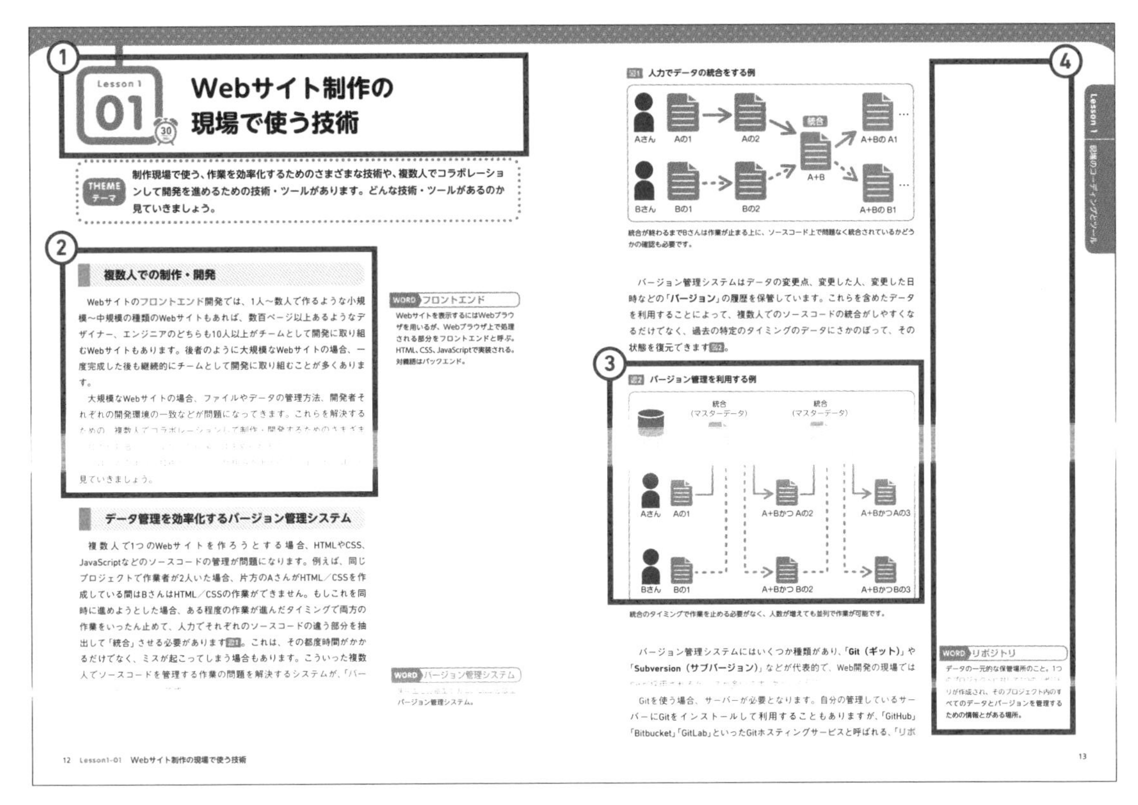

③ 図版

画像やソースコードなどの、解説文と対応した図版を掲載しています。

④ 側注

POINT 記事テーマに関連した重要部分を詳しく掘り下げています。

memo 実制作で知っておくと役立つ内容を補足的に載せています。

WORD 用語説明。解説文の色つき文字と対応しています。

サンプルのダウンロードデータについて

本書の解説で使用しているHTML・CSSファイルなどのサンプルデータは、下記のURLからダウンロードしていただけます。

https://books.mdn.co.jp/down/3220303015/

【注意事項】

・弊社Webサイトからダウンロードできるサンプルデータは、本書の解説内容をご理解いただくために、ご自身で試される場合にのみ使用できる参照用データです。その他の用途での使用や配布などは一切できませんので、あらかじめご了承ください。

・弊社Webサイトからダウンロードできるサンプルデータの著作権は、それぞれの制作者に帰属します。

・弊社Webサイトからダウンロードできるサンプルデータを実行した結果については、著者および株式会社エムディエヌコーポレーションは一切の責任を負いかねます。お客様の責任においてご利用ください。

・本書に掲載されているJavaScriptなどの改行位置などは、紙面掲載用として加工していることがあります。ダウンロードしたサンプルデータとは異なる場合がありますので、あらかじめご了承ください。

Lesson 1

現場のコーディングとツール

Webサイトの実制作の現場では、どういった技術やツールを用いてコーディングを行っていくかを見ていきます。制作現場でよく使われるエディターの1つ「Visual Studio Code」の使い方やSassのコンパイル方法も解説します。

読む　準備　設計　制作

Webサイト制作の現場で使う技術

制作現場で使う、作業を効率化するためのさまざまな技術や、複数人でコラボレーションして開発を進めるための技術・ツールがあります。どんな技術・ツールがあるのか見ていきましょう。

複数人での制作・開発

Webサイトのフロントエンド開発では、1人〜数人で作るような小規模〜中規模の種類のWebサイトもあれば、数百ページ以上あるようなデザイナー、エンジニアのどちらも10人以上がチームとして開発に取り組むWebサイトもあります。後者のように大規模なWebサイトの場合、一度完成した後も継続的にチームとして開発に取り組むことが多くあります。

大規模なWebサイトの場合、ファイルやデータの管理方法、開発者それぞれの開発環境の一致などが問題になってきます。これらを解決するための、複数人でコラボレーションして制作・開発するためのさまざまな技術や知識、ツールなどが現場では求められます。

では、どのような技術やツール、仕組みがあるのでしょうか。詳しく見ていきましょう。

WORD フロントエンド

Webサイトを表示するにはWebブラウザを用いるが、Webブラウザ上で処理される部分をフロントエンドと呼ぶ。HTML、CSS、JavaScriptで実装される。対義語はバックエンド。

データ管理を効率化するバージョン管理システム

複数人で1つのWebサイトを作ろうとする場合、HTMLやCSS、JavaScriptなどのソースコードの管理が問題になります。例えば、同じプロジェクトで作業者が2人いた場合、片方のAさんがHTML／CSSを作成している間はBさんはHTML／CSSの作業ができません。もしこれを同時に進めようとした場合、ある程度の作業が進んだタイミングで両方の作業をいったん止めて、人力でそれぞれのソースコードの違う部分を抽出して「統合」させる必要があります 図1 。これは、その都度時間がかかるだけでなく、ミスが起こってしまう場合もあります。こういった複数人でソースコードを管理する作業の問題を解決するシステムが、「バージョン管理システム」です。

WORD バージョン管理システム

集中型と分散型がある。Gitは分散型バージョン管理システム。

図1 人力でデータの統合をする例

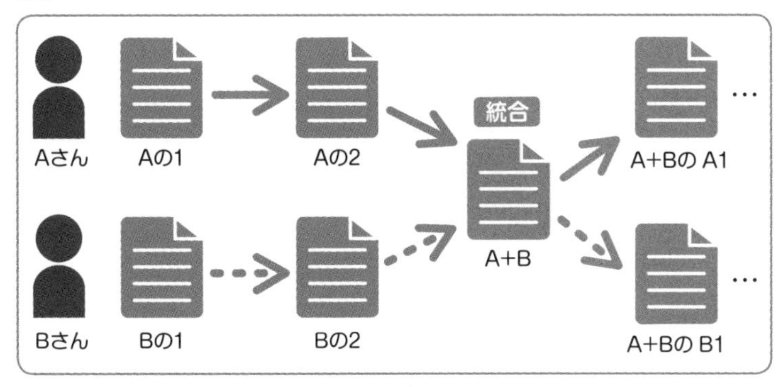

統合が終わるまでBさんは作業が止まる上に、ソースコード上で問題なく統合されているかどうかの確認も必要です。

バージョン管理システムはデータの変更点、変更した人、変更した日時などの「**バージョン**」の履歴を保管しています。これらを含めたデータを利用することによって、複数人でのソースコードの統合がしやすくなるだけでなく、過去の特定のタイミングのデータにさかのぼって、その状態を復元できます図2。

図2 バージョン管理を利用する例

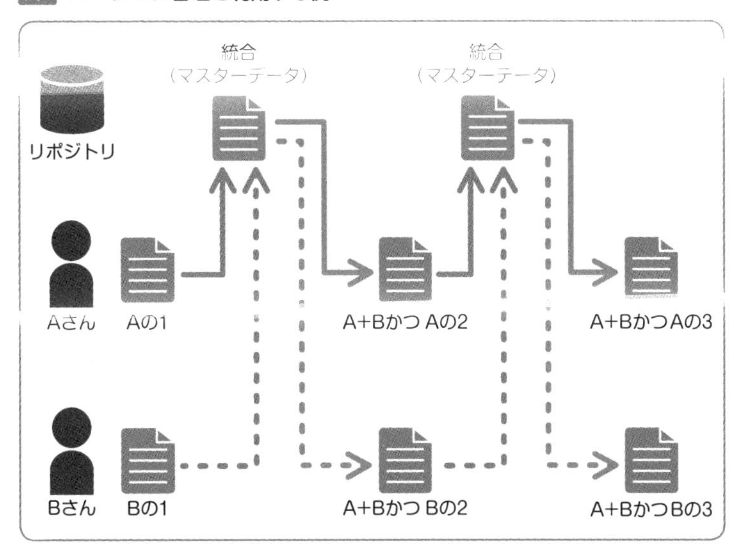

統合のタイミングで作業を止める必要がなく、人数が増えても並列で作業が可能です。

バージョン管理システムにはいくつか種類があり、「**Git(ギット)**」や「**Subversion(サブバージョン)**」などが代表的で、Web開発の現場ではGitが採用されるケースが多いです(次ページ図3)。

Gitを使う場合、サーバーが必要となります。自分の管理しているサーバーにGitをインストールして利用することもありますが、「GitHub」「Bitbucket」「GitLab」といったGitホスティングサービスと呼ばれる、「リポ

WORD リポジトリ

データの一元的な保管場所のこと。1つのプロジェクトに対して1つのリポジトリが作成され、そのプロジェクト内のすべてのデータとバージョンを管理するための情報とがある場所。

ジトリ」管理機能を備えた各種サービスを利用する場合が多いです図4。

図3 代表的なバージョン管理システム「Git」

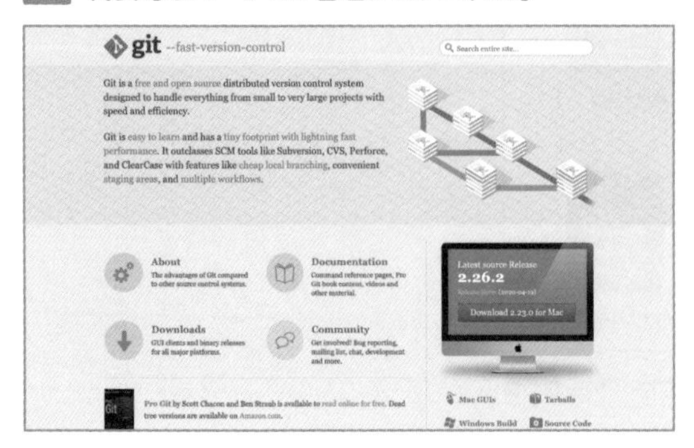

https://git-scm.com/

図4 Gitホスティングサービスの1つ「GitHub」

https://github.co.jp/

リポジトリが作成されたサーバーと、自分のコンピューターの間でやり取りをする場合、macOSであれば「ターミナル」、Windowsならば「コマンドプロンプト」というコマンド入力で操作するインターフェースを利用する機会があります。すべてのGitの操作をコマンド入力でこなすこともできますが、「Sourcetree」などのGUIのアプリケーションを利用することも検討しましょう図5。

> **memo**
> CUI（キャラクタユーザーインターフェース）またはCLI（コマンドラインインターフェース）のことです。対義語はGUI（グラフィカルユーザーインターフェース）となります（80ページ、**Lesson3-01** 参照）。

図5 「Sourcetree」のダウンロードページ

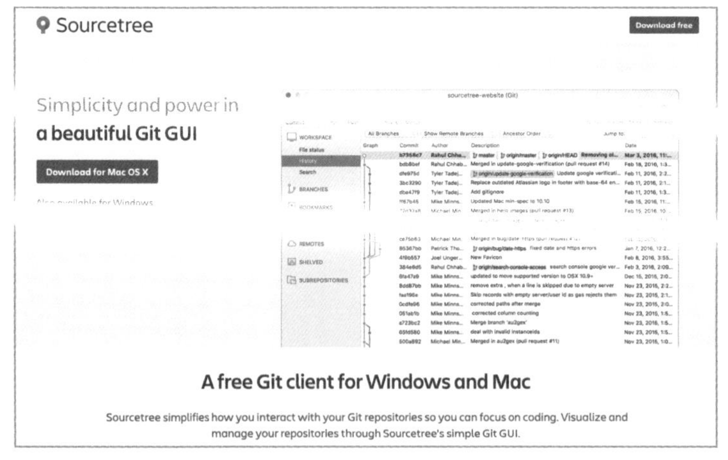

Windows／Macの両方でインストール可能です。日本語にも対応しています。
(https://www.sourcetreeapp.com/)

また、GitHubなどにはリポジトリ管理機能だけではなくプロジェクトを管理するための仕組みが備わっているので、それらを有効に活用することがチームでの開発に役立ちます。

本書では、Gitの導入方法を**Lesson3**（131ページ）で解説しています。

Webサイト開発の効率を上げる開発環境

Webサイトの制作のうち、より大規模に作っていくことを「**Web開発**」と呼びます。このとき、開発は各自のコンピューターにて行いますが、各自のコンピューターに開発するための設定や各種ソフトウェア、ツール、システムを揃えたものを、「**開発環境**」といいます。

複数人で開発する場合、この開発環境を一致させないと作成したソースコードに差異が出てしまい、品質の低下に繋がりますので、開発環境を揃えることが重要となります。可能であれば開発用のコンピューターはmacOS、WindowsなどのOSの種類をチーム内で同じものにするとよりよいです。

「**Sass**」などのCSSメタ言語などを利用しての開発となる場合、チーム内でそれらが差異なくコンパイルされるよう、「**タスクランナー**」とその設定ファイルを含めた開発環境を用意する場合が多いです。

また、「バックエンド」を含めた開発環境を各自のコンピューターで再現しようとすると、別途Linuxをインストールしたコンピューターが必要となってしまうのですが、別のOSに切り替えて動作確認をするのは手間がかかります。切り替えることなく、macOSやWindowsのまま作業をするため、「**仮想環境**」という仕組みを用意するとよいでしょう。

仮想環境とは、macOSやWindowsのシステム内に、仮想的にLinux等のシステムをエミュレーションし、システムの動作のために有用なツール群を用意したものです。「Ruby on Rails」や「WordPress」等の開発では、この仮想環境を開発環境として用いることで開発のコストを下げられます。

開発環境の中に含まれる要素として「**エディター**」がありますが、これは開発者それぞれで好みが分かれるので、エディターはそれぞれの開発者で違うものを用いることが多いです。

memo
広義での開発環境は、使用するディスプレイやキーボード、マウスなどの周辺機器、机や椅子などの環境も含みます。

16ページ、**Lesson1-01**参照。

WORD バックエンド
Webブラウザ側で処理されるフロントエンドに対し、Webサーバー側で動作するプログラム言語やデータベースなどが処理される部分のこと。

WORD エミュレーション
ある装置やOS、システムなどの挙動を別のソフトウェアなどによって模倣し、代替として動作させること。

29ページ、**Lesson1-05**参照。

CSSコーディングを効率化する「Sass」

「**Sass（Syntactically Awesome Stylesheets）**」はCSSメタ言語と呼ばれるもので、CSSを効率的に記述できるよう設計・開発された言語です（次ページ図6）。通常のCSSのスタイル指定に加えて以下のことなどが可能になります。

- 変数を用意して再利用できる
- 条件分岐、繰り返しが使用できる
- mixinを使用して、メディアクエリなどを使いやすくできる
- ネスト（入れ子）でのセレクタの記述ができる

コードの書き方として「SASS構文」と「**SCSS構文**」がありますが、通常のCSSをそのまま取り込めるなどの利点から、SCSS構文での記述のほう

WORD 変数
値を代入しておくことで、それを再度呼び出せる仕組み。

WORD mixin
ひとまとまりにしたCSSの記述を@mixinとして定義しておくことで、それを再度呼び出せる仕組み。

が便利です。

変数やmixinは、値や記述をまとめて繰り返し呼び出して使うことができます。例えばWebサイト内のメインカラーやキーカラーの値を変数として設定しておき、それらを必要に応じて引き出すことでミスや手間を減らせます。また、**メディアクエリ**をmixinで設定しておき、各種端末幅に合わせたスタイルを近くに記述するなどの使い方があります。

WORD メディアクエリ

PCの画面サイズや、スマートフォンなどモバイル端末など、特定のサイズでレイアウトを切り替える指定をブレイクポイントと呼び、ブレイクポイントを使ってCSSで切り替える技術のことをメディアクエリと呼ぶ。

Sassはそのままではブラウザが理解できないため、CSSの記述に変換する必要があります。この作業をコンパイルといい、タスクランナーを用いたり、エディターの拡張機能を用いたりすることでコンパイルします。

タスクランナーでのコンパイル方法については**Lesson3-03**（99ページ）で、エディターの拡張機能を用いたコンパイル方法については**Lesson1-05**（33ページ）で扱っていますので、それらを参照してください。

また、本書ではSCSS構文を用いたSassを**Lesson6**（223ページ）以降で扱っていきます。

図6 CSSを効率的に記述できる「Sass」

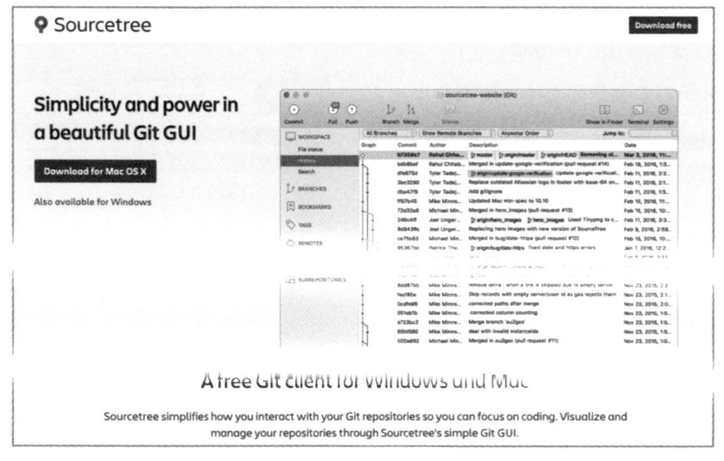

https://sass-lang.com/

タスクを自動化する「タスクランナー」

開発環境の構築で揃えるツールの1つとして、タスクランナーを採用することは有力な選択肢です。

例えば、Sassを用いたWebサイトを開発中に適用したCSSが正確に反映されているかを確認したい場合、記述されたSassがコンパイルされ、Webブラウザにリロードをかけて、表示を確認する流れになります。このときタスクランナーによってSassが保存されたことを監視しておけば、保存と同時に「コンパイル」と「ブラウザのリロード」が自動で行われます。これにより、手動でブラウザのリロードをかける手間が減ります。

ほかにも、タスクランナーでは次のような繰り返し作業の自動化が可能です。

- Sassだけでなく HTMLやCSS、JavaScriptファイルの更新時にブラウザをリロードする
- CSSにプレフィックスをつける
- 画像、CSS、JavaScriptを圧縮する
- HTMLメタ言語のコンパイル

代表的なタスクランナーとして、「Gulp」「Grunt」「npm-scripts」「webpack」などがあります図7。タスクランナーとタスクを実行させるには、設定ファイルをJavaScriptで記述する必要があります。

本書では、Gulpの導入方法を**Lesson3-03**（99ページ）で解説しています。

memo

webpackは、タスクランナーではなくモジュールハンドラーとなります。

図7 代表的なタスクランナーの「Gulp」

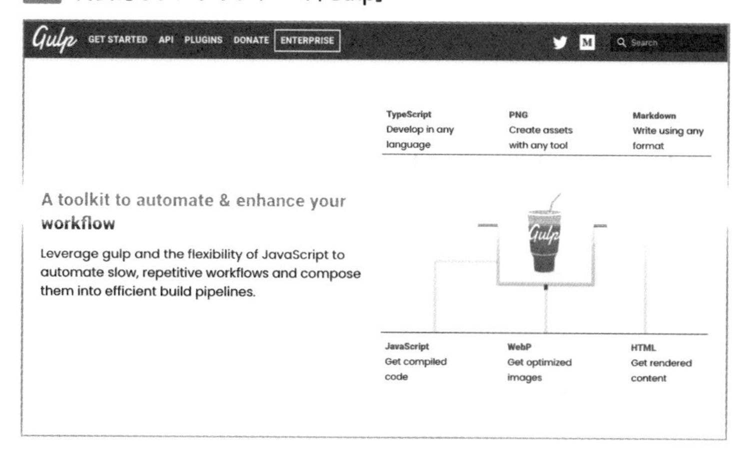

https://gulpjs.com/

Webサイト制作のワークフロー

Webサイト制作では、コーディングの作業以外にもさまざまな工程があり、それぞれが密接に関係しています。どのような工程があるのかを把握しましょう。

Webサイト制作の仕事の流れ

仕事において**一連のやり取りの流れをワークフローと呼びます**が、Webサイトを完成させるまでにさまざまなフローがあります。

Webサイト制作がスタートすると、まずはサイトの目的をはっきりさせ、その目的に合わせたコンテンツ、ターゲット、デザインの方向性をまとめた企画を用意します。その企画を基に、どの情報をどういった内容で伝えるのか、といった情報設計を決め、それらの設計を基に**ワイヤーフレーム**や**プロトタイプ**と呼ばれるWebサイトの骨子を作成します 図1。企画〜ワイヤーフレームまでの作業は、ディレクターが担うことが多いです。

WORD ワイヤーフレーム

Webサイトの画面設計図のことで、ページ内のどこに何を配置するのかを大まかに決め、線画(ワイヤー)で表したもの。制作者側と発注者側の両方で、制作物の情報設計の認識にズレがないかの確認として用意する目的がある。

WORD プロトタイプ

試作品のこと。線画であるワイヤーなどにさらに動きやクリックできる箇所を加えたものとして、動作確認をするために制作されたもの。このとき、HTML、CSS、JavaScriptでビジュアル面を作り込まずにコーディングする場合もあれば、プロトタイピングツールと呼ばれるツールで作成する場合もある。

図1 ワイヤーフレームの例

Logo

ホーム　ニュース　お問い合わせ

News

ページタイトルです。ページ題名がここに入ります。

2020年5月4日

ページテキストです、ページの内容がここに入ります。ダミーテキストです。
仕事において、一連のやりとりの流れをワークフローと呼びますが、Web サイトを完成させるまでにさまざまなフローがあります。
Web サイト制作がスタートすると、まずはサイトの目的をはっきりさせ、その目的に合わせたコンテンツ、ターゲット、デザインの方向性をまとめた企画を用意します。その企画をもとに、どの情報をどういった内容で伝えるのか、といった情報設計を決め、それらの設計をもとにワイヤーフレームやプロトタイプと呼ばれるサイトの骨子を作成します。

ツールで作成することも多いですが、手描きで作成することもあります。

ワイヤーフレームに問題がなければ、デザインツールを使ってビジュアル面の成果物であるデザインカンプを作り込んでいきます。このときも、企画に基づいてデザイン上のモチーフや色合いを選ぶことになります。

続いて、デザインカンプを基にHTMLとCSS、JavaScriptでコーディングをしていくことで、実際に機能するWebサイトとなります。この作業は、コーダーやフロントエンドエンジニアと呼ばれる人が担います。

ここまでの作業だけでもWebブラウザで動くサイトとなりますが、CMSやフレームワークを採用している場合、別途プログラミングやWebサーバーへシステムをインストールさせるなどの作業が発生します図2 図3。

その後は動作確認テストなどの検証作業を行い、問題なくWebサイトが動作するかをチェックします。問題がなければ完成となります。

以上のフローのすべてを1人でこなす人もいますが、大規模なWebサイトになればなるほど専門化・分業化が進む傾向があるため、必然的に多くの人と協業することになります。それぞれの工程で、前工程・後工程を意識して仕事を進めることが重要です。

WORD CMS

コンテンツマネジメントシステムの略称。Webサイトの画像、テキスト、リンクなどのコンテンツを更新する際に、HTMLやCSSなどの専門知識がなくとも管理、更新ができるように構築されたシステムのこと。代表的なものとしてWordPressなどがある。

WORD フレームワーク

枠組みのこと。この場合はWebアプリケーションフレームワークのことで、共通化された仕組みを利用できるため、少ないコードで意図する機能やデザインを実装できる。代表的なものとしてRuby製の「Ruby on rails」、PHP製の「Laravel」、JavaScript制の「React」「Vue.js」「Angular」などがある。

図2 代表的なCMS

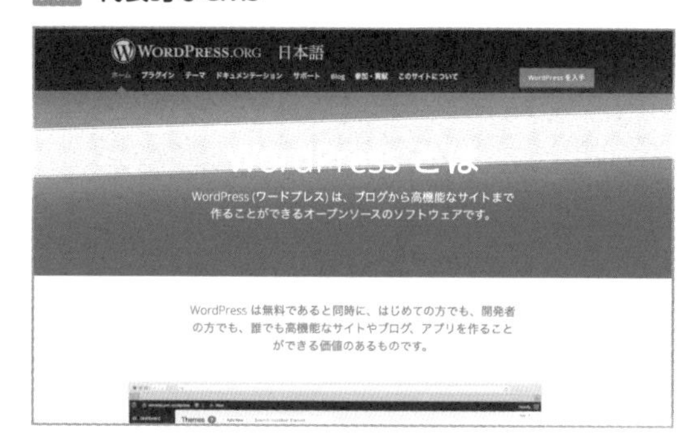

WordPress（https://ja.wordpress.org/）

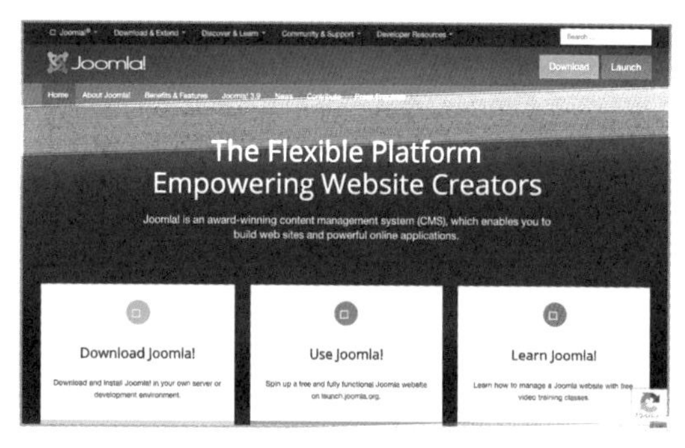

Joomla!（https://www.joomla.org/）

図3 代表的なフレームワーク

Ruby on Rails（https://rubyonrails.org/）

React（https://ja.reactjs.org/）

ウォーターフォール開発とアジャイル開発

開発手法を大まかに分けると、完成までワークフローに沿って順番に進めていく開発手法である**ウォーターフォール開発**と、開発対象を細かく分けて小規模な開発を繰り返すことで完成に近づけていく開発手法の**アジャイル開発**に分かれます。

ウォーターフォール開発の場合、例えばデザインカンプまで工程が進んだときに、そこから企画の工程などの前の工程に戻ることは難しく、先を見据えた開発が必要となります図4。

一方でアジャイル開発を採用した場合、ウォーターフォール開発と同様に企画〜完成までの工程を経ますが、一度でWebサイトの全体が完成されるのではなく、企画〜完成までのワークフローを複数回繰り返すことで全体の完成となります図5。

ウォーターフォール開発とアジャイル開発とでは、どちらかが優れているというわけではなく、規模や開発するWebサイトの種類によって決めることになります。

POINT

新規Webサイト制作などの開発の場合、開発の対象を細かく分けることが難しいため、ウォーターフォール開発とする場合が多いでしょう。一方でアジャイル開発が選ばれるケースは、稼働中のWebサイトに対して新規のコンテンツを用意する場合や、一部のパーツの新規制作・改修などのケースが多いです。

図4 ウォーターフォール型開発の流れ

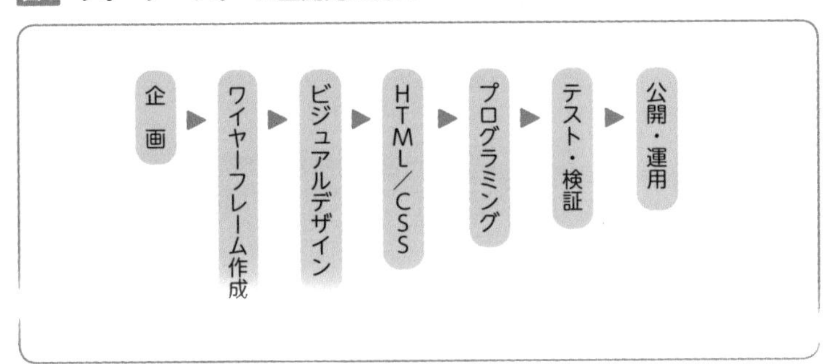

制作・開発の開始から終了までが一本道になっています。

図5 アジャイル型開発の流れ

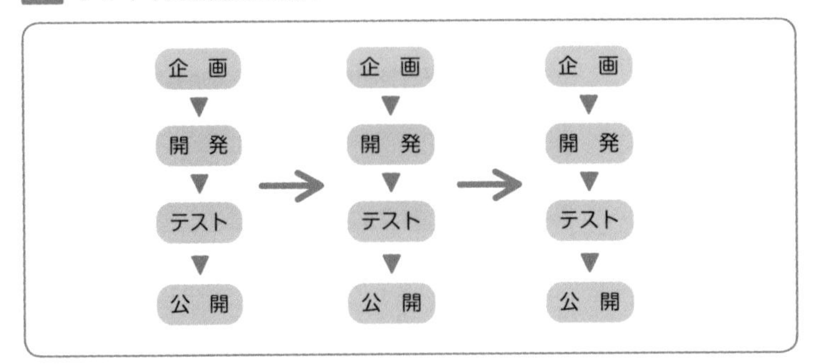

小規模な一連の流れを完了し次第公開、運営していく方式です。ワイヤーフレーム作成〜プログラミングまでの部分を「開発」としています。

デザインツールと制作ワークフロー

THEME テーマ

HTML／CSSの作成において、デザインカンプはコーディング用の情報を取得する際に重要となります。どういった情報を扱うのか、どのようなデザインツールがあるのかを知っておきましょう。

デザインカンプを受け取った後のワークフロー

HTML／CSSなどのコーディングを開始する際には、デザイナーが制作した**デザインカンプ**を受け取ることになります。このデザインカンプには、以下の重要な情報が含まれています。

- 余白
- サイズ
- 色
- フォントまわりの情報
- テキスト
- 画像

デザインカンプの色、余白の数値、サイズ等のデザイン上の情報は、デザインカンプを受け取ったコーディング作業者がコーディングで反映させることになります。また、特別な理由がない限りはデザインカンプどおりに再現します。

各種デザインツールから情報を取得するとき、情報の取得方法や**画像の書き出し**方法に差があるため、コーダーはそれぞれのツールについての情報の取得方法について問題なく扱える必要があります。また、一部のデザインツールでは、デザイナー側だけでなくコーダー側もデザインツールを保有している必要があります。

具体的なデザインカンプからの情報の取得方法については、**Lesson4**（**145**ページ）以降で扱っていきます。

WORD 画像の書き出し

デザインカンプに配置された画像部分を、HTMLやCSSから読み込める画像形式（jpg、png、svg、gifなど）として取り出すこと。

さまざまなデザインツール

本書では、デザインカンプを作るためのデザインツールの具体的な使用方法については扱いませんが、どういったものがあるのかを知っておくことは重要です。

「2019 Design Tools Survey」図1によると、シェアの高い順に「Sketch」図2「Figma」図3「Adobe XD」となります。この3つのアプリケーションは、前述のコーディングに必要な情報を取得できる機能を備えているだけでなく、プロトタイピング機能や、デザインカンプ上にコメントを残してデザイナーとコーダーの間でやり取りができる機能など、便利な機能を備えています。

> **memo**
> 「Design Tools Survey」は、クリエイターや企業などを対象に行われている、UIデザインやプロトタイピングなどの使用ツールに関する調査です。ただし、英語圏での調査のため、日本国内の状況と少し異なる点に留意しましょう。

図1 2019 Design Tools Survey

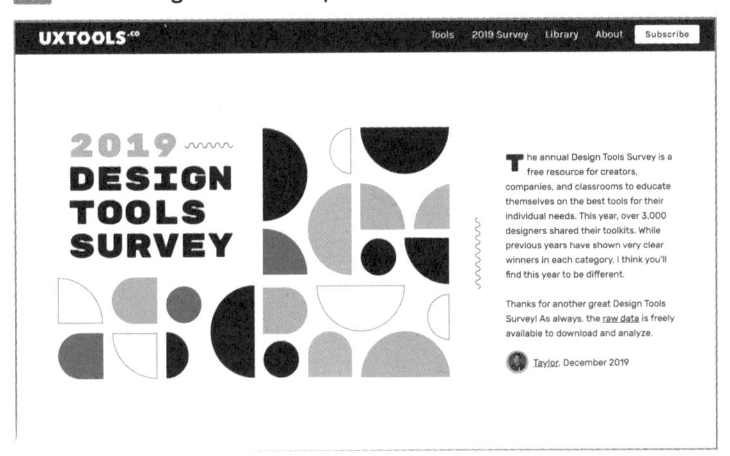

https://uxtools.co/survey-2019/

 Sketch

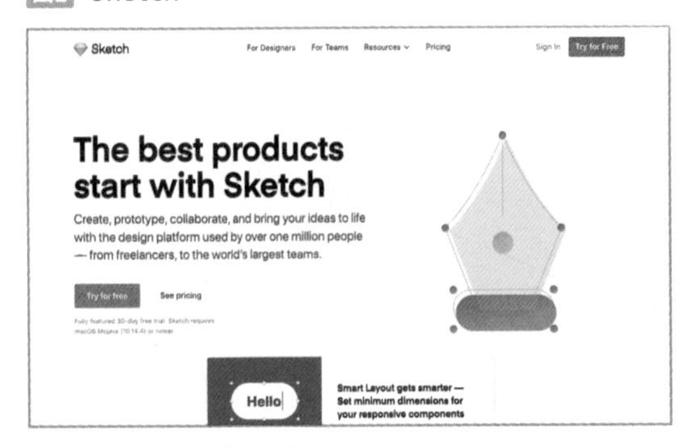

https://www.sketch.com/

図3 Figma

https://www.figma.com/

また、前述の3つのアプリケーションだけでなく、アドビシステムズが開発している「Photoshop」と「Illustrator」もよく利用されるアプリケーションです。2015年ごろまでは、デザインカンプ作成にはPhotoshop、Illustratorが主に使われていましたが、2020年現在はほかのデザインツールに渡すための素材作成用として使われる機会が増えています。

コーディングに必要な情報を取得できる機能に関しては、これを可能としているツール・サービスとして「Sketch」「Figma」「Adobe XD」に加えて、「Zeplin（ゼプリン）」「inVision（インビジョン）」などがあり、それぞれ長所・短所があります。

ほかにも、Uxtools.coのCompare Design Toolsでは、英語のページではありますが各ツールの比較一覧が掲載されていますので、参考にしてみるとよいでしょう 図4。

図4 Compare Design Tools

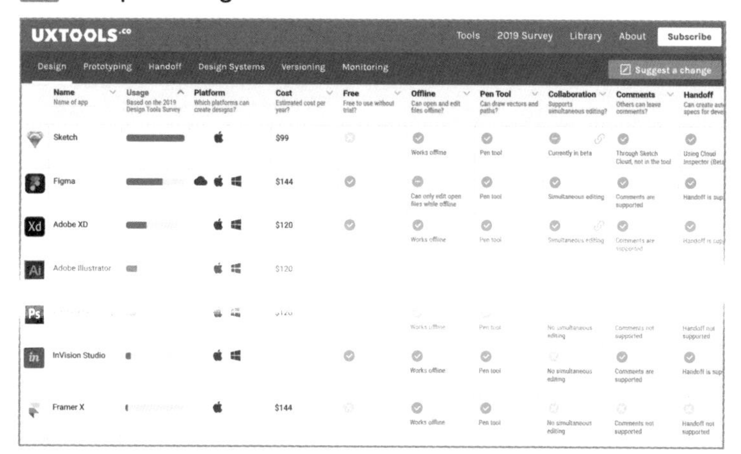

https://uxtools.co/tools/design/

CSS設計を意識したコーディング

THEME テーマ HTML／CSSのソースコードの品質を保つための考え方や手法を学びましょう。コーディングガイドラインや、CSS設計といったものを用意し、それらに沿ってコーディングしていく必要があります。

コーディングガイドラインを用意する

プログラム言語やHTML／CSSなどのソースコードを書くときに、基準や決まりごとがない状態で書き進めてしまうとさまざまな問題が起こってしまいます。特に複数人でのコーディングとなると、問題は起こりやすいといえるでしょう。

そこで、「コーディングガイドライン」と呼ばれる作業者に守ってほしい項目をまとめたものを用意します。Webサイトのコーディングガイドラインの場合は、HTMLの**文字コード**の種類、**インデント**の記号、対象ブラウザ、ファイル名・フォルダ（**ディレクトリ**）名の命名規則などがこれにあたります。

また、個々の状況に合わせて「こんなふうに書くとよりよい」という道標になる項目を用意する場合もあります。それらは命名規則の具体例や、パーツ作成時のHTML／CSSの具体例などを記載しておくことが多いです。

本書のコーディングガイドライン

本書では**Lesson4**以降のサンプルサイト用に「サンプルコード」を用意していますが、それらのためのコーディングガイドラインを用意して、著者ごとの差が出ないようにしています**図1**。

当ガイドラインでは対応ブラウザの種類、インデントをスペース2個分とすること、文字コードをUTF-8とすることなどをルールとして定めています。対応ブラウザの種類については、❗Internet Explorer（以下、IE）を含めるかどうかが大きな焦点となりますが、当ガイドラインではIEを対象に含めています。2020年7月現在、IEはセキュリティアップデート以外のアップデートがされないため、一部のCSSのバグが解消されず、利用できないCSSプロパティがあるなどで、IEを対応ブラウザに含めた場合に最新の設定を使えないケースが出てきます。

WORD 文字コード
コンピューターで文字を扱えるよう文字に符号をあたえたもの、またはそれらのひとまとまり。UTF-8やShift-JISなどがあり、正しく保存・設定しないときにいわゆる「文字化け」の原因となる。

WORD インデント
プログラムやHTML／CSSを見やすくするため、入れ子になっている部分に同じ幅の空白を設定すること。

WORD ディレクトリ
ファイルをまとめた入れ物のことで、フォルダとほぼ同義。Webサーバーで使われるUNIX系OSでは、フォルダではなくディレクトリと呼ぶ。

memo
コーディングルールと呼ばれることもあり、厳密にはルールの場合なら「やってはいけないこと」を、ガイドラインでは「このようにするとよい例」を書く、とされますが、実際にはそれら2つは明確には区別されず、どちらの要素も含んでいることが多いです。

❗ POINT
行政のWebサイトなど、さまざまな人が視聴するサイトではIEを対応ブラウザに入れておく必要があるでしょう。

こういった問題点に加えて、2020年現在Windowsにプリインストールされている Webブラウザは Microsoft Edgeとなりますので、シェアとしても下がっています。これらの理由をふまえて、対応ブラウザからIEを外す場合もあります。

また、ルールとは別に著者ごとに差が出てもよい部分として、CSSの命名規則、リセットCSSの種類、採用するCSS設計➡の種類、セレクタのネストを使用するかどうか、などを定めています。

memo
実際の制作であれば、本書のLesson4～7のそれぞれサンプルサイトは別々のサイトという扱いですので、1つのサイトごとに独立したコーディングルール／ガイドラインを用意することになります。

➡ 27ページ、**Lesson1-04**参照。

図1 本書のサンプルサイト用コーディングガイドライン

https://github.com/nori44/coding-guidelines

よりよいCSSとは

Webサイトのフロントエンドでは、HTML、CSS、JavaScriptの3つを用いますが、これらのうち最も書き方に差が出やすいのがCSSでしょう。これは、「**破綻しやすい**」と言い換えても同様です。この場合のCSSの破綻とは、記述した**プロパティ**によってレイアウトが崩れてしまうことではなく、一貫性のないclass名が採用されている場合や、値に「!important」が多用されている場合などのことを指します。前者は命名規則が守られていないために起こり、後者は**詳細度**のコントロールがなされていないために起こります。

CSSを破綻させないためには、よりよいCSSを書くことが求められます。さて、よりよいCSSとは何でしょうか。Googleのエンジニアであるフィリップ・ウォルトン氏のブログ記事から引用すると、以下の4つとなります図2。

WORD プロパティ
CSSにおいて適用するスタイルの種類のこと。

WORD 詳細度
CSSのセレクタに設定されている「強さ」のようなもの。要素セレクタよりもclassセレクタのほうが優先され、classセレクタよりもIDセレクタのほうが優先される。詳細度をコントロールするため、classセレクタを中心にスタイルすることがCSS設計の主流。

- 予測しやすい(Predictable)
- 再利用しやすい(Reusable)
- 保守しやすい(Maintainable)
- 拡張しやすい(Scalable)

図2 CSS Architecture

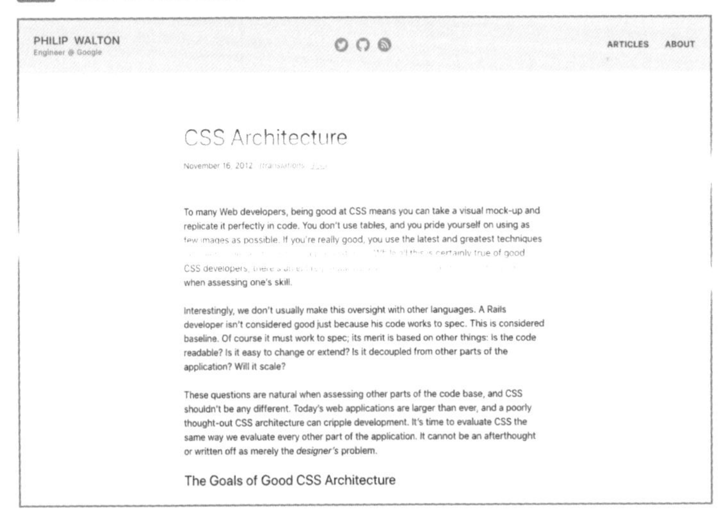

PHILIP WALTON
Engineer @ Google

ARTICLES ABOUT

CSS Architecture

November 16, 2012

To many Web developers, being good at CSS means you can take a visual mock-up and replicate it perfectly in code. You don't use tables, and you pride yourself on using as few images as possible. If you're really good, you use the latest and greatest techniques [illegible] While all this is certainly true of good CSS developers, [illegible] when assessing one's skill.

Interestingly, we don't usually make this oversight with other languages. A Rails developer isn't considered good just because his code works to spec. This is considered baseline. Of course it must work to spec; its merit is based on other things: Is the code readable? Is it easy to change or extend? Is it decoupled from other parts of the application? Will it scale?

These questions are natural when assessing other parts of the code base, and CSS shouldn't be any different. Today's web applications are larger than ever, and a poorly thought-out CSS architecture can cripple development. It's time to evaluate CSS the same way we evaluate every other part of the application. It cannot be an afterthought or written off as merely the *designer's* problem.

The Goals of Good CSS Architecture

https://philipwalton.com/articles/css-architecture/

予測しやすい

プロパティのふるまいが自分の予想どおりになっているCSSが「予測しやすい」CSSです。大規模なWebサイトの場合、CSSコードの記述量が数千コードにも及ぶことがあり、それらのすべてが予測しやすいものとなっていることが理想です。

再利用しやすい

Webサイトではコンポーネントという単位にまとめたパーツ群を、別ページにて再度使うことがあります。このとき、新しくプロパティを記述しなくとも再利用できるようなCSSが「再利用しやすい」CSSとなるでしょう。

保守しやすい

Webサイトは一度作った後も、ページを追加したりコンポーネントを増やしたりと、既存のCSSにプロパティを新しく追加することがあります。このときに既存のルールを書き換えずに済むものが「保守しやすい」CSSといえます。

拡張しやすい

最後に、「拡張しやすい」CSSとは、1人の開発チーム、複数人の開発チームのどちらでも管理しやすいCSSのことです。また、大規模なWebサイトであっても、新しくチームに参加した開発者にとって理解がしやすいCSSの構造になっていることが必要です。

CSS設計という手法

よりよいCSSを実現するためには、「**CSS設計**」という手法を取り入れることが必要となります。CSS設計とは、それぞれのプロパティを個別に記述するのではなく、まとまりである「**コンポーネント**」としてレイアウトを捉え、コンポーネントごとのスタイルを設計していくことを指します。

独自にCSS設計をまとめることもできますが、さまざまな人が作成したCSS設計手法がありますので、それらを採用するとよいでしょう。以下に、代表的なCSS設計手法を挙げます。

OOCSS

プログラム言語で用いられる「オブジェクト指向」に基づいたCSS設計手法です。Structure（構造）とSkin（見た目）を切り離すこと、Container（入れ物部分のスタイル）とContent（文字部分などへのスタイル）を切り離すこと、これらの2つを原則としています。

SMACSS

OOCSSなどを基に作成された設計手法で、CSSのルールをベース、レイアウト、モジュール、状態（ステート）、テーマの5種類のカテゴリーに分類していることが特徴です。

BEM（MindBEMding）

Block、Element、Modifierの頭文字をとった設計手法で、大きな枠組みにあたる部分をBlock、Blockを構成する要素をElement、BlockまたはElementのバリエーション違いをModifierとします。また、命名規則としては「MindBEMding」のルールを使うことが多くあります。

FLOCSS

OOCSS、SMACSS、MindBEMdingなどを取り入れつつ作成された設計手法で、Foundation、Layout、Objectの3つのレイヤーと、Object内に含まれるComponent、Project、Utilityの3つのレイヤーに分類されている点が特徴の設計手法です。

CSS設計は、どの手法を採用するのかはWebサイトの規模や、その設計手法を理解するための難易度など、自分たちの開発チームに適した手法を選ぶことが肝心です。さらには、採用した設計手法のすべてをそのまま用いるのではなく、必要に応じてガイドラインを定義し直すことも求められるでしょう。

本書では、**Lesson4**（145ページ以降）でより実践的にCSS設計のポイントについて解説しています。

コーディングに最適なテキストエディター

HTML／CSSやJavaScriptなどソースコードを記述するための、専用のコーディング用エディター「Visual Studio Code」を紹介します。また、本書で扱う「Sass」をVisual Studio Codeでコンパイルするための方法も紹介します。

効率的にコードを書けるテキストエディター

HTML／CSS、JavaScriptなどのソースコードは、コーディング専用のテキストエディターで作成します。「**Visual Studio Code**」「Atom」「Brackets」などが無料で利用でき、有料のものでも「Dreamweaver」「WebStorm」などがあり、それぞれ特徴や機能、拡張性に違いがあります 図1。

コーディング専用のエディターには、ソースコードを色分けして表示する「シンタックスハイライト機能」、コードの入力を補完してくれる「入力補完機能」が搭載されています。これらの機能は、通常のテキストエディターにはない機能で、効率的にコーディングが行えるのが特徴です。

図1 Visual Studio Code

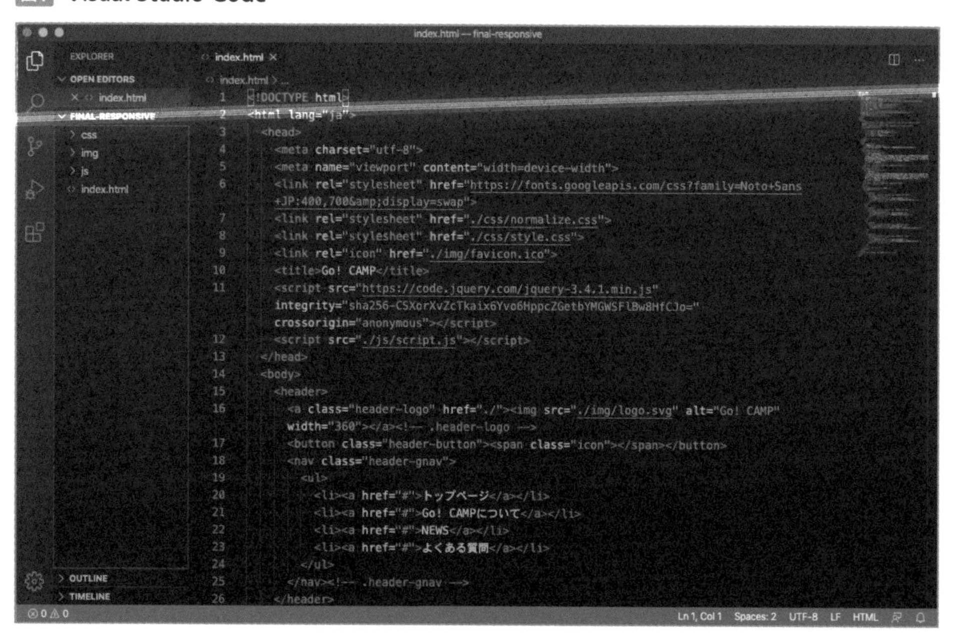

Visual Studio Codeをインストールする

コーディング用のエディターとしてWindowsとMacの両方に対応している、Visual Studio Codeを紹介します。Visual Studio Codeは軽量で、拡張性に優れたエディターです。

Visual Studio CodeのWebサイトにアクセスし、ダウンロードページへ移動します。使用中のOSに応じたインストールファイルをダウンロードし、インストールしましょう図2。

Visual Studio Codeのユーザーインターフェース（UI）は英語になっていますが、**拡張機能**を追加することで日本語など別の言語でのUI表示が可能です。

memo
Visual Studio Codeを立ち上げたときにGitが未インストールだとアラートが表示されます。Gitのインストールについては131ページ、Lesson3-07を参照してください。

図2 Visual Studio Codeのダウンロードページ

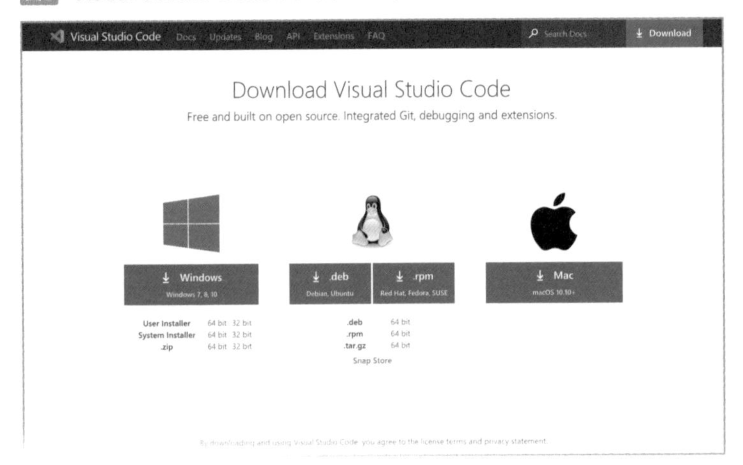

https://code.visualstudio.com/download

拡張機能を導入する

日本語化の拡張機能を導入してみましょう。

拡張機能とは、その名のとおり本来の機能に加え、さまざまな機能を追加・拡張できる仕組みで、数多くの拡張機能があります。開発元のMicrosoftのチームが用意した拡張機能もありますが、その大半の拡張機能は有志が作成したもので、どれも無償で使えます。

拡張機能を追加するには、左側にあるアクティビティバーの中の拡張機能アイコンをクリックします図3。すると拡張機能のサイドバーが表示されますので、「Search Extensions in Marketplace」との表示がある入力フォームに「Japanese Language Pack for Visual Studio Code」と入力し、サイドバーの最上部に表示された項目を選びましょう。この項目が日本語化の拡張機能となります。画面内の「**Install**」ボタンをクリックすると拡張機能がインストールされます図4。日本語化するためにはアプリケーションを再起動する必要があり、このとき右下に表示されている

「**Restart Now**」のボタンをクリックして日本語化を完了しましょう（次ページ図5）。

Visual Studio Codeは、HTML／CSSやJavaScriptだけでなくほかのプログラミング言語のコーディングに対応していますので、どの言語を書くのかによっても利用する拡張機能は変わってきます。目的に合った拡張機能を選んでみましょう。

> **memo**
> 拡張機能名の全文を入力する必要はなく、「Japanese Lang」などを入力した時点で表示されます。

図3 拡張機能アイコンをクリックしてサイドバーを表示させる

図4 「Install」ボタンをクリックしてインストール

図5 「Restart Now」ボタンを押してVisual Studio Codeを再起動する

設定を変更する

Visual Studio Codeではかなり多くの項目の設定変更が可能となっています。

画面左下、アクティビティバーの下部にある歯車アイコンをクリックし、メニューから「設定」を選ぶと、**設定画面**が表示されます**図6**。設定画面ではカテゴリーごとに項目が分かれていますので、そこから変更したい項目を変えましょう**図7**。

例えば、初期状態ではエディターに表示されるフォントサイズが小さめの12pxとなっていますので、これを変更してみます。フォントサイズの変更は、「テキスト エディター」の「フォント」の中にある「Font Size」の数値を変えることで可能です。また、フォントサイズなどは「よく使用するもの」の中にも含まれています。

図6 歯車アイコンをクリックし、メニューから「設定」を選ぶ

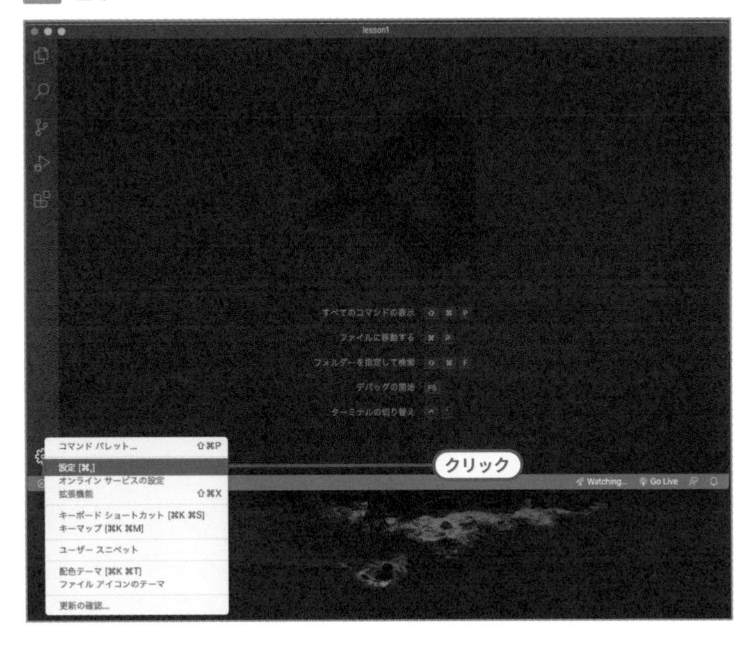

図7 設定画面

Sass (SCSS)のコンパイルをする

本書で利用するCSSメタ言語であるSassは、SCSS構文などで記述されたコードをCSSに変換する（コンパイルする）必要があります。このコンパイル作業をVisual Studio Codeで行うには、その機能を備えた拡張機能をインストールすることで可能となり、今回は「**Live Sass Compiler**」を使用します。拡張機能サイドバーで「Live Sass Compiler」を検索にかけ、インストールしましょう(次ページ図8)。

memo
Live Sass Compilerをインストールすると、同時に「Live Server」もインストールされます。

図8 Live Sass Compiler

Visual Studio Codeでは、作成中のデータを保管しているフォルダを選んでから作業をはじめることが基本となります。サイドバーに「エクスプローラー」を表示し、「**フォルダーを開く**」をクリックします図9。作業用フォルダとして、任意の場所に**わかりやすい名前のフォルダ**を作成しておきます。ここでは「LESSON1」という作業用フォルダを作成しました。

memo
作業用フォルダはデスクトップに作成するか、Windowsなら「ドキュメント」フォルダ、Macなら「書類」フォルダの中に作成するとよいでしょう。

図9 サイドバーに任意の作業フォルダを表示する

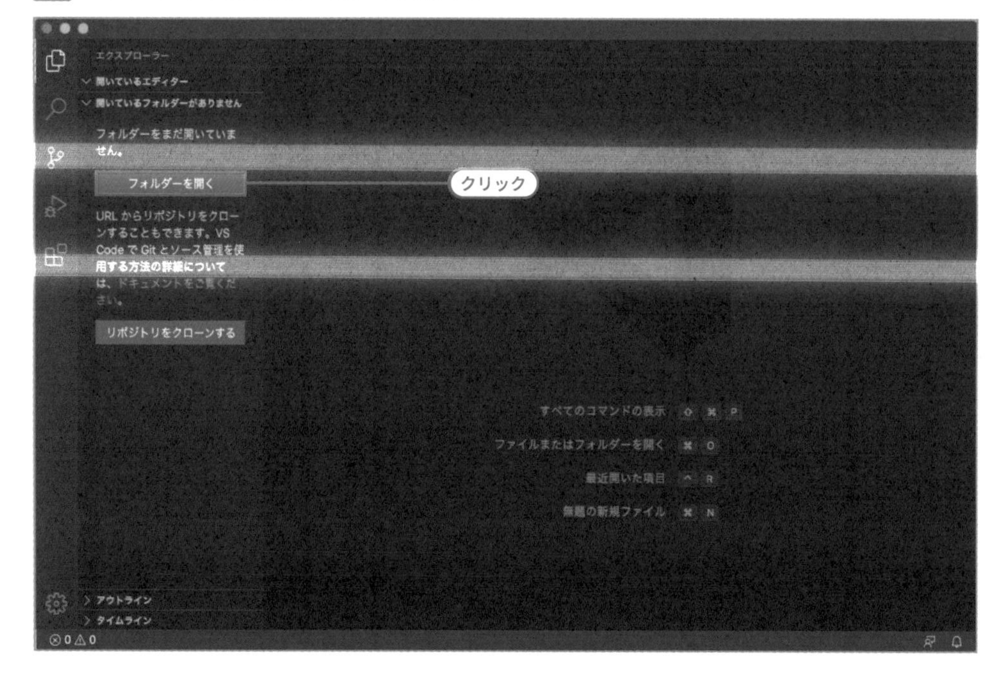

続いて、作業用フォルダ内にSass形式の「style.scss」というファイルを作成していきましょう。ファイルの作成は、上部メニューの「ファイル」→「新規ファイル」で作成しますが、初期状態は「Untitled-1」という名前のテキストファイル形式となっています。これを拡張子が「.scss」のファイルとして保存することでSCSS形式のファイルとなります。

SCSSは図10のように記述します。これはSassの特徴の1つの変数を用いていますので、CSSにコンパイルする必要があります。記述が完了したら、画面下部のステータスバーにある「Watch Sass」部分をクリックしましょう(次ページ図11)。すると、作業用フォルダ内にSCSSファイルと同じ名前のCSSファイルが生成されます(次ページ図12)。これは作業フォルダ内のSCSSファイルが更新保存されたかどうかを監視するという機能で、style.scssの更新保存をかけるごとにCSSファイルとしてコンパイルされ、自動的にstyle.cssが上書きされます。また、このとき「出力パネル」が下部に表示され、コンパイル状況などの情報が表示されます。

style.cssだけでなく、style.mapというファイルも同時に生成されます。これは「ソースマップファイル」といい、コンパイル前とコンパイル後の対応関係が記述されているファイルです。スタイルを表示させる際にはCSSファイルのみがあれば表示できますので、完成したWebサイトにソースマップファイルを含めなくても問題ありません。

図10 SCSSの記述例

図11 SCSSファイルを監視する

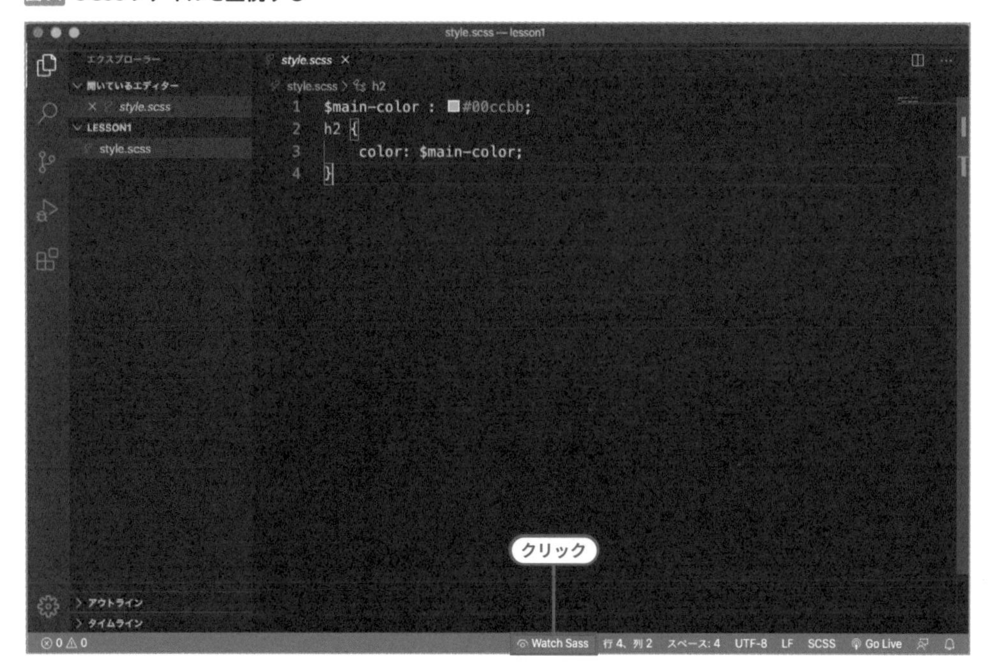

図12 CSSファイルが生成された様子

デベロッパーツールを使いこなそう

Google Chromeに付属している「デベロッパーツール」、通称開発者ツールの使い方を学びましょう。デベロッパーツールを有効に活用することで、HTML／CSSのコーディングでのミスやエラーに気づきやすくなります。

デベロッパーツールを立ち上げてみよう

Google Chrome（以下、Chrome）には、**デベロッパーツール（Developer Tools）**というツールが最初から付属しています。これは、Webサイトの制作過程においてデバッグ（検証）を行うための機能を搭載したツールで、HTMLやCSSのソースコードを確認できたり、コードがWebブラウザ上でどのように反映されているのかを確認・検証したりできます。例えば、記述しているCSSのプロパティが反映されていない場合に、テキストエディターでCSSファイルを開かなくても原因を調べることができるため、非常に有用です。

memo
ショートカットキーの[Ctrl] + [Shift] + [C]キー（Macでは[⌘] + [option] + [C]）、でもデベロッパーツールでの該当の箇所を検証できます。

デベロッパーツールを起動するにはChromeを立ち上げ、Webページの調べたい部分を右クリックし、コンテキストメニューの中から「検証」を選びます図1。

デベロッパーツールが起動されると、タブメニューで表示が切り替わるエリアが画面の右に現れます。これは「パネル」といい、HTMLとCSSのソースコードや、各種の情報が表示されます。タブメニューの左側には、検証のアイコンとデバイスツールバーのオン／オフを切り替えるアイコンが並んでいます（次ページ図2）。

memo
デベロッパーツールを表示する位置は右、左、下などに配置の変更ができ、別ウインドウとすることもできます。

図1 右クリック→コンテキストメニューで「検証」を選ぶ

図2 デベロッパーツールを立ち上げたときの画面

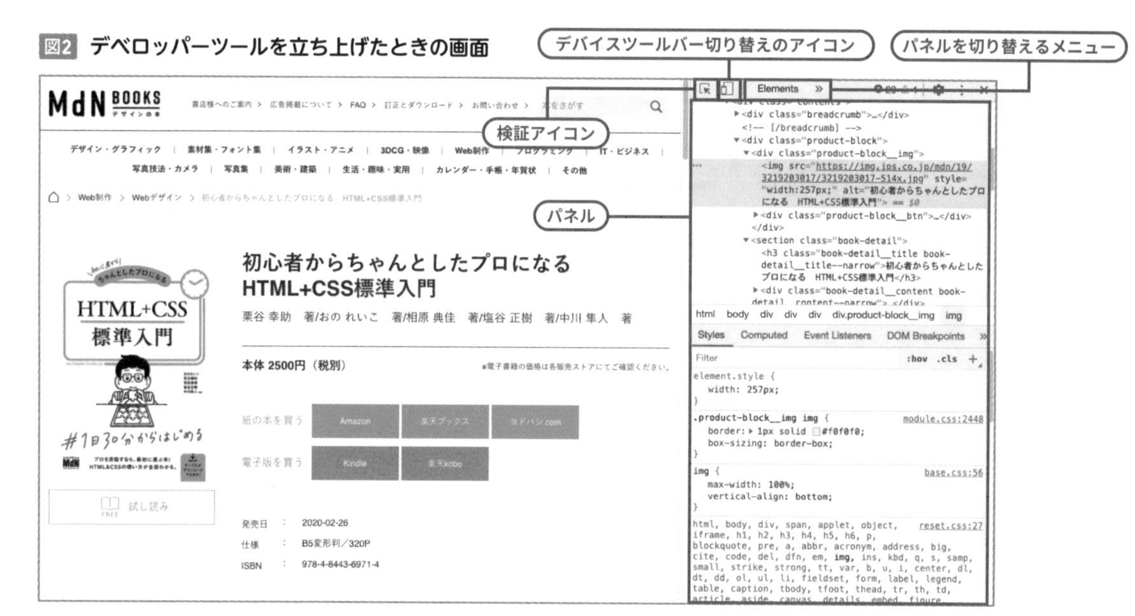

検証のアイコンとデバイスツールバーの切り替えアイコン

デベロッパーツールでミスや問題を見つける

HTML／CSSコーディングにおいて、デベロッパーツールで最も使うパネルが「Elementsパネル」となります。Elementsパネルでは、上部にHTMLの要素をツリービューで表示した「DOMツリービュー」が、下部には選択中のHTMLの要素に適用されているCSSのスタイルが表示されます。DOMツリー上でマウスオーバーされている要素が画面上でも明示され、そのHTMLに対するCSSのスタイルも同時に確認できます 図3 。

memo

Elementsパネルは、画面幅によっては、DOMツリービューとCSSのスタイルのレイアウトが左右の配置になります。

POINT

DOMツリー上でマウスオーバーされている要素が画面上でも明示され、要素そのものの箇所は青、marginはオレンジ、paddingは緑で表示されます。

図3 Elementsパネル

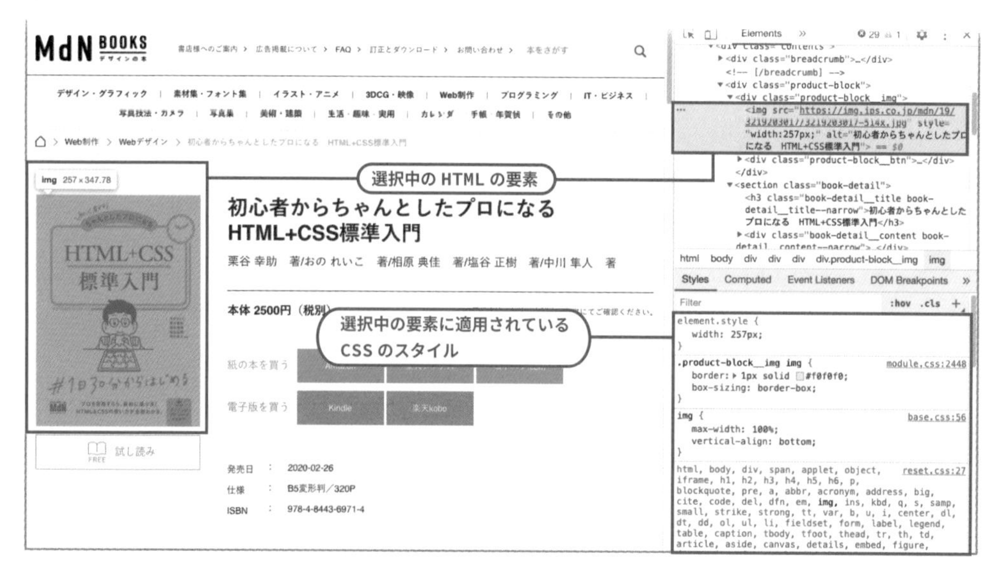

HTMLの要素を選択した状態にするには、DOMツリーから選択する方法以外にも、検証のアイコンをオンにすることで、Webページ上の検証したい箇所をクリックして選択できるようになります。

もし選択した要素のプロパティ名や値に記述間違いやスペルミスがある場合、黄色の「！マーク」が表示されますので、正しい記述となっていないことがわかります図4。

図4 スタイルにエラーがあるときの表示例

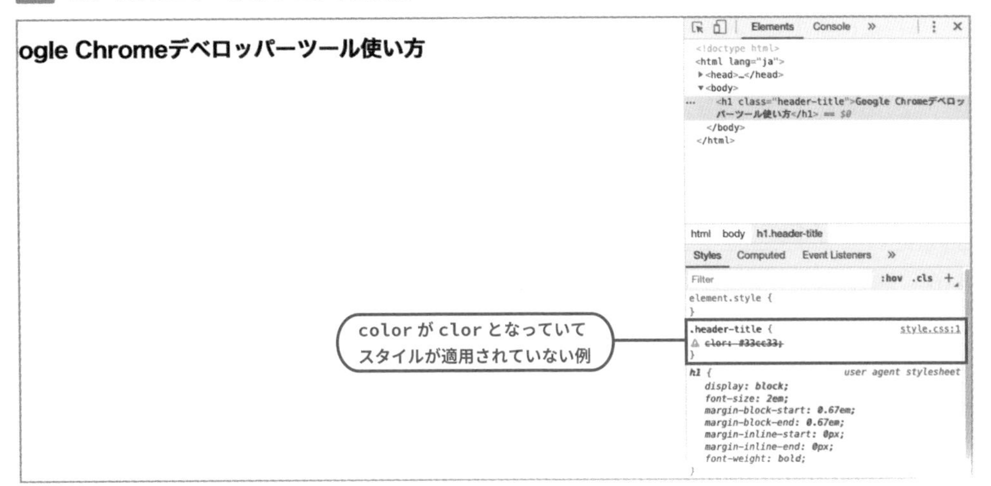

また、HTMLで指定した要素のclass属性の値と、CSSのclassセレクタ名が一致していない場合はCSSビューにスタイルが出てこない状況となります。例えばHTML側では<div class="pages">となっている一方、CSS側でのclass名が「page」となっていて文字列が完全一致していない場合、**「そのようなセレクタ名は存在しない」**こととなるため、どちらかの表記に統一する必要があります（次ページ図5 図6）。

図5 問題なくセレクタが適用されている状態

HTMLの<body class="pages">に対応するセレクタとしてCSSの「.pages」が適用されていることがデベロッパーツールを通してわかります。

図6 該当のセレクタを見つけられていない状態

<body class="page">に対応するセレクタがデベロッパーツール上では確認できません。これは、セレクタが「.pages」であるためです。

デバイスツールバーでモバイル端末表示を確認する

スマートフォンやタブレットなどでの表示状態を確認したい場合、デバイスツールバーを表示させます。**「デバイスツールバーの切り替えアイコン」**をクリックし、上部に表示されるツールバーを使って、画面幅や表示端末を仮想的に切り替えて表示確認ができるようになります。

上部のドロップダウンメニュー部分で「Responsive」が選択されていれば、Webページ表示エリアの右側などにあるハンドルをドラッグして、任意の表示サイズに変更できます。特定の端末の表示を確認したい場合は、上部のドロップダウンメニューで「iPnone 6/7/8」や「iPhone plus」、「iPad」などを選ぶと、その端末の画面幅ごとの表示を確認可能です図7。

図7 デバイスツールバーを表示させた状態

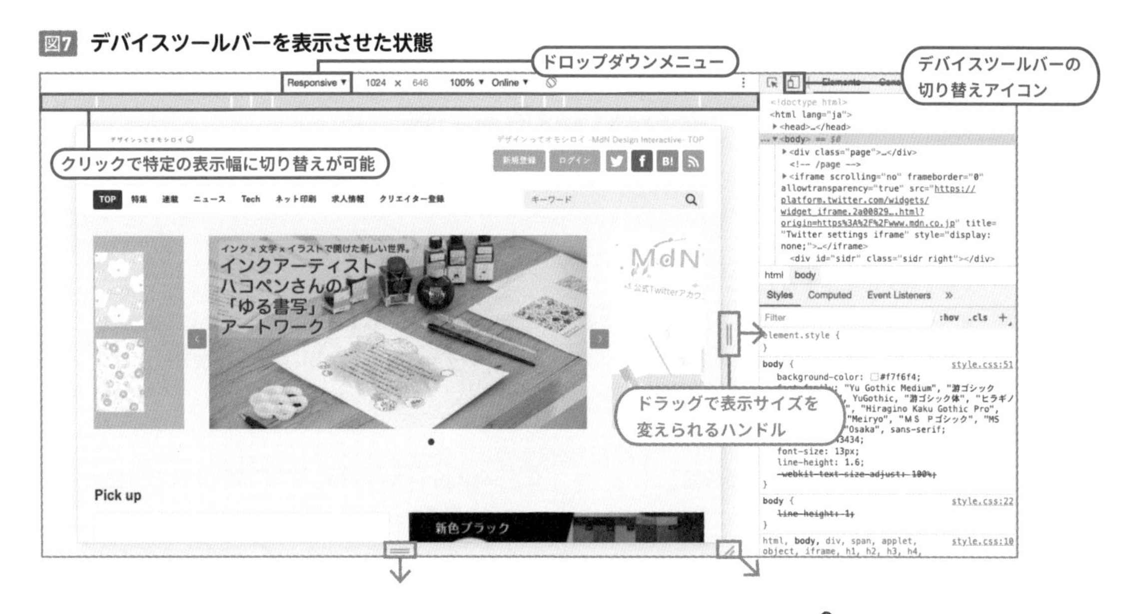

そのほかの便利な機能として、Webページの全景を画像として用意したい場合、デバイスツールバーのメニューからキャプチャが可能です。デバイスツールバーの右上にある**「⋮」アイコン**から「Capture full size screenshot」を選択すると、ページを撮影したデータがダウンロードフォルダに保存されます図8。

memo

Google Chromeの詳細設定で「保存先」として設定されているフォルダに保存されます。

図8 Webページの全景をキャプチャする

要素の中央配置

CSSで要素を中央に配置する方法は複数あるので、初心者～中級者は迷ってしまうことも多いでしょう。そこで、以下に3つの方法をまとめました 図1。

margin の左右をautoにし、幅を設定

2つのプロパティを組み合わせていて、widthはmax-widthとする場合もよくあります。PC表示でのコンテンツ幅用に設定することが多いです。

「display: flex;」

「justify-content: center;」と「align-items: center;」を組み合わせることで、内側に配置した要素の左右だけでなく、上下も中央配置となります。

「position: absolute;」

内側の要素を「絶対配置」とし、topとleftを50%とします。さらに、要素の中心点が中央となるよう「transform: translate(-50%, -50%);」を設定します。

図1 要素の中央配置

HTML

```html
<!DOCTYPE html>
<html lang="ja">
<head>
  <meta charset="UTF-8">
  <title>中央配置のCSS</title>
  <link rel="stylesheet" href="style.css">
</head>
<body>
  <div class="center-margin center-outer">中央配置 margin</div>

  <div class="center-flex center-outer">
    <div class="center-flex-inner">中央配置 flex</div>
  </div>

  <div class="center-absolute center-outer">
    <div class="center-absolute-inner">中央配置 absolute</div>
  </div>
</body>
</html>
```

CSS

```css
.center-outer {
  background-color: #ddd;
  height: 100px;
  margin-bottom: 2em;
}
.center-margin {
  width: 50%;
  margin-left: auto;
  margin-right: auto;
}
.center-flex {
  display: flex;
  justify-content: center;
  align-items: center;
}
.center-flex-inner {
  background-color: #cfc;
}
.center-absolute {
  position: relative;
}
.center-absolute-inner {
  position: absolute;
  top: 50%;
  left: 50%;
  transform: translate(-50%, -50%);
}
```

Lesson 2

フロントエンド技術の“いま”

実制作の現場で一定以上の規模のWebサイトを作るのであれば、HTML・CSSの基本以外に、事前のマークアップ設定やレスポンシブ対応の技術・知識が必要です。一段深いコーディングを行うために必要な周辺知識を伝えます。

読む　準備　設計　制作

レスポンシブWebデザインとモバイルファースト

THEME テーマ　レスポンシブWebデザインが生まれた経緯や変遷とともに、モバイルファーストの考え方を学んでいきましょう。同時にモバイル、タブレット、デスクトップといった、デバイスごとのレスポンシブ対応の留意点なども解説していきます。

レスポンシブ対応のこれまで

本書を手に取ってくださったみなさんは、すでにご存知の方が多いかもしれませんが、レスポンシブWebデザインというのは、Webサイトの制作手法の1つです。現在、Webサイトを閲覧・使用するデバイスの主なものに、スマートフォンなどのモバイル、タブレット、PC（ノートやデスクトップ）が挙げられます。

デバイスごとに別々のHTMLソースを用意するのではなく、1つのHTMLソースをベースにして、**多様なデバイス・環境での閲覧に対応できるようにするWebサイトの制作手法**がレスポンシブWebデザインです。

携帯電話、今でいう「ガラケー」が普及し始めた当初、レスポンシブWebデザインという制作手法はありませんでした。携帯電話が現在のスマートフォンのようにWebサイトをスムーズに閲覧する機能を備えておらず、サイトの閲覧は専らPCからに限られていたため、サイト制作というとデスクトップPC用のサイトを作ることとほぼ同義でした。

また、レスポンシブWebデザインの手法や定義が確立する以前は、デバイスごとにサイトのHTMLやCSS（デザイン）を作り分けていた時代もありました。デスクトップPC用に制作したサイトを基準に、モバイルサイトのコンテンツやデザインを決定する制作フローで、モバイルサイトはトップページのみで構成したり、コンテンツを限定・省略したりしていました。

このやり方では、最低でもモバイル用とデスクトップPC用の2つ、タブレットに対応する場合は3種類の専用デザインを作成することになり、HTMLのマークアップ・CSSデザインともに、デバイス対応には大変なコストがかかった時代です。

現在でも、モバイルサイトとデスクトップサイトのUIを大きく変える場合は別サイトの対応が行われます 図1。図2 は、デバイスごとのUI設計を行うために、モバイルとPC、別サイトとしている事例です。

図1 デバイスごとに別対応するメリット・デメリット

メリット	・各デバイスに適したデザインを実装できる ・モバイルサイトではコンテンツや画像を軽量化したり、さまざまな最適化が行える
デメリット	・運用コストがかかる。1カ所を変える場合でも、デバイスごとのHTML・CSSを修正しなければならない(CMSを用いることで、コンテンツ修正は手間を軽減できる) ・制作コストがかかる。各デバイス用にデザインを制作しなければならない

図2 モバイルとデスクトップで別対応している例

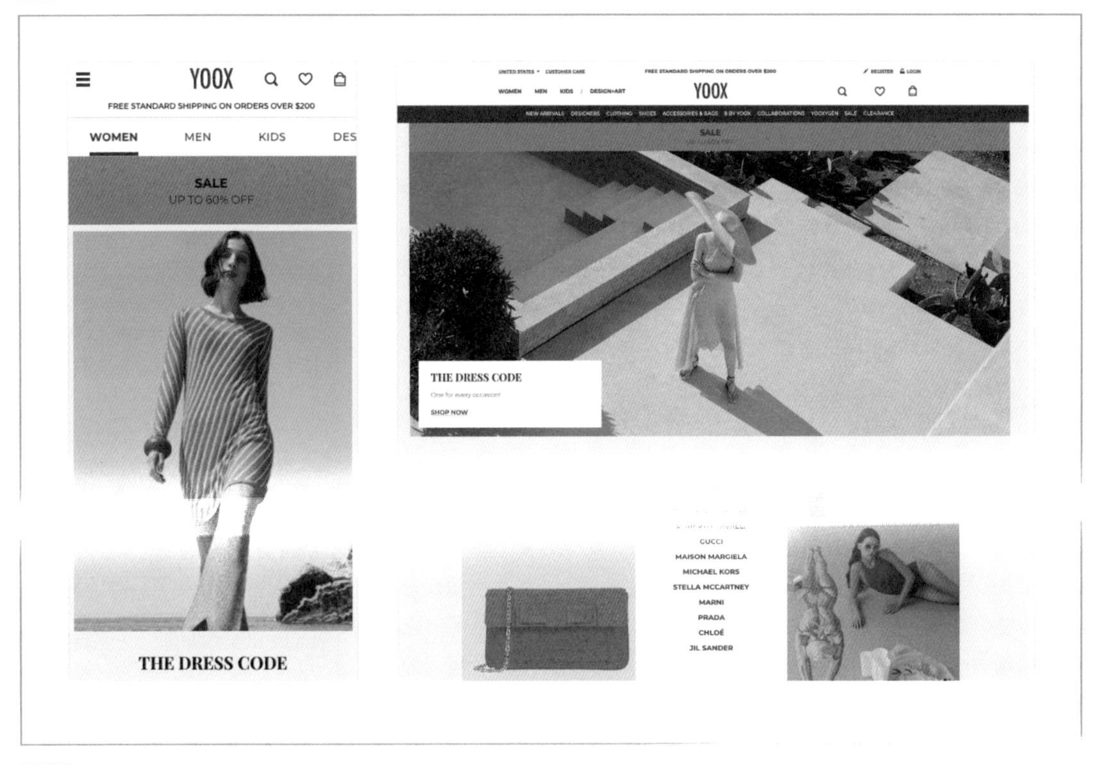

YOOX.com
(https://www.yoox.com/us/women)

ワンソース(1つのHTML)で対応

レスポンシブWebデザインでは、ワンソース(1つのHTML)でマルチデバイス(複数のデバイス)に対応します(次ページ図3)。**メディアクエリ(Media Queries)を使って、デバイスの画面の大きさ(表示幅)によって適用するCSSを切り替え**、各デバイスに最適なレイアウトやスタイリングを実装します。

この制作手法が確立したことで、Webサイトをモバイル(スマートフォン)に対応させることが当たり前の時代になりました。1つのHTMLソースで制作するため、マークアップやデザインの工数が大幅に減り、制作コストが抑えられるようになったことがその理由の1つです。

図3 1つのHTMLで複数デバイスに対応する

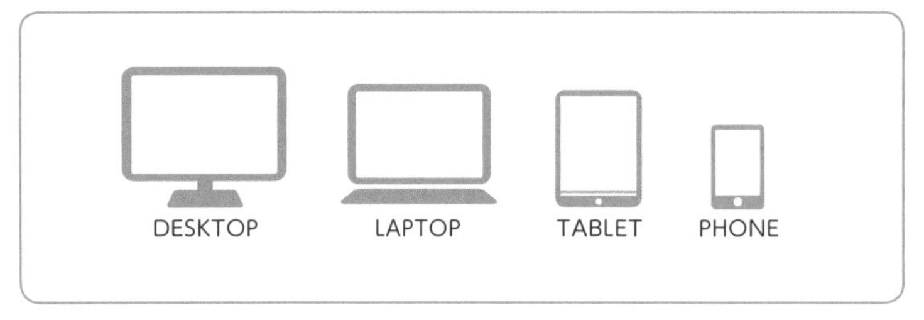

1つのHTMLをもとに、デバイスに応じて適用するCSSを切り替えます。

デスクトップファーストとモバイルファースト

レスポンシブWebデザインの手法が現在のように確立する以前は、「デスクトップファースト」と呼ばれる、デスクトップPCのサイトを最初に制作し、モバイルサイトではデスクトップサイトのコンテンツを1カラムで表示させる手法が中心でした。

このデスクトップファーストのやり方では、モバイルサイトで“コンテンツが溢れてしまう問題”が往々にして起こります図4。大きな画面を基準にコンテンツを作成するとどうしてもコンテンツが増え、モバイルの小さい画面ではコンテンツが入り切らなくなってしまい、その調整も煩雑になります。

近年は、モバイル（表示幅の小さいデバイス）での表示を基準にしてWebサイトのコンテンツを設計するモバイルファーストの制作手法が主流になっています。モバイルで閲覧しやすいコンテンツの設計を行ったあと、適用するCSSを切り替えることでタブレット、PCといった画面の大きなデバイスでの表示を最適化します。

POINT

デスクトップファーストの手法は現在も使われていますが、デスクトップサイトに合わせてコンテンツを制作するため、モバイルの小さな画面で表示した場合にコンテンツ量が多くなり、縦に長いページになりがちです。

memo

モバイルファーストはWebサイトを設計・制作する手法や考え方そのものを指す言葉です。「モバイルサイトを先に作る」という作業手順のことではありません。

図4 コンテンツは容器（デバイス）によって最適化する

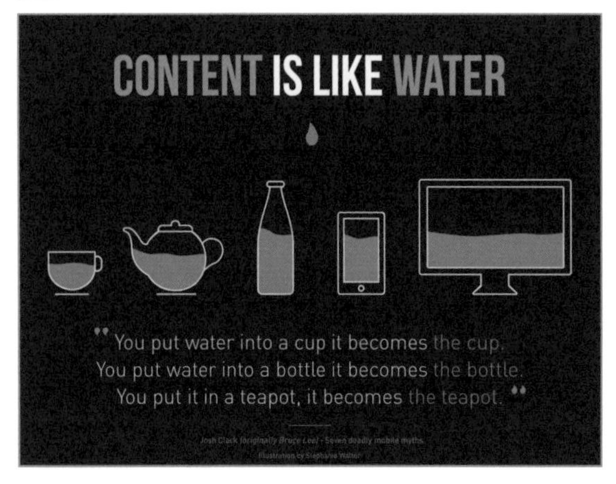

大きな容れ物に注いだ水をそのまま小さな容れ物に移すと、水は溢れてしまいます。
出典：「Content Is Like Water」Ori Statlender（2017年8月7日更新）
https://medium.com/@oristatlender/responsive-website-retrospective-105ccc3b1bb8

ブレイクポイントの考え方

レスポンシブWebデザインの具体的な実装手法は複数ありますが、ここでは主流となるCSSのメディアクエリを使ったやり方を見ていきます。

デバイスの画面幅（表示幅）に応じて適用するCSSを切り替える際、表示幅がいくつになったら切り替えるかを、メディアクエリを使って「@media（プロパティ：値）{CSSスタイルを記述}」のように指定します 図5 図6。モバイルファーストの手法であれば、まずモバイル用のCSSスタイルを記述し、それを基準にPC表示で適用するCSSスタイルを上書きすることになります。このCSS切り替えの境界となる表示幅の数値をブレイクポイントと呼びます。

図5 メディアクエリの指定例

```
@media screen and (max-width: 767px) { 画面幅767px以下で適用するCSSを記述 }
@media screen and (min-width: 768px) { 画面幅768px以上で適用するCSSを記述 }
@media screen and (min-width: 375px) and ( maxwidth: 980px) { 画面幅375px～980pxで適用するCSSを記述 }
```

図6 メディアクエリで表示幅を指定するプロパティ

max-width プロパティ	領域の幅の最大値を指定する	max-width: 767px＝幅の最大値767px、つまり幅767px以下が対象になる
min-width プロパティ	領域の幅の最小値を指定する	min-width: 768px＝幅の最小値768px、つまり幅768px以上が対象になる

ブレイクポイントの数値をいくつで設定するかについては、これという絶対的な決まりはありません。また、モバイルとタブレット／PCで表示を切り替える場合、ブレイクポイントは1つですが、モバイル、タブレット、PCで切り替える場合、ブレイクポイントは2つになるように、それぞれ最適化するデバイスの切り分けによって、ブレイクポイントの数が変わります。

比較的よくあるのは、「スマートフォンと表示幅が小さめのタブレット」と「表示幅が広めのタブレットとPC」の境界にあたる「768px」をブレイクポイントに設定するケースです。ほかにも、スマートフォンとタブレットの境界にあたる「415px」、タブレットとPCの境界にあたる「960px」の2つをブレイクポイントに設定する例もあります。

スマートフォンなどの新機種が登場すれば、表示幅の主流やシェアは移り変わりますし、どの年代までのものを対象範囲としてカバーするかによっても、ブレイクポイントの考え方は変わります。繰り返しますが、ブレイクポイントに絶対の正解はないのです。

POINT

現在普及しているスマートフォンの画面幅は320px～414px、タブレットの画面幅は600px～834pxのようなサイズとなります。iPadなどのタブレットで最も多い画面幅が768pxとなります。

デバイスごとの設計の留意点ポイント

レスポンシブWebデザインを実装する際には、モバイルファーストとデスクトップファーストのいずれを採用するにせよ、小さいあるいは大きい表示幅を基準に設計したあと、サイズの異なる表示幅に合わせてCSSの調整を行うことになります。デバイスごとの調整で留意したい点を見ていきます。

モバイル表示の設計

iPhone SEなど、小さいサイズの表示幅を基準にするのあれば、「320px」という数値を考慮しましょう。iPhone Xなどの表示幅である375pxに合わせてデザインすると、iPhone SEではレイアウトが崩れてしまいます。

モバイルの標準サイズは大型化が進み、iPhoneの375px以上が主流になったともいわれますが、iPhone SEを対象に含むのであれば、横幅320pxを念頭に置いてください。

タブレット表示の設計

モバイルファーストの手法で、モバイルを基準に設計したコンテンツを、タブレットの画面に合わせて調整していく場合は、ボタンの大きさなどタッチ操作のしやすさを保ちながら、タブレットの画面に合わせた調整を行います。

実装での対応を行う際は、次のポイントに注意するとよいでしょう 図7。

図7 タブレット表示で調整する主なポイント

調整ポイント	内容
カラムの表示数	モバイルでは1カラムの縦積みレイアウトで表現する部分を、タブレットでは横に並べて表示したほうが、一覧表示などが見やすくなる
フォントサイズ	タブレットの画面で横幅や画像がモバイルよりも大きめに表示されたときに、文字サイズがモバイルと同じままではバランスがよくない。全体に合わせてフォントサイズを調整する。 本文の文字サイズを大きくした場合はバランスを考慮し、見出しなどほかの要素の文字サイズも調整する
コンテンツの最大値を設定	モバイルでの表示時には、横幅を表示領域の100%に指定する箇所が多くなる。しかし、タブレットの画面で横幅100%の表示のままで非常に読みづらくなるため、コンテンツ幅に最大値（max-width）を設定する

制作の現場でレスポンシブWebデザインの対応を行う際は、制作にかけられる予算や時間の関係で、タブレット専用のデザインが作成されない場合も多くあります。モバイルとPCで切り替える場合、タブレット表示をモバイルファーストで設計する場合と、デスクトップファーストで設計する場合、どちらのケースも有り得ます。それぞれのメリットとデメリットは図8のとおりです。

図8 タブレット表示の設計の留意点

モバイルファーストの場合	・モバイルの小さな表示幅を基準にするため、タブレットでコンテンツが溢れ、表示が崩れる問題が起こりにくい ・タッチ操作する前提の設計されているため、タブレットでも自ずと操作しやすい設計になる
デスクトップファーストの場合	・デスクトップでの表示を縮小することが基本になるため、タブレットでの表示時にクリックがしづらいデザインとなり、レイアウトなどの調整工数が増える ・大きな画面での表示を基準にするため、1画面により多くの情報を表示でき、その結果一覧性や操作性が高まる場合もある

これらを考慮すると、特に入力フォームが多いWebサイトでは、タブレットでのタッチ入力の操作性の点から、モバイルファーストでデザインするほうが適しているといえるのではないでしょうか。一方、例えばカードレイアウトを使った一覧ページなどは、デスクトップを基準に縮小して表示したほうが一覧性が高まるでしょう。また、グローバルナビゲーションはデスクトップを基準にタブレット表示を調整したほうが、開閉操作のナビゲーションよりアクセスのしやすさは向上します。

このように、コンテンツによって基準にするデバイスやレイアウトを柔軟に調整できるようになると、レスポンシブWebデザインの腕前が上がったといえるでしょう。

PC表示の設計

デスクトップPCやノートPCの表示では、コンテンツを表示する横幅の固定・可変の設計がポイントになります。リキッドレイアウトを指定する箇所では、Webブラウザの表示領域に対して横幅100%を指定した上で、min-width（最小値）とmax-width（最大値）を決め、幅が可変する部分と固定する部分を決めます（次ページ図9）。

例えば、メインビジュアルなどのインパクトを出したい部分は、画像を横幅100%でリキッドレイアウトを指定します。ブラウザの表示幅が変化しても、常に横幅100%での表示が保持できます（次ページ図10）。テキストを表示する部分は、横幅の最大値を決めるほうが、1行あたりの文字数が増えすぎずに読みやすいレイアウトになるでしょう。

WORD リキッドレイアウト

「リキッドデザイン」とも呼ばれる。Webブラウザの表示幅の変動に応じて、コンテンツの表示サイズも変更されるデザインのこと。表示領域が多少変化してもレイアウトが保持されるメリットがある。複数のボックスで構成されるWebページであれば、各ボックスの幅をピクセル数などで固定的に指定する。

図9 固定幅と可変の設計例

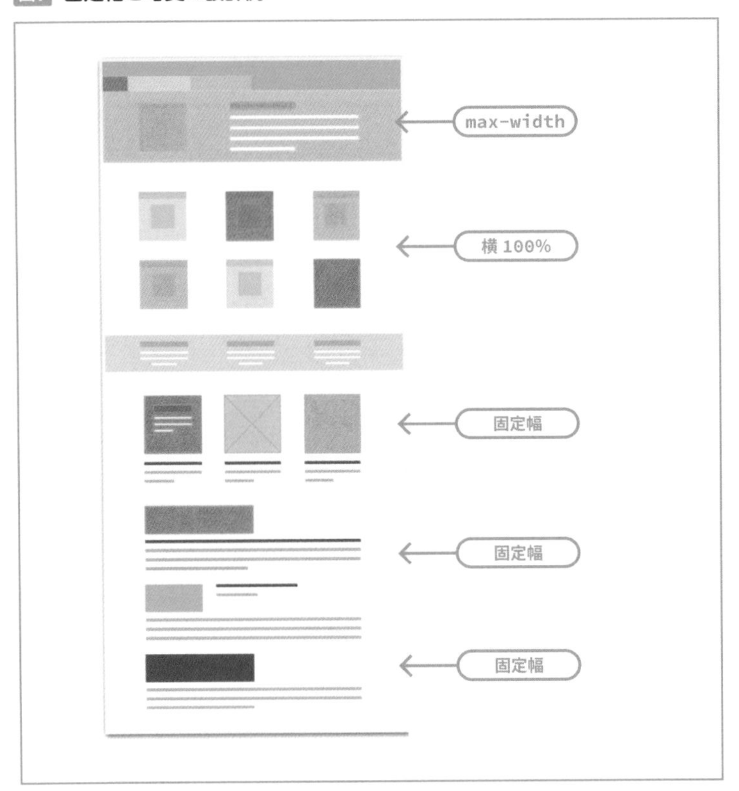

実際にコーディングを行う前に、デザインカンプなどで横幅サイズ変更時に固定レイアウトか可変かを確認してからマークアップに入ります。

> **memo**
> レスポンシブ対応する場合、固定幅としたい箇所はmax-widthを指定して横幅のサイズを固定します。例えば横幅を900px以上大きくしたくないのであれば「max-width: 900px」と指定します。

横幅の最大値の指定（左：max-widthの指定あり、右：max-widthの指定なし）

PCの大きな画面で最大値を指定しないと、見づらくなってしまう場合があります。横幅が変動したとき、どのように表示したいかを考慮して設計します。

横幅を可変とする箇所は、画像に対して文字が小さくなりすぎないよう、font-size（文字サイズ）を検討しましょう。一般的に、本文の文字サイズは表示幅が変化しても同じ大きさのままのほうが見やすい場合もありますが、柔軟に検討しましょう。表示幅が広がった際に、文字サイズを画像に対して同じ比率にしたい部分は相対サイズを指定します。

コンテンツの外側に余白

デバイスの表示幅に応じてデザインを変える場合には、表示幅に応じてコンテンツと表示領域の左端および右端の間のマージン（margin）も調整しましょう。表示幅に応じて左右に横並びに配置するカラムの数が変化した場合は、コンテンツの左端・右端に余白ができるよう設計します 図11。

図11 コンテンツの左右のマージンの設計

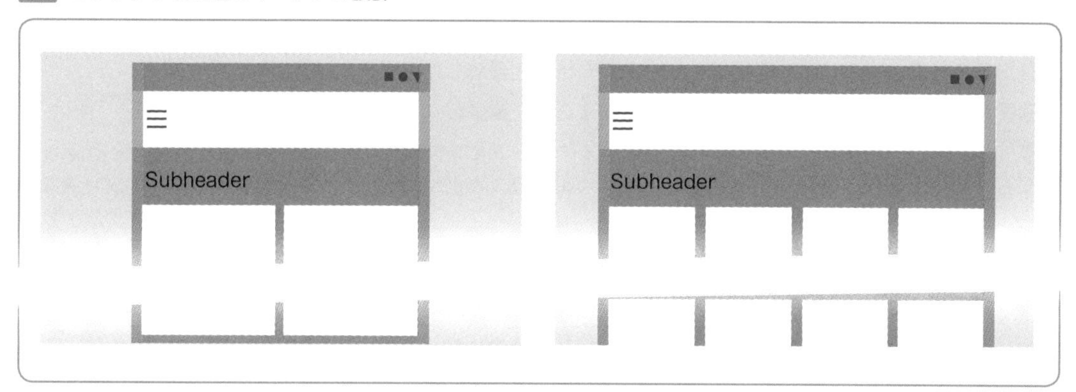

横幅が変動した際に、コンテンツの左右に余白ができるようマージンを設計します。
出典：「MATERIAL DESIGN」Responsive layout grid Margins
https://material.io/design/layout/responsive-layout-grid.html#columns-gutters-and-margins

画像フォーマットと軽量化

THEME テーマ

Webサイトをスマートフォンで表示する場合、サイトデータの軽量化は重要視したい事柄のひとつ。画像のファイル形式(画像フォーマット)の特性を理解した上で、画質と容量の両方を担保する適切な形で書き出すことが重要になります。

特性を踏まえて適切な画像フォーマットを選ぶ

レスポンシブ対応する場合だけに限った話ではありませんが、Webサイトで使用する画像データは、各画像フォーマットの特性を理解した上で、画質と容量の軽さを両立できるよう、書き出すことが重要になります 図1。レスポンシブ対応するサイトでは特に、スマートフォンやタブレットなどの携帯デバイスからの閲覧を考えると、Webページのデータは軽いに越したことはありません。

Webページの軽量化は、大半の容量を占める画像データによって左右されるといっても過言ではありません。ページの表示スピードはサイトのアクセス数やPVにも影響するため、画像データの軽量化は常に意識しておきたいところです。

POINT

JPG画像は画質の選択によって容量が違ってきます。画像の見た目と容量を確認しながら最適な書き出しを行いましょう。特にメインビジュアルなどの大きなサイズの画像は、画質によって容量に差が出ます。実際に書き出したものを比較し、見た目に大きな違いがなければ、できるだけ画質を落とした画像を使用するのがよいでしょう。

図1 画質と容量のバランスを見極めて書き出す

Adobe XDで画質を違えて書き出したJPG画像。写真の色数によって、書き出し時の見た目の荒れ方と容量の数値に差が出ます。
(左:画質20%で80KB、中央:画質60%で224KB、右:画質100%で1.1MB)

既知の方も多いことと思いますが、各画像フォーマットの特性を 図2 にまとめておきます。それぞれ一長一短ありますので、特性をよく理解して、メンテナンス性なども考慮しながら使い分けるようにしましょう。

図2 画像フォーマット別の特徴

形式	圧縮方式	データフォーマット	色数	透明の表現	適した用途	デメリット
JPEG	非可逆圧縮	ビットマップ	16,777,216色	不可	・写真 ・色数が豊富なもの	・元の画像に戻せない ・透過を扱えない
PNG-8	可逆圧縮	ビットマップ	256色	可	・色数の少ないもの（ロゴ、アイコンなど） ・透過が必要なもの	・扱える色数が限られる
PNG-24	可逆圧縮	ビットマップ	16,777,216色	可	・色数が豊富で透過の必要なもの（イラストなど） ・画質を落としたくないもの	・容量が重くなる
GIF	可逆圧縮	ビットマップ	256色	背景透過	・色数の少ないもの ・GIFアニメーション	・扱える色数が限られる ・カラープロファイルを埋め込めない
SVG	可逆圧縮	ベクター	―	可	・拡大縮小時に劣化させたくないもの（ロゴ、アイコンなど） ・比較的単純な形状のイラスト	・複雑な色や形状は表現できない ・階調の多い写真やイラストには不向き

レスポンシブ対応する際の画像サイズ

モバイルのディスプレイ（画面）には、解像度が従来のディスプレイの2倍程度ある高解像度のRetinaディスプレイが存在します。Retinaディスプレイでは1pxあたりの密度が通常の2倍程度あります図3。例えば、375px横幅のRetinaディスプレイであれば解像度は750px程度です。等倍の画像を使用すると、実際は750pxのピクセル幅に375pxの画像を表示していることになります。このため、適切な画像サイズに対応しないと画像がぼやけて見える現象が起こります。

Retinaディスプレイなどの高解像度ディスプレイへの対策として、レスポンシブ対応するWebサイトでは、通常の2倍程度のピクセル数で書き出した画像を使用することがあります。

図3 ピクセルの密度の違い

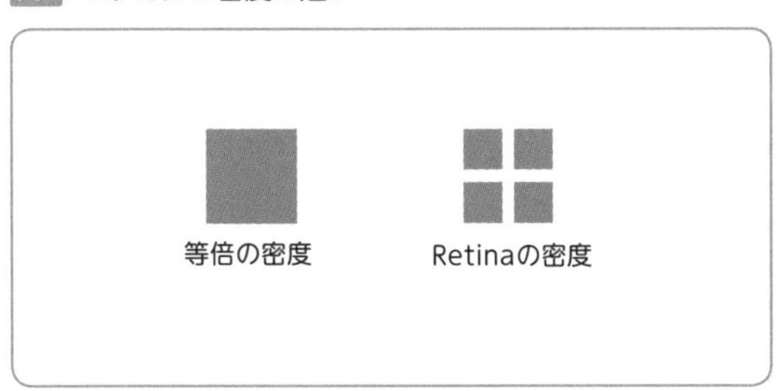

実際に等倍サイズと2倍サイズをHTMLで表示した場合を見比べてみましょう 図4 。左は等倍サイズ画像をRetinaで表示したもので写真がぼやけて見えています。右は2倍サイズの画像をRetinaで表示したものです。写真の細部までくっきり表示できています。

図4 **等倍サイズ画像と2倍サイズの画像**

等倍サイズはRetinaでぼやけて表示される

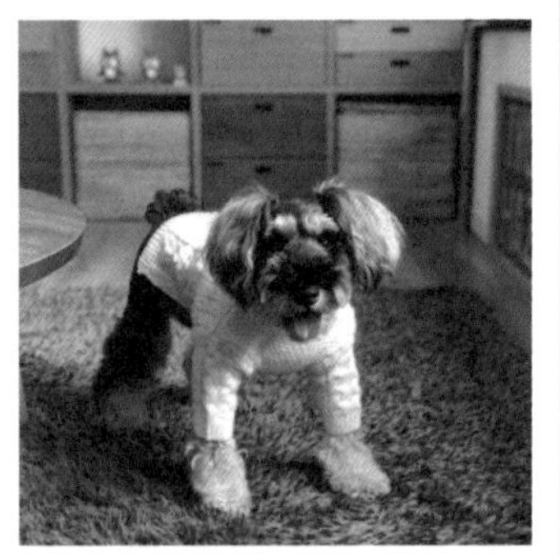
2倍サイズの画像でRetinaに対応

次世代画像フォーマット

図2 にまとめた画像フォーマット以外に、「次世代の画像フォーマット」と呼ばれるものがいくつかあります 図5 。これらの新しい画像フォーマットは、Webブラウザの対応がまだ追いついていないため、実制作で使用する機会はまだ非常に少ないですが、知識として押さえておきましょう。

memo
次世代の画像フォーマットの、各ブラウザの対応状況は下記のWebサイトで確認できます。
・Can I use... Support tables for HTML5, CSS3, etc
https://caniuse.com/

図5 **次世代の画像フォーマットの特性**

形式	拡張子	圧縮方式	データフォーマット	透明の表現	特徴
WebP	.webp	非可逆圧縮 (Lossy WebP) 可逆圧縮 (Lossless WebP)	ビットマップ	可 (非可逆圧縮でもアルファチャンネルを扱える)	従来の画像フォーマットと同程度の画質で、ファイルサイズを軽量化できる
JPEG 2000	.jpg	非可逆圧縮	ビットマップ	不可	従来の JPEG より、圧縮率が高くファイルサイズを軽量化できる
JPG XR	.jxr	非可逆圧縮	ビットマップ	不可	従来の JPEG より、圧縮率が高くファイルサイズを軽量化できる

ここでは、 図5 の3つの画像フォーマットのうち、執筆時点（2020年7月現在）で対応ブラウザ数が一番多い「WebP」（ウェッピー）について解説します。

memo
執筆時点で、Adobe XD、Photoshop、Illustrator、Figmaといった、Webサイトのデザインツールでは WebPの書き出しができません。

WebPは、Googleが開発・推奨している静止画の画像フォーマットです。主要ブラウザのほぼすべてに対応しているほか（IE11は未対応）、WordPressプラグインにも対応しています。また、Googleが提供するページ表示の速度計測ツール「PageSpeed Insights」でも、チェック項目として含まれています。WebPは次の方法で書き出しが可能です。

- Webアプリ「Google Squoosh」
- WordPressプラグイン「EWWW Image Optimizer」
- gulp-webp
- ImageOptim

Google Squoosh

Googleが提供するWebアプリ「**Squoosh**（スクーシュ）」が、ソフトウエアの導入や環境構築の必要がなく、もっとも手軽にWebP画像を作成できる方法といえます。Webブラウザに圧縮したい画像をドラッグ＆ドロップするだけで、WebP形式での書き出しが行え、書き出し前と書き出し後の画質をブラウザ上で確認できます。

図6 はSquooshの画像書き出しの画面です。ドラッグ・ドロップして画像フォーマットを選択しWebP画像を書き出すことが可能です。

パネルで書き出しにより節約された画像容量の確認、中央の矢印アイコンを左右にドラッグして画像が劣化していないか確認できます。

memo

「gulp-webp」はJPG・PNG・GIF画像のWebP書き出しを、gulpで自動化する方法です。HTMLの制作時に、WebP画像を同時に書き出しできます。

memo

「ImageOptim」は画質を劣化させることなく最適化するほか、画像についている余分なタグを取り除いてくれます。これにより、画像の容量を小さくすることができます。
https://imageoptim.com/

WORD Squoosh

Googleが提供する画像圧縮Webアプリ。ブラウザ上で画像をドラッグ＆ドロップするだけで、簡単に圧縮できる。

図6 Google SquooshのWebP画像書き出し

WebP以外に、圧縮したPNGやJPGを書き出すこともできます。
(https://squoosh.app/)

WordPressプラグイン「EWWW Image Optimizer」

画像の軽量化の点で、WebPの使用は効果的ですが、WordPress運用時にはWebP画像の作成に大きな課題が残っています。現時点での解決方法としては、WordPress のプラグイン「EWWW Image Optimizer」をおすすめします図7。

「EWWW Image Optimizer」はWordPressの画像を自動でWebP対応するWordPressプラグインです。このプラグインのよい点は、設定画面が日本語であること、過去の記事の画像変換にも対応できることです。また、新規記事の作成時にも画像変換が行えるなど、機能が充実しています。

図7 「EWWW Image Optimizer」のダウンロードページ

画像を最適化し、ページの読み込み速度を向上することができます。
(https://ja.wordpress.org/plugins/ewww-image-optimizer/)

設定方法は、まずWordPress管理画面の「設定＞EWWW Image Optimizer」に移動し、「WebP」タブをクリックします。そして「WebP変換」にチェックを入れて「変更を保存ボタン」をクリックし、変更を保存」ボタンをクリックすると、リライトルールのコードが表示されます図8。

図8 「EWWW Image Optimizer」の設定方法

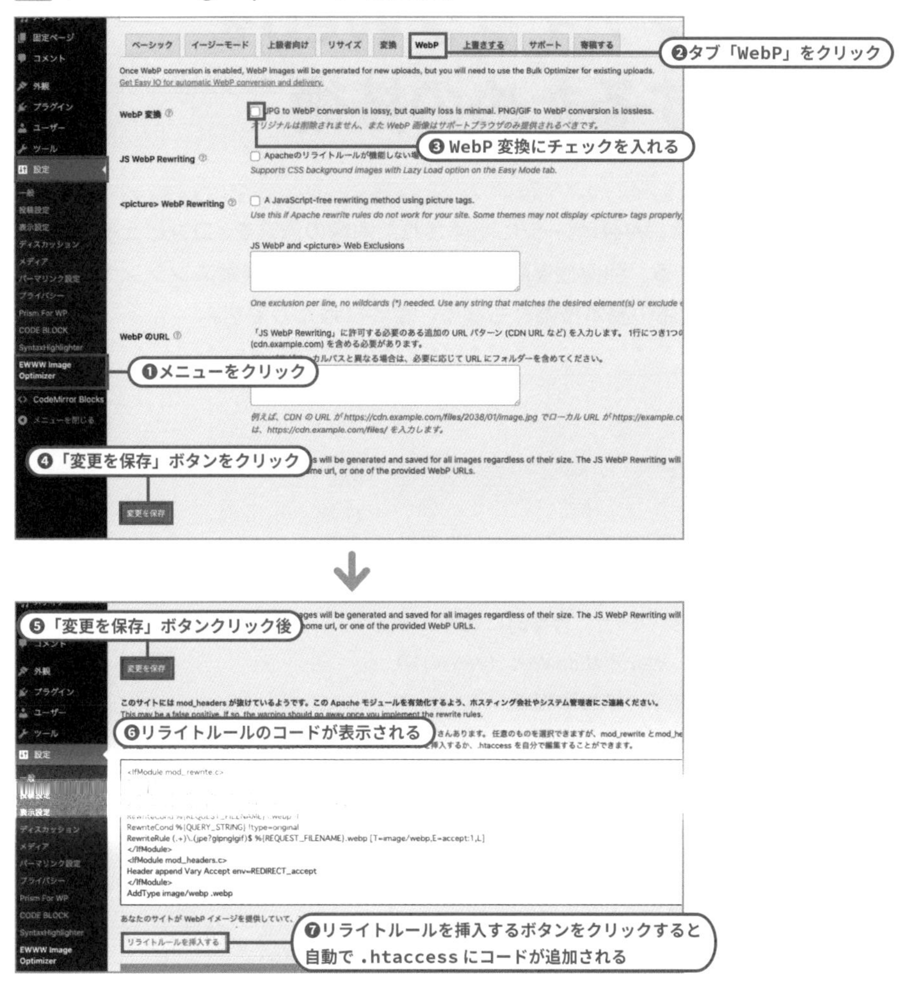

非対応ブラウザへの対策

WebPに対応していないブラウザを考慮するのであれば、<picture>タグを使用して図9のように実装します。

図9 WebP未対応ブラウザへの対策

```
<picture>
  <!-- WebP 対応ブラウザ用の記述 -->
  <source srcset="/img/test.webp" type="image/webp">
  <!-- PC 用サイト向けの記述 -->
  <source media="(min-width: 980px)" srcset="/img/test.jpg 1x, /img/test@2x.jpg 2x">
  <!-- モバイル・タブレット用サイト向けの記述 -->
  <source media="(max-width: 979px)" srcset="/img/test@2x.jpg"> // モバイル、タブレット用
  <!-- IE11 など未対応ブラウザ用の記述 -->
  <img src="/images/test.jpg">
</picture>
```

WebP未対応のブラウザではJPG画像が読み込まれます。

セマンティックWebを構築するための技術

THEME テーマ

「セマンティックWeb」とは、Webページに記述された内容の意味を、コンピューターにも理解しやすい形で伝える、利便性を高いサイトを指します。検索エンジンへの最適化やアクセシビリティ対応の基本技術ともなる、重要な考え方です。

セマンティックWebの考え方

セマンティックWebは元来、Webページに記述された内容が何を意味するか、メタデータ（Webページ自体の情報）を付加することで、コンピューターに理解しやすくし、コンピューター同士で自律的に処理させるためのプロジェクト・技術を指しました。World Wide Web（WWW）の利便性を向上させるために、WWWの考案者の一人であるティム・バーナーズ=リー氏によって提唱されたものです。

現在、Webサイトの制作現場などで「セマンティックWeb」、「セマンティックなWeb」といった場合、サイトが持つ情報やコンテンツの意味をコンピューターにもより理解しやすい形で制作する技術、あるいはそうした考え方のもとに作られたWebサイトを指します。

コンピューターが理解できる形式の情報が付与されている状態を「シンリーダブル」ともいいます。Webサイトが「マシンリーダブル」な状態は、コンピューターだけではなく人にとっても利便性の高いものです 図1。

機械、コンピュータなどのマシンが、Webページの中に記述された情報を直接読み取り、認識できる状態を指す。対して、人が読み取れる状態を「ヒューマンリーダブル」という。

図1 「マシンリーダブル」な状態

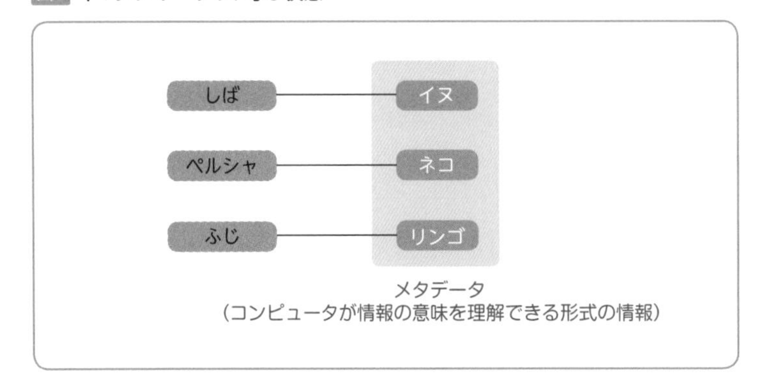

HTMLが文書構造をコンピューターに伝えるマークアップ言語であることは、すでにご存知かと思いますが、単に文書構造を伝えるだけではなく、個々の情報が持つ意味をより一層正しくコンピューターが理解しやすいようにする、種々の配慮がセマンティックWebといえます。

セマンティックな状態にするメリット

マシンリーダブルを確保したセマンティックWebを構築することには、次のようなメリットがあります。

- 検索エンジンがコンテンツの中身を理解し、検索エンジンにインデックスされることで、アクセスアップが見込める
- 音声ブラウザやスクリーンリーダーの読み上げ機能や操作補助機能にデータを利用でき、アクセシビリティが向上する
- GoogleHomeなどのスマートスピーカーの音声入力に対応できる
- ブラウザのフォーム入力の補助機能に対応できる
- Facebook、Twitterなどの外部サービスにWebサイトの情報を表示できる
- セマンティックなネーミングやタグ属性を使うことでコンポーネント設計に役立つ

200ページ、Lesson5-03参照。

Webサイトがマシンリーダブルな状態でなくても、サイトの表面的な見た目は変わらないことが多く、マシンリーダブルにするための対応には追加実装のコストがかかることもあり、対応していないケースも数多くあります。

しかし、コンピューターに理解しすいサイトやコンテンツを作ることは、結果的にユーザーがアクセスしやすいユーザビリティの面でも優れたサイトとなります。予算やコストの制約はあるにせよ、できる限り対応するようにしましょう。

マシンリーダブルな対応には具体的に以下の技術を使います。

- Web標準に従い文書の構造・要素をHTML5でマークアップする
- WAI-ARIA、メタ情報、構造化データを使用してコンピューター理解できる情報を付与する
- テキスト情報としてコンピューターが解釈できない画像や動画に代替テキスト(alt属性)やその他の属性を付与する

以降で詳しく解説していきます。

HTML5でのマークアップ

HTMLの最新の標準仕様であるHTML5では、それまで存在しなかったセマンティックなタグが数多く追加されました図2。文書のセクション構造を示す<header>、<footer>、<main>、<nav>、<section>などの要素がその代表格です。

HTML4の時代には、これらの要素は存在しなかったため、すべてのセクションを<div>タグでマークアップしていましたが、それでは個々のセクションが持つ意味や役割がコンピューターには伝わりにくいといえます図2。

図2 HTML4（左）とHTML5（右）のマークアップを比較

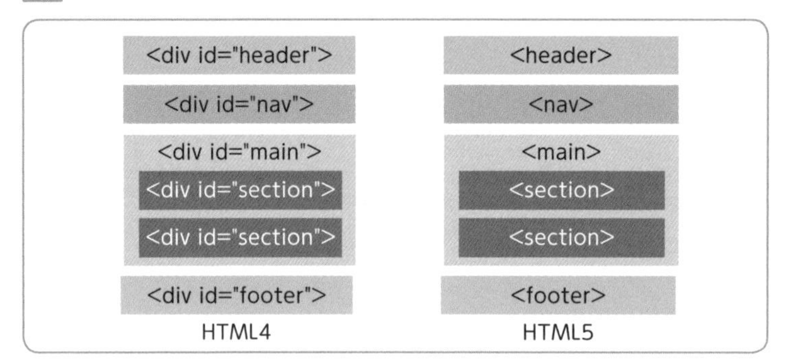

例えば、ヘッダー要素は<div id="header">よりも<header>タグでマークアップするほうが、コンピューターには「そのブロックがヘッダーである」と理解しやすくなります。「id="header"」というclass名を付与しても、コンピューターには意味が理解できません。

また、HTML5が登場した当初に比べて、各WebブラウザもHTML5の意味を理解するようバージョンアップしており、検索エンジンのアルゴリズムも進化しているなど、Webの機能そのものも向上しています。

HTML5のタグを理解し、コンテンツを適切なタグでマークアップしましょう図3 図4。

POINT

HTML5のタグで適切にマークアップしたとしても、そのWebページがどういったジャンルに属するコンテンツを扱っているかなど、付随する細かい情報まではコンピューターは判断できません。こうした情報はメタデータで伝えます。

図3 HTML5で追加された文書の構造を示すタグ

タグ	意味
<header>	ヘッダー
<footer>	フッター
<main>	メインコンテンツ
<nav>	ナビゲーション
<section>	マークアップされた箇所が１つのセクションであることを示す
<article>	単体で内容が完結するセクション
<aside>	補足的なコンテンツ（補足説明やサイドバーなど）

図4 HTML5で追加されたコンテンツの中身を示すタグ

タグ	意味
<figure>	図表
<figcaption>	図表のキャプション
<video>	動画
<time>	日時

alt属性を設定する

画像をマシンリーダブルにするためにはalt属性を使います。

写真やイラストなどの画像データは、コンピューターは、写真やイラスト、ロゴなどの画像の中身を読み取ることはできません。例えば、Webサイトで図5のような写真を見たとき、人間は「毛足の長い小型犬」、「後ろを振り向いている様子」といった情報を読み取れますが、コンピューターはHTMLのタグから画像であることしか読み取れません。

こうした画像の中身の情報をマシンリーダブルにするために記述するのがalt属性です。図5のHTMLのようにalt属性を使って画像の説明を加えることで、コンピューターは写真の内容を理解できるようになります。

図5 alt属性の記述例

HTML

```
<img alt=" 写真：白いセーターを着て体が固まっている
ミニチュアシュナウザー ">
```

alt属性はコンピューターが画像の内容を理解できる情報を記述します。

このようにしてalt属性を記述すると、「どのような姿・状況の犬」という情報がコンピューターにも追加されます。

また、バナー画像やタイトル画像など、画像に文字情報を含むものは、altに文字情報を記述しましょう。そうすることで、検索エンジンやスクリーンリーダーも情報を理解できるようになります。

メタ情報の重要性

メタ情報とは、「情報についての情報」を指します。

HTMLの<head>タグ内に記述する、「Webページそのものの情報」をメタ情報といいます。メタ情報は<meta>タグを使って記述され、Webページが何の言語で書かれているか、Webページの説明文、レスポンシブ対応させるための情報など、「情報についての情報」、「その文書についての付帯情報」を示すものです。

メタ情報に厳密な決まりはありませんが、よく記述されるものは図6のようになります。特に<meta>タグのdescription属性は、Googleなど検索エンジンの検索結果に表示されるページの説明文ですので、必ず記述したい情報になります。

図6 メタ情報の記述例

```
<meta charset="utf-8"> //Web ページの文字コードを指定する
<meta name="keywords" content=""> //Web ページのキーワードを指定する
<meta name="description" content=""> //Web ページの説明文を記述する
<meta name="robots" content="noindex,nofollow"> //Web ページを検索ロボットが探せる／探せないように指定する
<meta name="viewport" content="width=device-width, initial-scale=1, maximum-scale=1"> //viewport 指定をする
```

構造化データの記述

構造化データとは、HTMLで書かれた情報を検索エンジンにも理解しやすいように意味づけしたもののことです。検索エンジンは、Web上で読み取った構造化データを元に、ページのコンテンツを理解するだけでなく、その情報から紐づいたさまざま情報を収集します。

「schema.org」という構造化データの規格が存在しており、GoogleやYahoo!などの検索エンジンが対応しています。構造化データによって情報を付加することで、検索エンジン経由での訪問者の増加が見込める、SEOの観点でも重要な技術です図7。

memo

構造化データについては、下記のGoogleのWebページも参照してください。

・「構造化データの仕組みについて」(Google 検索デベロッパー ガイド)
https://developers.google.com/search/docs/guides/intro-structured-data

図7 構造化データの例

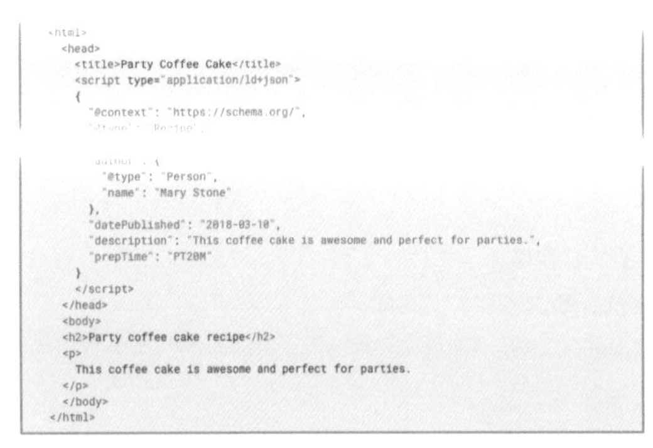

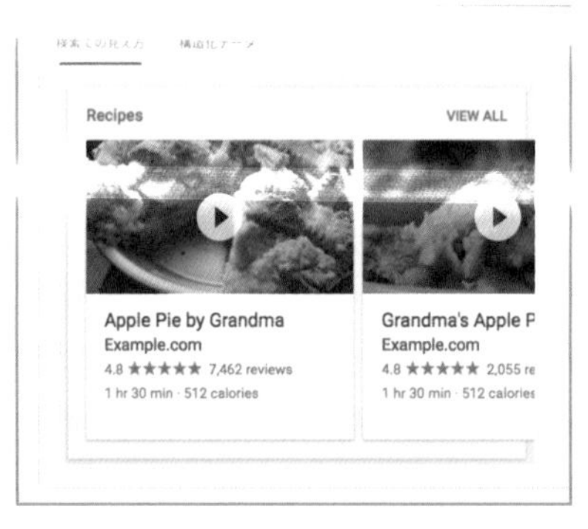

画像出典：「構造化データの仕組みについて」(Google 検索デベロッパー ガイド)より
(https://developers.google.com/search/docs/guides/intro-structured-data)

フォーマットに則り、図7のような情報を記述することで、Google検索結果にWebサイトの詳細な情報を表示することができます。例えば、製品サイトのレビューページであれば、商品画像、価格、ブランド名、レビュー評価の数などのデータを指定することが可能です。

WAI-ARIAを使ったアクセシビリティ対応

「WAI-ARIA」とは、Web Accessibility Initiative（WAI：W3Cの中のWebアクセシビリティに関する仕様を検討する部会）が策定した、アクセシブなRich Internet Applications（RIA：リッチインターネットアプリケーション）に関する技術仕様です。

この仕様に対応することには、次のようなメリットがあります。

- フォームのアクセシビリティを向上する
- divにrole属性を付与することでマシンリーダブルにする
- 属性をつけることでインタラクションによる状態変化を伝える
- HTMLの文書構造に影響しない形で、状態変化とCSSを紐づけることができる

特に重要なのは、role属性とaria属性を付与して、コンピューターをはじめとする機械にコンテンツの役割や状態、性質を明示することです。これらの情報を機械が読み取ることで、さまざまな環境からWebサイトのアクセスするユーザーに情報を適切に提供できるようになり、アクセシビリティが向上します。

WAI-ARIAには、「ロール（Role）」「プロパティ（Property）」「ステート（State）」の3つの機能があります。

図8 WAI-ARIAの機能

WAI-ARIA の機能	読み方	意味
Role	ロール	主にランドマークロールを定義する。UI で多く指定される
Property	プロパティ	要素の性質を定義する。主にフォームの情報や画像の代替情報として意味を追加するものがある
State	ステート	要素の現在の状態を定義する。主に JavaScript の切り替えによる状態変化に使われる

コンテンツの役割を表すrole属性

role属性はコンテンツの役割を示すものです。役割を示したいHTMLのタグに「role="main"」などのように付与します図9。

図9 role属性の記述例とHTML5の記述例

```
<div role="main">～</div>

<main>～</main>
```

この場合はどちらも、その要素がメインコンテンツであることを示します。

role属性には、コンテンツのナビゲーション上の役割を表すランドマークロール（Landmark Role）という仕様があります。ランドマークロールに対応するHTMLタグがある場合、role属性は必要ありません図10。

memo
ランドマークはページ内のナビゲーションを容易にするWAI-ARIAの技術仕様です。コンテンツのナビゲーション上の役割をrole属性を使って示すものです。

図10 主なランドマークロール

ランドマークロール	意味	対応する HTML タグ
application	アプリケーションのコンテンツ	―
article	記事	<article>
banner	メインビジュアルのバナー	<header>
complementary	補足コンテンツ	<aside>
contentinfo	コンテンツ情報	<footer>
form	入力フォーム	<form>
main	メインコンテンツ	<main>
navigation	ナビゲーション	<nav>
search	検索フォーム	―
alert	アラート、警告	―
alertdialog	button などの UI を含むアラート、警告	―
button	ボタン	<button>
checkbox	チェックボックス	―
dialog	ダイアログ	―
progressbar	プログレスバー	―
slider	数値を変更する	―
tab	タブ UI の見出し	―
tabpanel	タブ UI のコンテンツ	―
timer	タイマー	―
tooltip	ツールチップ	―

コンテンツの状態や性質を表すaria属性

aria属性はコンテンツの状態や性質を示すものです。HTMLのタグに「aria-XXX="○○○"」のように記述します。aria属性には、非常に多くの種類があります。

状態を表すaria属性では、属性値に「true」または「false」を指定します。こちらは動的なUIに、状態を示すことでアクセシビリティを高めることができます。

図11のソースコードは、「aria-disabled="true"」でリンクがクリックできない状態を示し、マシンリーダブルに対応した記述例です。機能としてクリックできない状態になるわけではなく、「クリックできない状態」という意味を示すマークアップです。

> **memo**
> aria属性の一覧は、以下のWebサイトから確認できます。
> ・Accessible Rich Internet Applications (WAI-ARIA) 1.1 日本語訳
> https://momdo.github.io/wai-aria-1.1/

図11 aria-disabled属性の記述例

```
<a href=" ○○○○ " aria-disabled="true"> リンクが入ります </a>
```

図12は「aria-busy="true"」という記述で読み込み中の状態を表し、マシンリーダブルに対応した例です。読み込み完了時に「aria-busy="false"」を返すことで、読み込みが完了したことを示すことができます。

また、この属性をCSSセレクタに使用することで、スタイルを適用できます図13。状態を示すclassを追加する方法と比べて、意味と表記の統一性が確保できるため、状態変化をCSSで指定するよい方法といえるでしょう。

図12 aria-busy属性の記述例

```
<div class="textContents" aria-busy="true"> 読込中 </div>
```

図13 図12の読み込み中の状態に、CSSでスタイルを適用する

```
.textContents[aria-busy="true"] {
  background-color : #999;
}
```

モバイル環境への最適化

THEME テーマ Webサイトがスマートフォンなどのモバイル端末での閲覧に最適化しているか否かは、検索エンジンの評価基準にもなっています。ここではモバイル最適化の重要性や、Googleが提供しているチェックツールについて解説します。

モバイル最適化とGoogle

Webサイトは公開しただけでは始まりに過ぎず、情報が多くの人に適切な形で届いてこそ、目的や役割を果たしたといえます。より多くのユーザーにWebサイトを訪れてもらうために欠かせない課題がモバイル最適化(スマートフォン最適化)です。SEO対策です。

スマートフォンをはじめとするモバイル端末からの閲覧時に、Webサイトを見やすく使いやすい状態にすることがモバイル最適化です。現在では、モバイル端末でWebサイトを閲覧することがもはや当たり前になっていますが、ひと昔前はWebサイトの閲覧は専らPCが中心でした。先述したように、その頃はモバイルサイトといえばPC用サイトをベースにしたものが大半を占めていました。

2016年、Googleはモバイルフレンドリー(モバイルとの親和性)を強化するアルゴリズムのアップデートを発表しました。モバイル環境でのアクセスしやすさ、使いやすさを検索結果の評価基準にするというものです図1。モバイル環境に最適化されていないサイトは検索結果やSEOの点で不利になることを意味するため、Webサイトのモバイル対応が必須となり、レスポンシブ化も加速度的に進んだという経緯があります。

WORD SEO

Search Engine Optimizationの略で「検索エンジン最適化」のこと。Webサイトが検索エンジンの検索結果画面で上位に表示されるように行う施策のことをSEO対策という。

44ページ、**Lesson2-01**参照。

memo

モバイルフレンドリー アップデートについては、下記も参照してください。

・ウェブをさらにモバイル フレンドリーにするための取り組み (Google ウェブマスター向け公式ブログ)
https://webmaster-ja.googleblog.com/2016/03/continuing-to-make-web-more-mobile.html

図1 Googleのウェブマスター向けモバイルガイド

https://developers.google.com/webmasters/mobile-sites/

Googleの「モバイル フレンドリー テスト」

Googleが提供するチェックツール「モバイル フレンドリー テスト」を使うと、Googleの基準に沿ったモバイル最適化が行われているどうかを確認できます 図2 図3。

図2 モバイル フレンドリー テスト

調べたいサイトのURLを入力すると結果が表示されます。
(https://search.google.com/test/mobile-friendly)

図3 テスト結果の表示例

モバイルフレンドリーかどうかが判定されます。

ページの表示速度を改善する

モバイル環境に最適化するためには、ページの表示速度の改善も重要になってきます。モバイル端末からWebサイトを閲覧する場合、PCからの閲覧よりも時間や場所を選びません。移動の合間や外出中にサイトへアクセスすることが多いため、通信環境が整っていないことを考慮する必要があります。料金プランなどの関係で通信量に制限があるユーザーも一定数いるため、モバイルに最適化する場合はデータ転送量の軽減やページの軽量化を常に意識したいものです。

Googleが提供する「PageSpeed Insights」は、Webサイトの表示スピードを測定するツールです（次ページ 図4 図5）。測定したいWebサイトのURLを入力すると、表示スピードをスコアで判定するだけではなく、コンテンツを解析してページの読み込み時間を短くするための指標を提示してくれます。

図4 Googleの「PageSpeed Insights」

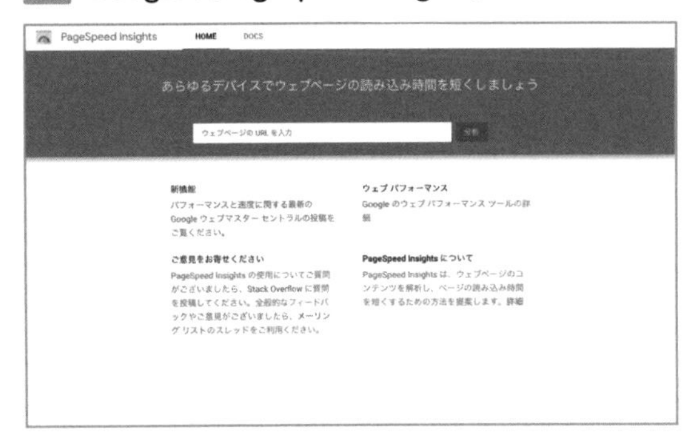

測定したいWebサイトのURLを入力すると、表示スピードを判定したスコアが表示されます。
(https://developers.google.com/speed/pagespeed/insights/)

図5 「PageSpeed Insights」の測定例

あるアクセシビリティ関連のWebサイトを測定したところ、89点という高スコアで表示されました。

Webサイトの制作要件によってはコンテンツなどの仕様の制約もあるため、100点満点の対応は難しくとも、少しでも高いスコアになるよう、表示速度のパフォーマンス改善を心がけてください。

レスポンシブ対応で注意したい点

モバイルの最適化は、モバイルサイトをワンソース（1つのHTML）のレスポンシブWebデザインで制作する方法、PCサイトとは別にモバイルサイトを用意する方法のどちらでも可能です。

ただし、注意したいのは、ワンソースでスマートフォン、タブレット、PCといった複数デバイスに対応した場合、一般的にはページを表示するためのデータ転送量が増え、表示速度が遅くなる傾向がある点です。例えば、画像はPC表示に合わせたサイズの大きなものをモバイルサイトでも読み込む場合、データ転送量は増えます。

デバイス別に専用サイトを設ける場合、URLはそれぞれ異なりますが、ワンソースで複数デバイスに対応する手法は、デバイスが違っても同一のURLでアクセスできるなどメリットも多い一方で、表示速度の点ではデメリットもある点を覚えておきましょう。

構造化データとリッチスニペット

THEME テーマ

ここでは、Lesson2-03でも取り上げた構造化データについて詳しく解説していきます。構造化データを用いることで、Webサイトのコンテンツを検索エンジンにより親和性の高い状態にすることができます。

検索エンジンが文字列の意味を理解しやすくなる

構造化データとは、コンテンツの中に含まれる情報（文字列）が持つ意味を検索エンジンがより理解しやすくなるよう標準化されたデータの形式のことで、セマンティックWebの考え方から生まれたものです。

58ページ、Lesson2-03参照。

通常のHTMLを使ったマークアップは、テキストが持つ役割を意味づけするものですから、検索エンジンもテキストの役割を理解することはできますが、テキストそのものの意味までは読み取ることができません。例えば、<h1>鶏肉の唐揚げ</h1>というテキストから、<h1>タグで挟まれた文字列を「これはh1見出しだ」と認識はできますが、「鶏肉の唐揚げ」を料理のメニュー名だと認識することまでは困難です。

構造化データを用いたコンテンツは、検索エンジンが情報の意味をより理解しやすい状態になっています。構造化データを使ったコンテンツを数多く収集することで、検索エンジンは文字列の意味や文字列が使われる文脈・背景までを学習し、蓄積していきます。

検索結果にリッチスニペットが表示される

構造化データを用いるメリットに、検索結果でのリッチスニペット表示があります。

通常、検索結果画面ではWebページのタイトルと説明文が表示されますが、構造化データに対応したページが検索結果画面に表示されると、タイトルや説明文以外に、ユーザーがページの内容を想像できるような「リッチ（豊富）な情報」表示され、クリックされやすくなる傾向があります（次ページ図1）。これをリッチスニペットといい、Googleでは「リッチリザルト」と呼ばれています。

図1 リッチスニペットの表示例（「肉じゃが レシピ」のGoogle検索結果）

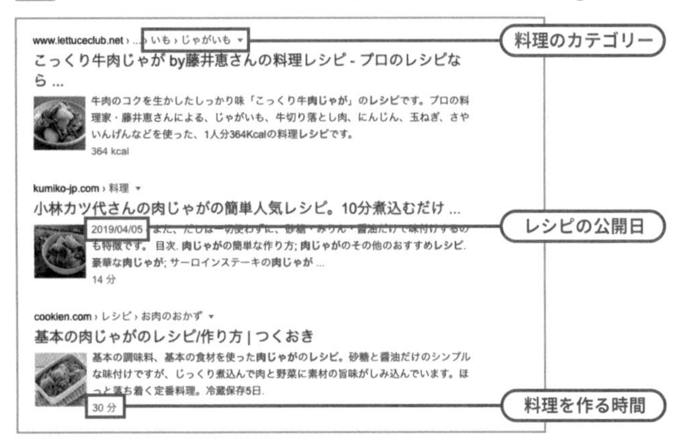

構造化データに対応したWebページは、検索結果一覧に項目内容が表示されています。

構造化データに対応したページでは、レシピのカテゴリー、調理にかかる時間、レシピの公開日、レシピのカロリーなどの項目がリッチスニペットとして表示されています。ユーザーはこれらの情報を見て、「作り方がわかりやすそう」、「短時間で調理できそう」などの判断が働き、サイトへの流入数のアップが見込めるため、SEOの観点から有利といえます。

構造化データの規格と記述方法

構造化データはHTMLやXMLなどで記述されるもので、「**Schema.org**（スキーマ・ドットオルグ）」という規格が設けられています。Schema.orgの記述方法で、Googleがサポートしているものは、次の3つです。

- JSON-LD（ジェイソンエルディー）
- Microdata（マイクロデータ）
- RDFa（アールディーエフエー）

GoogleはこのなかでもJSON-LDを推奨しています。JSON-LDには次のような利点があります。

- Google推奨の記述である
- 元のHTMLには影響を与えずに、JSON記述でデータを追加できる
- 構造化データを既存サイトに追加する場合も、HTMLコードの改変が必要ない

以降では、JSON-LDの記述方法を取り上げます。

WORD Schema.org

米国で検索エンジンサービスを提供するGoogle、Microsoft（Bing）、Yahoo!の3社が立ち上げた、構造化データの共通仕様を策定するプロジェクト。
https://schema.org/

memo

Schema.orgは「ボキャブラリー」と呼ばれる、情報の意味を定義するための規格です。例えば「鶏肉の唐揚げ」の定義の1つは「料理メニュー」であり、これを定義するものがボキャブラリーです。Schema.orgでは「料理メニューには○○○というラベルをつけましょう」などのように、情報に意味を付与するためのラベルのつけ方が定められています。ボキャブラリーに対して、JSON-LDなどの記述方法は「シンタックス」と呼ばれます。

構造化データの記述例

Googleの構造化データの記述方法を、料理レシピのページをサンプルに見ていきます 図2 。 図3 のソースコードがJSON-LDで記述した構造化データです。

> **memo**
> 構造化データのガイドラインや仕組みは、下記のページも参照してください。
> ・構造化データに関する一般的なガイドライン(Google 検索デベロッパー ガイド)
> https://developers.google.com/search/docs/guides/sd-policies/
> ・構造化データの仕組みについて(Google 検索デベロッパー ガイド)
> https://developers.google.com/search/docs/guides/intro-structured-data

図2 構造化データでマークアップされたサンプル

公開日：2020-03-10
うちの定番、鶏肉唐揚げ
調理時間：25分 1人分のカロリー：290kcal
にんにく醤油に漬け込んだ味付けが好評です

「鶏肉の唐揚げ」の料理レシピを構造化データでマークアップしたものです。
写真提供：ぱくたそ(www.pakutaso.com)

図3 構造化データの記述例

```
<html>
  <head>
    <title>Non-alcoholic Pina Colada</title>
    <script type="application/ld+json">
    {
      "@context": "https://schema.org/",
      "@type": "Recipe",
      "name": "うちの定番、鶏肉唐揚げ",
      "image": [
      "https://www.pakutaso.com/shared/img/thumb/PAK88_syokutakukaraage20150203190242_TP_V.jpg"
      ],
      "author": {
        "@type": "Person",
        "name": "サトウハルミ"
      },
      "datePublished": "2020-03-10",
      "description": "にんにく醤油に漬け込んだ味つけが好評です",
      "totalTime": "PT25M",
      "nutrition": {
        "@type": "NutritionInformation",
```

```
        "calories": "290 calories"
      }
    }
    </script>
  </head>
  <body>
  (省略)
  </body>
</html>
```

図2 のページで記述している構造化データです。

レシピの構造化データで使用されるプロパティ

料理レシピの場合、図3で記述している以外にも、図4 図5のようなプロパティが用意されています。

図4 **必須プロパティ**

プロパティ	定義
image	レシピで完成した料理の画像
name	レシピの名前

図5 **推奨プロパティ**

プロパティ	定義
aggregateRating	レシピのレビュースコアの平均値
author	レシピの作者
datePublished	レシピを公開した日付
totalTime	調理の合計時間。prepTime と cookTime を組み合わせるか単独で使用
prepTime	調理の準備時間。cookTime とセットで使用
cookTime	実際の調理時間。prepTime とセットで使用
description	レシピの説明文
recipeCategory	レシピのカテゴリ分類。デザートなどコースの提供内容
keywords	季節、イベントなどのレシピに関するキーワード。recipeCategory で指定するタグを使用しない
nutrition.calories	1 人分のカロリー
recipeingredient	使用する材料
recipeInstructions	調理手順
recipeCuisine	レシピに関連づけられる地域
recipeYield	レシピの完成分量。4 人分、4 個分など
video	レシピの調理動画

構造化データの表示確認

構造化データで記述したページは、Googleが提供するGoogle Search Consoleのツールである「リッチリザルトテスト」で表示確認を行うことができます図6。

図6 リッチリザルト テスト - Google Search Console

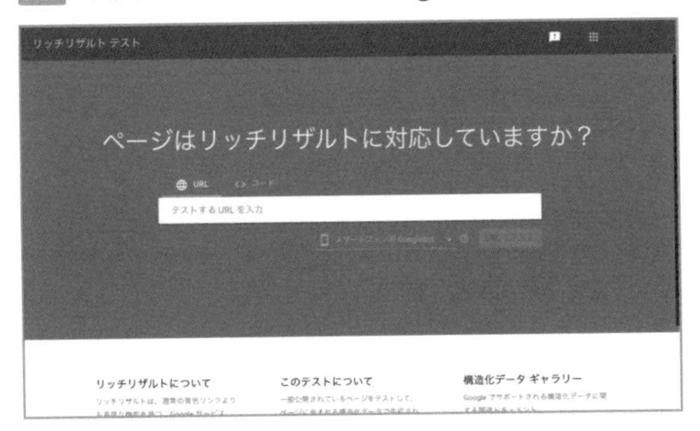

https://search.google.com/test/rich-results

図6にアクセスした後、「<>コード」タブを選択し、記述した構造化データを貼りつけて［コードをテスト］ボタンをクリックすると、テスト結果が表示されます図7。さらに、テスト結果のページで「結果をプレビュー」をクリックすると、Googleの検索結果画面でどのように表示されるかを確認できます（次ページ図8）。執筆時点（2020年7月現在）では、モバイルのみの表示確認が可能です。

図7 リッチリザルトテストを使った表示確認

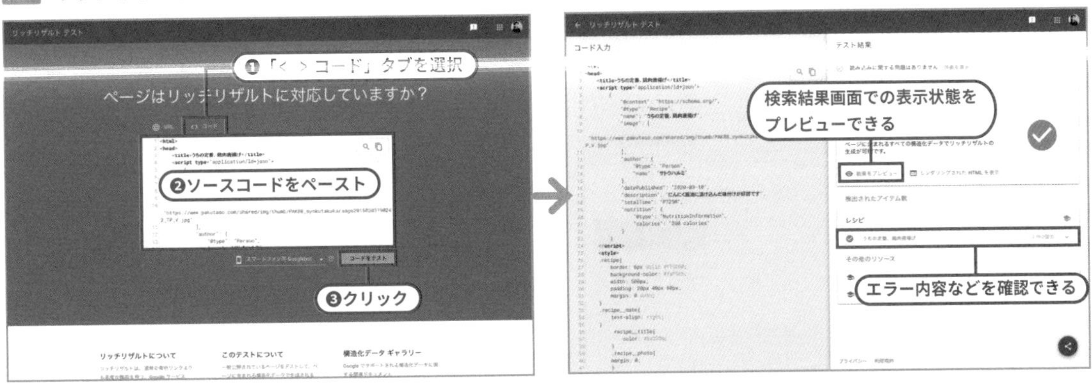

入力したコードに対するテスト結果が表示されます。画面右のテスト結果でエラーがないか確認し、「結果をプレビュー」リンクをクリックします。

図8 表示結果のプレビュー

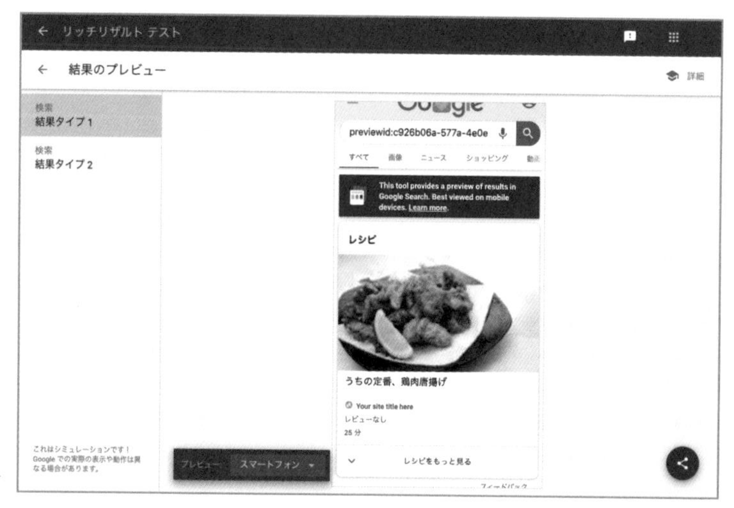

テスト結果のページで「結果をプレビュー」をクリックすると、Googleの検索結果画面でどのように表示されるかを確認できます。

構造化データは記事やパンくずリストなど、コンテンツの内容・種類によって、マークアップの内容も変わります。Google 検索デベロッパーガイドの「検索ギャラリーを見る」のページで、各種の例を確認できますので、必要に応じて参考にしてみてください図9。

図9 検索ギャラリーを見る(Google 検索デベロッパー ガイド)

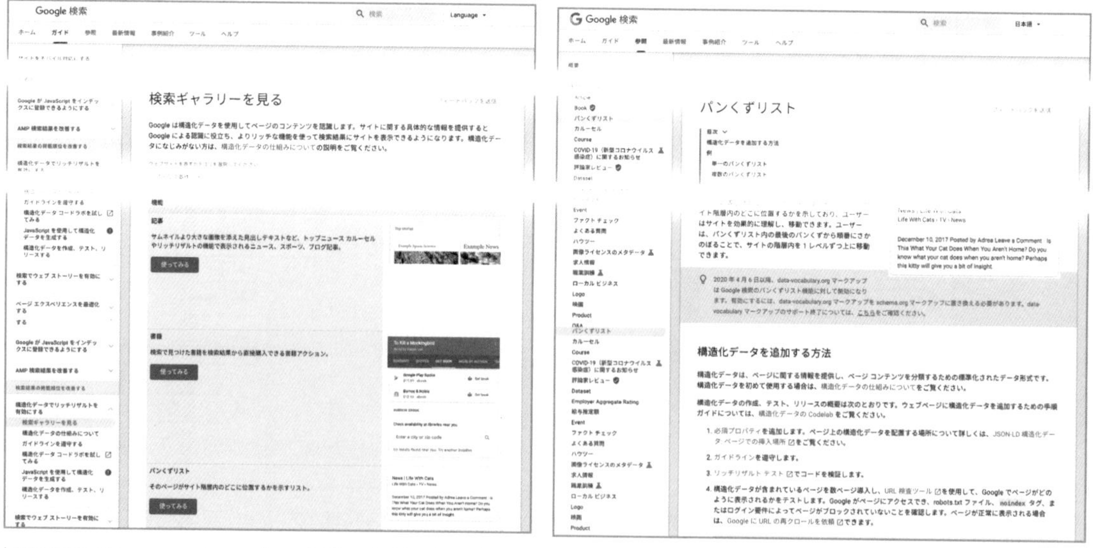

https://developers.google.com/search/docs/guides/search-gallery

Webアクセシビリティの考え方と基準

Webサイトにおけるアクセシビリティとは、情報やサービスへの「アクセスのしやすさ」を意味します。ユーザーの状況、通信環境、デバイスを問わず、よりアクセスしやすいサイトを目指すことは、制作者として非常に大切な観点です。

Webを使うあらゆるユーザーに必要なもの

Webアクセシビリティに関する規格の理解・普及を目指す団体「ウェブアクセシビリティ基盤委員会（WAIC）」のWebサイトでは、Webアクセシビリティを次のように定義しています。

> *ウェブのアクセシビリティを言い表す言葉がウェブアクセシビリティです。ウェブコンテンツ、より具体的にはウェブページにある情報や機能の利用しやすさを意味します。*
>
> *さまざまな利用者が、さまざまなデバイスを使い、さまざまな状況でウェブを使うようになった今、あらゆるウェブコンテンツにとって、ウェブアクセシビリティは必要不可欠な品質と言えます。*

出典：アクセシビリティとは | ウェブアクセシビリティ基盤委員会（WAIC）
（https://waic.jp/knowledge/accessibility/）

アクセシビリティは障害のある方や高齢者だけではなく、Webサイト・Webサービスを利用するあらゆるユーザーにとって必要とされるものです。通信環境やデバイスの違いなどを問わず、サイトにアクセスでき、情報を取得できるよう設計することが大切です（次ページ 図1）。

memo

通信環境やデバイスの違いなどを問わず、サイトにアクセスでき、情報を取得できるよう設計することが大切です。

図1 アクセシビリティの規格

アクセシビリティの要件	具体例
どんな人でもアクセスできる	・幅広い年齢層が情報にアクセスできる・身体や理解力に不自由があってもアクセスできる ・はじめて Web サイトに訪れた人も理解できる　など
どんな環境でもアクセスできる	・音が出せない、周囲に雑音がある環境で閲覧できる ・インターネット回線が脆弱でもアクセスできる ・どのような状況でも読みやすくする （文字サイズ、色のコントラスト、周囲の明るさ・暗さ）　など
操作と見た目のやさしさ	・マウスがなくてもキーボードだけで操作ができる ・タッチデバイスで操作ができる ・理解しやすい直感的な操作方法　など

アクセシビリティ基準のガイドラインとして、次の2つがあります。

- WCAG 2.0：W3CがWebアクセシビリティを確立を目的として公表しているもの。
- JIS X 8341-3：国際的基準であるWCAG 2.0を原案として、日本で作成・施行されたJIS規格のガイドライン

現在の「JIS X 8341-3」の内容はWCAG 2.0と協調するものとなっており、Web大とのコンテンツが満たすべきアクセシビリティの品質基準として、「レベルA」「レベルAA」「レベルAAA」の3つの達成基準が設けられています。

これらのガイドラインはドキュメントの形で公開されており、WCAG 2.0は原文が英語ですが、WAICが日本語訳したものも公開されています 図2。また、WAICのWebサイトではJIS X 8341-3:2016の「達成基準 早見表（レベルA & AA）」が公開されています 図3。

このほかに、日本アクセシビリティ普及ネットワークが提供する「情報バリアフリーポータルサイト」では、JIS X 8341-3:2010の内容や達成基準をわかりやすく解説したページや実装チェックリストが公開されています 図4 図5。

WORD W3C

「World Wide Web Consortium」の略称。ティム・バーナーズ＝リー氏によって創設された、Webで使用される各種技術の標準化を進める団体。

memo

WCAGは「Web Content Accessibility Guidelines」の略称です。原文は英語となりますが、下記から閲覧できます。
Web Content Accessibility Guidelines (WCAG) 2.0
https://www.w3.org/TR/2008/REC-WCAG20-20081211/

memo

JIS規格（日本工業規格）の中で定められている『高齢者・障害者等配慮設計指針ー情報通信における機器，ソフトウェア及びサービスー第3部：ウェブコンテンツ』が「JIS X 8341-3」の正式名称となります。

図2 WAIが提供するWCAG 2.0の日本語訳

概要とイントロダクション	https://waic.jp/docs/WCAG20/Overview.html
WCAG 2.0 解説書	https://waic.jp/docs/UNDERSTANDING-WCAG20/Overview.html
WCAG 2.0 達成方法集	https://waic.jp/docs/WCAG-TECHS/Overview.html

ドキュメントの一部のURLを抜粋して取り上げています。

図3 「ウェブアクセシビリティ基盤委員会(WAIC)」のWebサイト

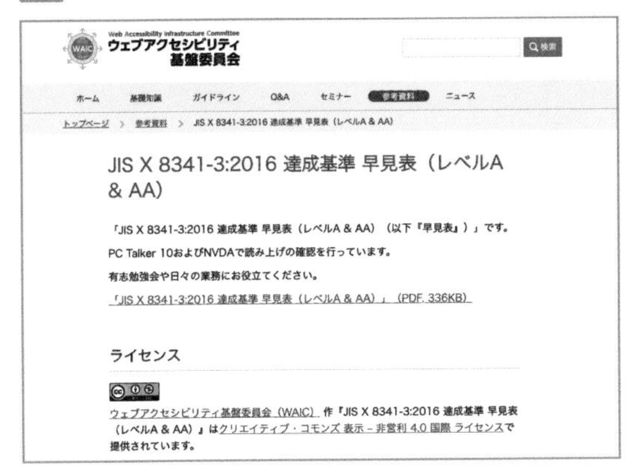

「JIS X 8341-3:2016 達成基準 早見表(レベルA & AA)」がダウンロード提供されています。
(https://waic.jp/resource/jis-x-8341-3-2016/)

図4 試験とは―情報バリアフリーポータルサイト

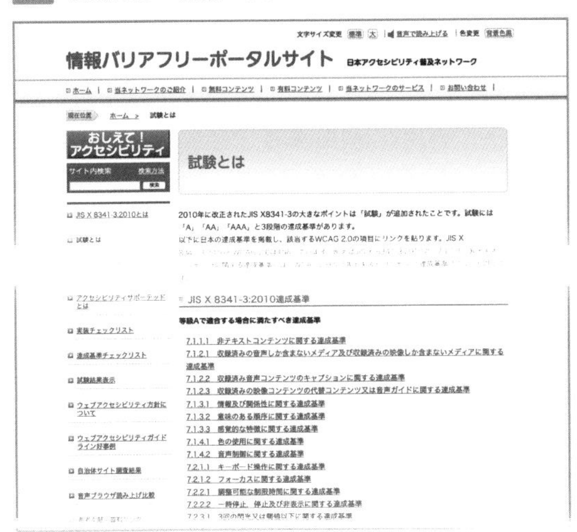

2010年に改正されたJIS X8341-3の、3段階の達成基準「A」「AA」「AAA」について解説されています。
(http://jis8341.net/test.html)

図5 実装チェックリスト―情報バリアフリーポータルサイト

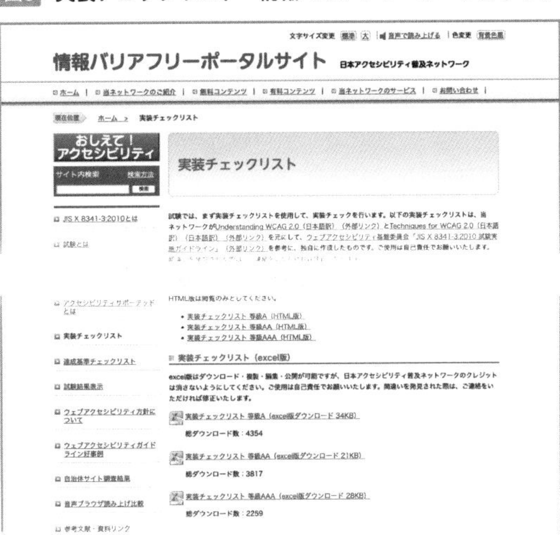

アクセシビリティ基準の実装チェックリストがダウンロードできます。
(http://jis8341.net/shiken.html)

アクセリビティのガイドラインは膨大な情報量ですので、その内容をすべて把握することはなかなか難しいでしょう。ただ、Webサイトの制作に携わるのであれば、アクセシビリティの基本概念である「あらゆるユーザーにとってのアクセスしやすさ」という考え方を常に念頭に置き、必要に応じてここで紹介したガイドラインを確認するようにしてください。

「アクセスしやすさ」を常に意識しておく

図6はイギリスの内務省（UK Home Office）によるWebサイトのアクセシビリティに関する啓発ポスターを日本語訳したものです。Webサイトのデザインで「行うべきこと」「してはいけないこと」が、さまざまなハンディキャップを持つ人の状況に沿い、7つのカテゴリーに分けて表現されています。Webサイトの作り手が無意識のうちにやってしまいがちな間違いがひと目でわかるものになっており、GitHubで公開されていますので、ぜひダウンロードしてみてください。

図6 英国内務省が制作したアクセシビリティの啓発ポスター

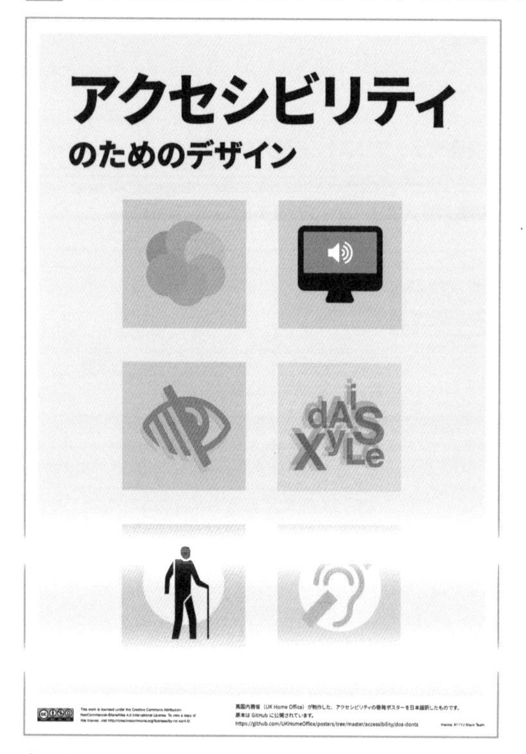

合計9枚に渡り、7つのカテゴリーで「行うべきこと」「してはいけないこと」が表現されています。ポスターのデータはGitHubで公開されています。
(https://github.com/UKHomeOffice/posters/tree/master/accessibility/dos-donts)

冒頭でも述べたように、Webアクセシビリティというと「障害者や高齢者のため対応」と捉えられがちですが、決してそうではなく、Webサイトにアクセスあらゆるユーザーにとって必要とされるものです。

また、JIS X 8341-3:2010が製品の種類や品質、性能、安全性などを定めたJIS規格の一部に含まれていることからもわかるように、本来アクセシビリティはWebサイトだけでなく製品やサービス全般に適用されるものですので、モノづくりにかかわるあらゆる人が忘れてはいけない指針といえるでしょう。

memo

このほかに、Webアクセシビリティの情報を提供するエー イレブン ワイ（株式会社インフォアクシア）のWebサイトでは、コンテンツのアクセシビリティを確保するための基本となる10項目を『Webアクセシビリティ確保 基本の「キ」』としてまとめています。こちらもわかりやすいので、ぜひ参照してみてください。

・Webアクセシビリティ確保 基本の「キ」｜実践ノウハウ｜エー イレブン ワイ[WebA11y.jp]
https://weba11y.jp/know-how/10basics/10basics_index/

Lesson 3

開発環境の構築

開発環境構築で利用するコマンドラインツールの基本を理解し、SassやGulp、Gitのインストールや操作方法について学びましょう。また、Webサーバーの種類など、実際にサイトを公開するために必要な仕組みについても解説します。

コマンドラインツールと操作方法

開発環境の構築や制作で必ず使用するコマンドラインツールですが、その仕組みや使い方を覚えれば効率的なWeb制作が可能となります。ここでは、コマンドラインツールの基本からファイルやディレクトリ操作でよく使うコマンドを紹介します。

コマンドラインツールとは

コマンドラインツールは、マウスやカーソルなどは使わずコマンドのみで操作するアプリケーションのことを指し、CUI（Character User Interface）またはCLI（Command Line Interface）といいます。

これに対し、マウスやカーソルなどで操作するソフトウェアやアプリケーションのことをGUI（Graphical User Interface）といいます。WindowsやmacOSはGUI、サーバーなどに使用されるLinuxやUNIX系システムなどはCUIでの操作が基本となります。

Windowsは「コマンド プロンプト」、macOSなら「ターミナル」というコマンドラインツールがインストールされています 図1。

> **memo**
> UNIXは、1969年に開発が開始されたCUIを基本としたOSの1つで、現在は多数のプラットフォームに組み込まれており、このUNIXを標準として開発されたOSはUNIX系システムとも呼ばれています。macOSのコアである「Darwin」もこのUNIXをベースに開発されています。

コマンドプロンプトとターミナル

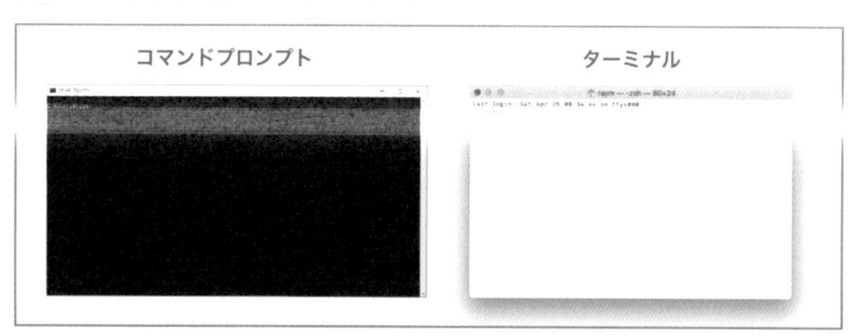

機能が強化されたコマンドラインツール

デフォルトでインストールされているコマンドラインツールは、そのままでは少し扱いにくい場合があります。もちろん、カスタマイズすれば自分好みの設定も可能ですが、最初からいろいろなツールのいいとこ取りをした上位互換性のあるコマンドラインツールも存在します。例えば、「コマンド画面をタブ化して1ウィンドウにまとめる」「ローカルとリモートサーバーの表示を画面分割する」「配色をカスタマイズする」というように、デフォルトよりも豊富な機能を搭載しています。

Windowsであれば「PowerShell」やSSHなどリモート操作で豊富な機能を搭載した「RLogin」、macOSなら「iTerm2」がありますので、デフォルトのツールで不便を感じるようでしたら導入をおすすめします図2。

図2 その他のコマンドラインツール

ツール名	URL ／説明
PowerShell	Windows 7 以降はデフォルトでインストールされている
RLogin	http://nanno.dip.jp/softlib/man/rlogin/
iTerm2	https://www.iterm2.com/

入力したコマンドを実行する仕組み

コマンドラインツールはあくまでコマンドを入力し、結果を表示するツールです。コンピューターの核となるカーネルでは、ユーザーが入力したコマンドや、GUIで操作した実行処理について直接的に解釈する機能をもっていません。入力した情報をカーネルに伝え、カーネルからの処理結果を解釈して実行する仲介役のプログラムが必要で、このプログラムを「シェル」といいます図3。CUIであれば「コマンドシェル」、GUIの仲介をするシェルは「グラフィカルシェル」とも呼ばれています。

図3 カーネルとシェルの関係図

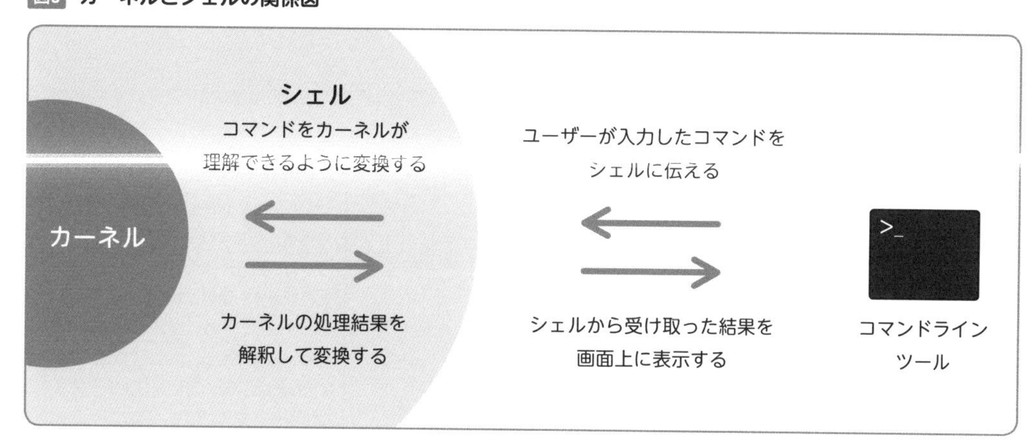
シェル
コマンドをカーネルが
理解できるように変換する
カーネル
カーネルの処理結果を
解釈して変換する
ユーザーが入力したコマンドを
シェルに伝える
シェルから受け取った結果を
画面上に表示する
>_
コマンドライン
ツール

シェルにはさまざまな種類（次ページ図4）があり、WindowsやmacOSなどのUNIX系システムでコマンド文が違う理由は、OSによって設定されているシェルが異なるためです。

UNIX系システムのLinuxやmacOSでは、同じ種類のシェルが利用できます。Linuxのデフォルトは「Bash」シェル、macOSも以前まではBashがデフォルトでしたが、「macOS 10.15 Catalina」以降は、Bashの上位互換「Zshシェル」が設定されています。

Windowsは「コマンド プロンプト」や「PowerShell」といった前述のOSとは違った独自シェルとツールをセットで提供しています。そのため、入力するコマンドや設定方法がほかのOSと異なる点に注意しましょう。Windows 10のバージョン1709以降からは、**Windows Subsystem for Linux（WSL）**が導入され、Bashが利用できるようになりました。WindowsでもBashを利用したい方は、WSLを導入してみるのもよいでしょう。

WORD Windows Subsystem for Linux（WSL）

Windows Subsystem for Linux（WSL）は、Windows上にLinuxの仮想環境を構築する仕組み。

図4 主なシェルの種類

シェル名	解説
sh	UNIX システム上もっとも古いシェルで、さまざまなシェルの元となっている。シェルスクリプトではこのシェル構文がよく使われている
bash	sh シェルの上位互換であり、Linux など多くの OS で標準シェルとして利用されている
ksh	sh シェルの上位互換であり、bash よりもバイナリデータが少ない特徴がある
csh	C 言語の構文に似たシェル。sh シェルとは互換性がないため、sh 派生シェルとコマンドの違いがある
tcsh	csh シェルの上位互換のシェルで、機能や関数などが強化されている
zsh	sh、bash、csh、tcsh の機能をほぼ網羅している強力なシェルで sh の上位互換。macOS Catalina から標準シェルに採用された
fish	Friendly Interactive Shell という名のとおり、ユーザーフレンドリーなシェルで、配色、補完機能、丁寧なヘルプメッセージ、GUI の設定などが標準で備わっている。sh シェルとは互換性がないため、スクリプト構文が異なる

このほかにも、たくさんのシェルがあります。

コマンドラインツールを実際に起動する

コマンドラインツールを起動するには、メニューやアプリケーションディレクトリなどから探してアイコンをクリックするか、検索メニューを利用してコマンドラインツール名で絞り込んだものを選択します。Windows、macOSでは下記のいずれかの方法で起動が可能です。

Windowsのコマンド プロンプトの起動方法

- 「Windowsキー」+「R」で「ファイル名を指定して実行」を開き、「cmd」を入力して「OK」を選択
- 「スタートメニュー」→「Windowsシステムツール」→「コマンド プロンプト」を選択

memo

シェルのコマンドをプログラミング化して作成したスクリプトを「シェルスクリプト」、Windowsは「バッチファイル」と呼びます。使用しているシェルによって、スクリプトのプログラムの構文は異なり、拡張子もシェルに合わせて「.sh」や「.bat」といった形になります。スクリプトを作成することで、連続したコマンドの実行処理を行うことや複雑な処理も変数などを用いて実行処理することが可能です。定期的なタスクをスクリプトで解決したい場合などは、このシェルスクリプトを利用しましょう。

macOSのターミナルの起動方法

- Spotlight検索（「cmd」＋「space」）で「ターミナル」と入力→「ターミナル」を選択
- Launchpadの「その他」を選択、「ターミナル」アイコンを選択
- Launchpadの検索で「ターミナル」を入力して検索し、「ターミナル」アイコンを選択

コマンドラインツールが起動すると、ユーザーのホームディレクトリが最初に表示されます図5 図6。

WORD ホームディレクトリ

ホームディレクトリは、「Users」ディレクトリ内にあるユーザー名のディレクトリ。Windowsではフルパスで表記されているが、ターミナルの場合は「~」というチルダ記号を使用し、省略した状態で表示される。

図5 コマンド プロンプトの起動画面

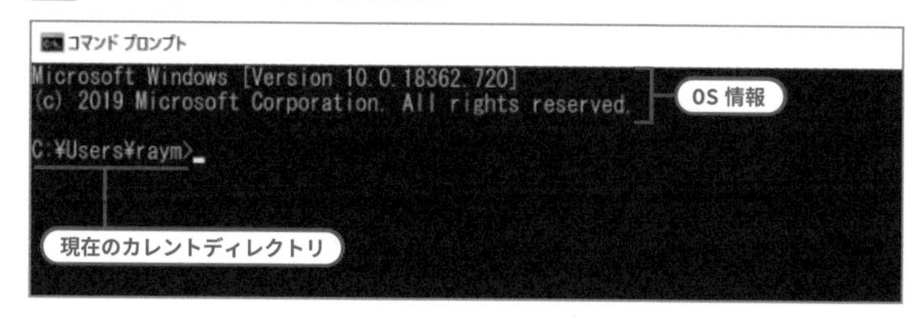

図6 ターミナルの起動画面

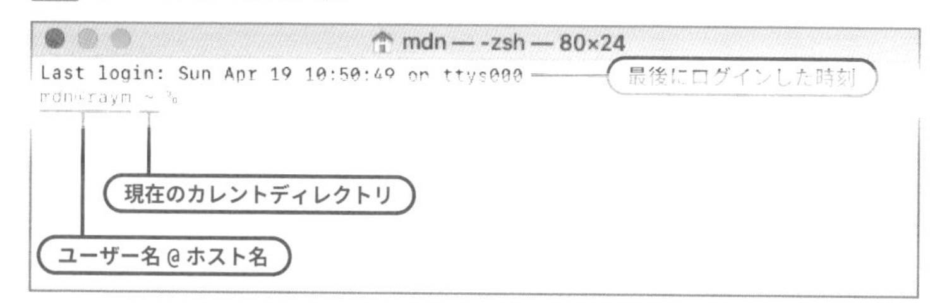

コマンド入力欄の左側にある現在のディレクトリやユーザー名の情報を表示するエリアを「プロンプト」といいます。プロンプトの書式はカスタマイズも可能で、使用するシェルによって書式は異なりますが、基本的には現在いるカレントディレクトリ名が表示されます。

コマンドの基本的な書式と種類

「ファイルを作成する」「ファイルをコピーする」「ファイルを移動する」「ディレクトリを作成する」「ディレクトリへ移動する」といった動作をさせるためには、それぞれ決められたコマンドを入力する必要があります。

コマンドは、基本的には次のような記述ルールにしたがって入力します（次ページ図7 図8）。

図7 コマンド記述ルール(Windows)

```
$ コマンド名 /オプションA /オプションB 引数1 引数2...
```

図8 コマンド記述ルール(macOS)

```
$ コマンド名 -オプション1 -オプション2 引数1 引数2...
```

コマンド名は実行するコマンド文、コマンドとオプションや引数の間は半角スペースを入れます。オプションの先頭記号は、Windowsは「/」、UNIX系なら「-」を指定します。オプションはコマンド名の後に入力することもあれば、引数の後に入力する場合もあります。

例えば、ファイルをコピーするコマンドは、Windowsであれば「copy」、macOSであれば「cp」コマンドを使用します図9。「index.html」を「index_copy.html」に命名を変更して、同一ディレクトリ内にコピーします図10。

図9 ファイルをコピー(Windows)

```
$ copy index.html index_copy.html
```

図10 ファイルをコピー(macOS)

```
$ cp index.html index_copy.html
```

図11にコマンドラインツール、図12によく使う基本的なコマンドの基本的なキー操作を掲載しています。詳細な情報に関しては、リファレンスサイト図13を参照しましょう。

memo

先頭に表示している「$」という記号は、プロンプトの省略記号です。ユーザーによって表示される内容が異なることや表記としては長くなるため、コマンドの説明を行う際には「$」だけを記載し、実行する場合は「$」を除いたコマンド名から入力します。

memo

一度入力したコマンドであれば、入力履歴を利用して再度実行が可能です。入力履歴の参照は、キーボードの「↑」と「↓」で操作できます。また、シェルによってはコマンド補完機能も備えており、コマンドやディレクトリ名などを途中まで打ち込み、「tab」を利用することで正式名称を補完してくれます。

図11 コマンドラインツールのキー操作

機能名	キーボード操作
カーソルの横移動	「←」で左へ移動、「→」で右へ移動
入力履歴を表示する	「↑」や「↓」でコマンド履歴を表示できる
コマンドやディレクトリ名の補完	途中までコマンドを入力し「tab」を押すことで残りの単語やディレクトリ名を補完できる。補完できるものはシェルに設定された補完機能によって異なる
行先頭、行末へ移動(Windows)	「Home」で行先頭に移動、「End」で、行末へ移動
行先頭、行末へ移動(macOS)	「Ctrl」+「a」で行先頭に移動、「Ctrl」+「e」で、行末へ移動
単語単位の移動(Windows)	「Ctrl」+「←」で1単語分左に移動。「Ctrl」+「→」で、1単語分右に移動
単語単位の移動(macOS)	「option」+「←」で1単語分左に移動。「option」+「→」で、1単語分右に移動
入力したコマンドの削除(Windows)	「Ctrl」+「Home」で、現在のカーソル位置より前方の文字列を削除、「Ctrl」+「End」で後方の文字列を削除
入力したコマンドのカット(macOS)	「Ctrl」+「u」で、現在のカーソル位置より前方の文字列をカット、「Ctrl」+「k」で後方の文字列をカット、「Ctrl」+「y」でカットした文字列の貼りつけも可能
実行コマンドを中断する	Ctrl」+「c」で処理中のコマンドをキャンセルする

図12 よく使う基本的なコマンド一覧

Windows	macOS（UNIX）	説明
dir	ls -la	現在いるディレクトリとファイルを表示
cd	cd	ディレクトリの移動
ren [old] [new]	mv [old] [mew]	ファイル名の変更
move [old] [new]	mv [old] [mew]	ディレクトリ名の変更
move [from] [to]	mv [from] [to]	ファイル・ディレクトリの移動
copy [from] [to]	cp [from] [to]	ファイルのコピー
copy [from] [to]	cp -a [from] [to]	コピー元となるファイルの情報や シンボリックリンクを含めてコピーする
xcopy /e [from] [to]	cp -R [from] [to]	ディレクトリを再帰的にコピー
copy nul [filename]	touch [filename]	ファイルを作成する
mkdir [directoryname]	mkdir [directoryname]	ディレクトリを作成する
del [filename]	rm [filename]	ファイルを削除する
rmdir [directoryname]	rmdir [directoryname]	空のディレクトリを削除する
rmdir /S [directoryname]	rm -r [directoryname]	ディレクトリおよびディレクトリ内に存在する ファイルやサブディレクトリを削除する

図13 リファレンスサイト

サイト名	URL
Windows コマンド集	https://xtech.nikkei.com/it/article/COLUMN/20060221/230144/
Linux コマンド集 INDEX	https://xtech.nikkei.com/it/article/COLUMN/20060224/230573/

CUIを使った効率的なファイル操作

ここまで紹介してきたコマンドに関しては、GUIでも実行可能です。しかし、GUIは画面上でわかりやすく操作できる反面、ファイル数やファイル容量が大きくなると、CUIに比べて実行処理が遅くなってしまうことがあります。

例えば、大量のファイルの中から「ファイル名に特定の単語を含むファイルを選択して移動させる」場合（次ページ図14）、エクスプローラーやFinderでファイルを複数選択し、目的のディレクトリに対してドラッグ&ドロップで移動させる必要があります。任意のファイルが大量にある場合、正しく選択するだけでも時間がかかってしまい、ファイル検索を利用するか、ファイル名や拡張子の種類で並び替えを行い、表示をソートした上で選択する必要があります。

図14 複数のファイルを選択し、目的のディレクトリへ移動させる

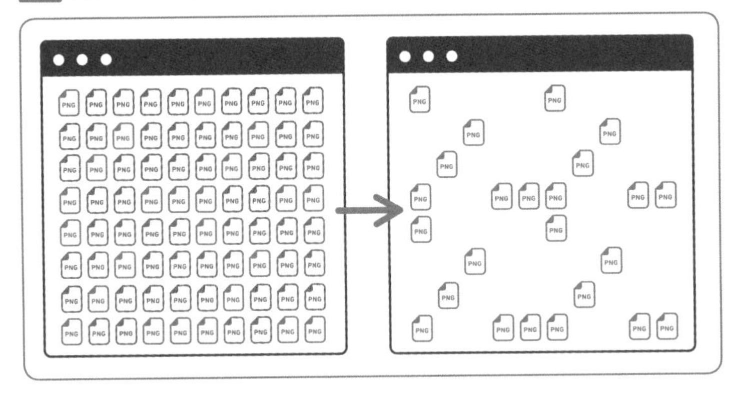

選択して移動するファイルに何かしらの規則性があれば、CUIではコマンド1行で取得するファイルの条件と合わせて、移動先のディレクトリに移動が可能です。図15 図16のコマンドでは、ワイルドカードを利用して、ファイル名に「mdn」が含まれるファイルを、mdnディレクトリへ移動できます。

WORD ワイルドカード

ワイルドカードは、不特定の文字列を表す特殊記号で、文字列やファイル検索においてよく使われている。「?」は任意の1文字に一致する指定、「*」は任意の0文字以上の文字列を表す。

図15 ワイルドカードを利用したファイルの移動(Windows)

```
$ move *mdn* .¥mdn¥
```

図16 ワイルドカードを利用したファイルの移動(macOS)

```
$ mv *mdn* ./mdn/
```

フロントエンド開発でのCUIの利用

以前のWeb制作では、CUIはインフラやバックエンドを担当するエンジニアが使っており、HTML＋CSS＋JavaScriptをコーディングするだけでは、使う機会が多くありませんでした。しかし、Sassをはじめとした CSSメタ言語の登場によるコンパイル作業やタスクランナーの登場によって、CUIを使ったインストール方法や実行方法が紹介され、フロントエンドでも使用する機会が増えました。

もちろん、GUIを使った方法もあります。例えば、インストールするだけでSassの利用が可能になるアプリケーションや、各種タスクランナーを実行するアプリケーションも配布されています。Gitであれば、GUIを使うことで視覚的にログや差分を追いやすいでしょう。

GUI、CUIどちらにも利点や欠点はあるものの、どちらか一方だけを使うのではなく、自分の開発スタイルに合わせて柔軟に使い分けできるようにしましょう。

フロントエンド開発に必要なNode.jsのインストール

フロントエンド開発において使用されるツールには、SassやGulp、jQueryプラグインなどNode.jsで提供されているものが数多くあります。ここでは、Node.jsのインストール方法から、各パッケージの利用方法について解説します。

Node.jsとは？

Node.jsはサーバーサイドでJavaScriptを動作させるツールの1つです 図1。本来JavaScriptは、ユーザーがWebサイトにアクセスすることで実行されるクライアントベースの言語です。そのため、サーバーサイドの実装には、PHPやRubyといった別言語を使用する必要がありました。そこで、JavaScriptをデスクトップ環境やサーバーサイドでも実行できるようにしたのが、サーバーサイドJavaScriptのNode.jsです。

図1 Node.jsのサイト

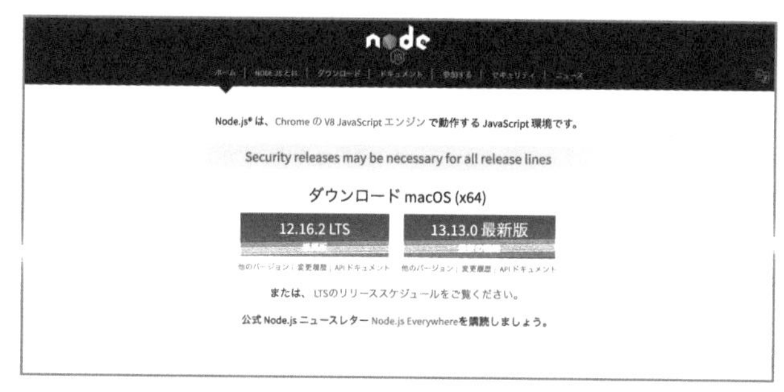

https://nodejs.org/ja/

Node.jsのインストール方法

Node.jsでは、推奨版であるLTS（Long Term Support）と、最新機能が随時反映される最新版の2つが提供されています（次ページ 図2）。一般的に使用する場合はLTSをダウンロードしましょう。インストール方法には、公式サイトのインストーラーを利用する方法と、CUIでインストールする方法があります。

図2 LTS版と最新版

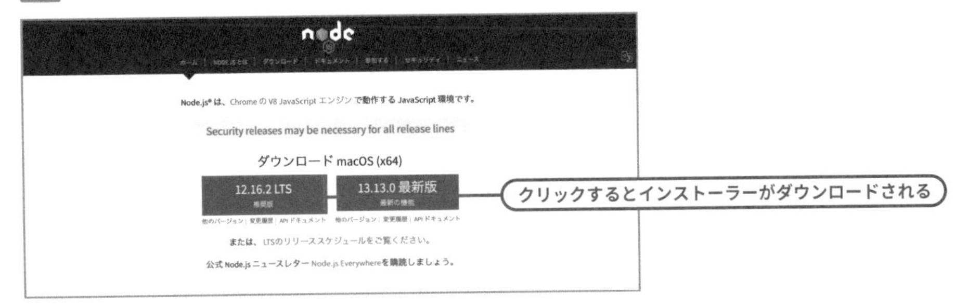

Webサイトの制作では、プロジェクトのディレクトリごとに使用しているNode.jsのバージョンが異なる場合があります。そこで、バージョン別にインストール可能で、切り替えのできるCUIのツールがよく利用されています。

本節では、Windowsで利用できる「nodist」と、macOSではディレクトリごとにバージョンの切り替えが容易な「nodenv」を使って、2020年4月現在のLTS（12.16.3）のインストール方法をそれぞれ解説します。また、インストールするOSは、Windows 10およびmacOS Catalinaを使用しています。

nodistのインストール(Windows)

nodistは、インストーラーか「choco」などのパッケージマネージャーからインストールが可能です。ここでは、インストーラーを利用してダウンロードします。nodistのGitHubページのreleaseページよりexeファイルをダウンロードしてインストールを行いましょう図3。

WORD パッケージマネージャー

さまざまなソフトウェアやライブラリを1つのパッケージとして扱い、インストールやアップデートを行うことができるツール。インストールしたソフトウェアのバージョン情報を管理し、ソフトウェア同士の依存性を管理できる。Windowsなら「Chocolatey」、macOSなら「Homebrew」、Node.jsなら「npm」などがある。

図3 NodistSetup-v0.9.1.exeファイルをダウンロード

※2020年4月現在の最新バージョン
(https://github.com/nullivex/nodist/releases)

インストールすると、「nodist」コマンドが使用できるようになります図4。コマンドプロンプトを起動して、nodistのバージョンを確認してみましょう。「nodist -v」コマンドを実行し、次の行にバージョン情報が表示されていれば、インストール完了です。

図4 nodistのバージョンを確認する

```
$ nodist -v
0.9.1
```

Node.jsをインストールする(Windows)

「nodist dist」コマンドでインストールできるNode.jsのバージョンを確認します図5 図6。

図5 「nodist dist」コマンド

```
$ nodist dist
```

図6 インストールできるバージョン一覧

```
...
12.16.0
12.16.1
12.16.2
13.0.0
13.1.0
...
```

推奨版である12.16.2をインストールします図7。インストールするコマンドは、「nodist + バージョン番号」となります。

図7 バージョン12.16.2をインストール

```
$ nodist + 12.16.2
```

指定したバージョンがインストールされたので、システム上で使用するバージョンを指定します図8。「nodist global バージョン番号」でコマンドを実行しましょう。

図8 バージョン12.16.2を指定

```
$ nodist global 12.16.2
```

実際に設定されているNode.jsのバージョンを確認してみましょう（次ページ図9）。

図9 Node.jsのバージョンを確認する

```
$ node -v
v12.16.2
```

インストールしたバージョン情報が表示されていれば、Node.jsのインストール完了です。また、nodistを使ってインストールしたバージョンの一覧は、「nodist」で確認ができます図10。

図10 インストール済みのバージョン一覧

```
$ nodist
  (x64)
  11.13.0
> 12.16.2  (global: 12.16.2)
  13.0.0
```

「>」がついているバージョン番号が現在使用しているバージョンです。

複数のバージョンを切り替える(Windows)

使用するバージョンを切り替えるときは、切り替えたいバージョンをインストール後、「nodist global」を使用します図11。また、特定のディレクトリのみ指定したバージョンを使用する場合は、該当ディレクトリに移動し、「nodist local」を使用します図12。

図11 システム全体でバージョンの切り替え

```
// 別のバージョンをインストールする
$ nodist + 13.0.0

// システム全体で使えるように設定する
$ nodist global 13.0.0
```

図12 特定のディレクトリのみでバージョン切り替え

```
// 別のバージョンをインストールする
$ nodist + 13.0.0

// 特定のディレクトリへ移動
$ cd mdn

// 特定のディレクトリのみ、13.0.0を有効化する
$ nodist local 13.0.0
```

nodenvをインストールする(macOS)

macOSにnodenvをインストールするには、パッケージマネージャーの「Homebrew」を使用します。まずは、Homebrewをインストールするために、公式サイトで案内されているコマンドをターミナルで実行しましょう図13。

図13 Homebrew

https://brew.sh/index_ja

```
$ /bin/bash -c "$(curl -fsSL https://raw.githubusercontent.com/Homebrew/install/master/install.
sh)"
```

※2020年4月現在のインストールコマンド

途中でXcodeのコマンドラインツールをインストールするメッセージが表示され停止します。続行するためにEnterキーを押します図14。

図14 Xcodeコマンドラインツールのインストール

```
raym — bash -c #!/bin/bash\012set -u\012\012# First check if the OS is Linux.\...
/usr/local/share/zsh/site-functions/_brew
/usr/local/etc/bash_completion.d/brew
/usr/local/Homebrew
==> The following new directories will be created:
/usr/local/bin
/usr/local/etc
/usr/local/include
/usr/local/lib
/usr/local/sbin
/usr/local/share
/usr/local/var
/usr/local/opt
/usr/local/share/zsh
/usr/local/share/zsh/site-functions
/usr/local/var/homebrew
/usr/local/var/homebrew/linked
/usr/local/Cellar
/usr/local/Caskroom
/usr/local/Homebrew
/usr/local/Frameworks
==> The Xcode Command Line Tools will be installed.

Press RETURN to continue or any other key to abort
```

インストールが完了すると、ターミナル上に「Installiation successful!」と表示されますので、Homebrewが実行できるか確認するためにバージョン情報を表示してみましょう。Homebrewでは、「brew」コマンドを使用します(次ページ図15)。

図15 **バージョン情報の表示**

```
$ brew -v
Homebrew 2.2.13
Homebrew/homebrew-core (git revision 5720b; last commit 2020-04-19)
```

バージョン情報が表示されていれば、インストール完了です。

続いて、brewコマンドを使って、nodenvをインストールします図16。

図16 **nodenvをインストール**

```
$ brew install nodenv
```

nodenvの初期設定をシェルの設定ファイルへ追記するために、echoコマンドを使って記述を追加しましょう図17。

図17 **odenvの初期設定をシェルの設定ファイルへ追記**

```
// シェルが zsh の場合
$ echo 'eval "$(nodenv init -)"' >> ~/.zshrc

// シェルが bash の場合
$ echo 'eval "$(nodenv init -)"' >> ~/.bashrc
```

記述を追加したら設定ファイルを再読み込みするために、sourceコマンドを実行します図18。

図18 **設定ファイルの再読み込み**

```
// シェルが zsh の場合
$ source ~/.zshrc

// シェルが bash の場合
$ source ~/.bashrc
```

nodenvが正しく設定されていることを確認するため、nodenv-doctorスクリプトを使用します図19。実行に問題がなければ図20のようなメッセージが表示されます。

図19 **nodenv-doctorの実行コマンド**

```
$ curl -fsSL https://github.com/nodenv/nodenv-installer/raw/master/bin/nodenv-doctor | bash
```

※2020年4月現在の実行コマンド

図20 nodenv-doctorの実行結果

```
raym — -zsh — 80×24
raym@mbp ~ % curl -fsSL https://github.com/nodenv/nodenv-installer/raw/master/bi
n/nodenv-doctor | bash
Checking for `nodenv' in PATH: /usr/local/bin/nodenv
Checking for nodenv shims in PATH: OK
Checking `nodenv install' support: /usr/local/bin/nodenv-install (node-build 4.8
.1)
Counting installed Node versions: none
  There aren't any Node versions installed under `/Users/raym/.nodenv/versions'.
  You can install Node versions like so: nodenv install 2.2.4
Auditing installed plugins: OK
raym@mbp ~ %
```


実際にnodenvコマンドでバージョン情報を表示してみましょう図21。バージョン情報が表示されていれば、インストール完了です。

図21 バージョン情報を表示

```
$ nodenv -v
nodenv 1.3.2
```

Node.jsをインストールする(macOS)

nodenvを使ってインストールできるNode.jsのバージョンを確認します。「nodenv install -l」コマンドを実行すると、バージョンの一覧がターミナル上に表示されます図22 図23。

図22 Node.jsのバージョンを確認

```
$ nodenv install -l
```

図23 インストールできるバージョン一覧

```
...
12.15.0
12.16.0
12.16.1
12.16.2
13.0.0
13.x-dev
13.x-next
...
```

推奨版である12.16.2をインストールします。コマンドは、「nodenv install バージョン番号」でインストールできます図24。

図24 バージョン12.16.2をインストール

```
$ nodenv install 12.16.2
```

指定したバージョンがインストールされたので、システム上で使用するバージョンを指定します。「nodenv global バージョン番号」でコマンドを実行しましょう図25。

図25 システム上で使用するバージョンを指定

```
$ nodenv global 12.16.2
```

実際に設定されているNode.jsのバージョンを確認してみましょう図26。

図26 設定されているNode.jsのバージョンを確認

```
$ node -v
v12.16.2
```

インストールしたバージョン情報が表示されていれば、Node.jsのインストール完了です。また、nodenvを使ってインストールしたバージョンの一覧は、「nodenv versions」で確認ができます図27。

図27 インストール済みのバージョン一覧

```
$ nodenv versions
* 12.16.2 (set by /Users/ユーザー名/.nodenv/version)
  13.0.0
```

「*」のついているバージョン番号が、現在使用しているバージョンです。

複数のバージョンを切り替える(macOS)

使用するバージョンを切り替えるときは、切り替えたいバージョンをインストール後、「nodenv global」を使用します図28。また、特定のディレクトリのみ指定したバージョンを使用する場合は、該当ディレクトリに移動し、「nodenv local」を使用します図29。

図28 システム全体でバージョンの切り替え

```
// 別のバージョンをインストールする
$ nodenv install 13.0.0

// システム全体で使えるように設定する
$ nodenv global 13.0.0
```

図29 特定のディレクトリのみでバージョン切り替え

```
// 別のバージョンをインストールする
$ nodenv install 13.0.0

// 特定のディレクトリへ移動
$ cd mdn

// 特定のディレクトリのみ、13.0.0を有効化する
$ nodenv local 13.0.0
```

パッケージマネージャー「npm」

Node.jsで動作するように作られたものには、Sass（node-sass）やGulpなど、数多くのツールやライブラリが存在します。それらのインストールやアップデート、バージョン情報などを含めて管理するパッケージマネージャーのことをnpm（Node Package Manager）といいます図30。

図30 npmの公式サイト

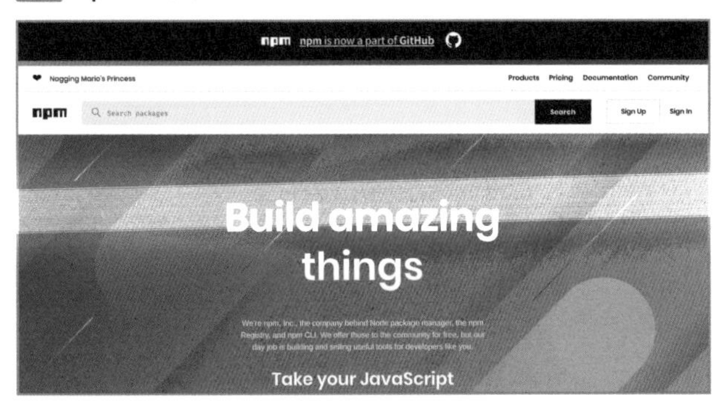

npmで公開されているパッケージを検索できます。
https://www.npmjs.com/

npmはNode.jsと一緒にインストールされ、インストール後は、npmコマンドが利用できるようになります図31。このコマンドを利用してnpm上に存在するさまざまなパッケージを追加できます。

図31 Node.jsがインストールされていれば、npmコマンドが使用できる

```
$ npm --version
6.14.4
```

npmコマンドを使ったインストール方法

パッケージをインストールするときは、「npm install」コマンドを使用します。インストール方法には、グローバルインストールとローカルインストールといった2つのインストール方法があります（次ページ図32）。

図32 Sassのローカルインストールとグローバルインストール

```
// ローカルインストール
$ npm install sass

// グローバルインストール
$ npm install -g sass
```

グローバルインストールは、システム全体で使う場合に使用し、パッケージはシステム側のディレクトリに格納されます。ローカルインストールの場合は、コマンドを実行したディレクトリ内に「node_modules」ディレクトリが作成されこちらにパッケージが格納され、ディレクトリ内のみで使用できるようになります。

インストールされたパッケージは、パッケージ名でのコマンド利用か、ローカルインストールであれば「npx」コマンドを使って実行可能です 図33。

memo
npxコマンドは、npmのバージョン5.2以降で使えるコマンドです。従来までは、ローカルインストールされたライブラリのコマンドを実行する場合、Gulpであれば「node_modules/gulp/bin/gulp.js」と入力する必要がありましたが、npxコマンドを使えば実態ファイルの指定を省略して実行できます。

図33 Sassのローカルインストールとグローバルインストールでのコマンド使用例

```
// グローバルインストールしたパッケージの利用
$ sass --version

// ローカルインストールしたパッケージの利用
$ npx sass --version
```

グローバルインストールした場合は、システム全体で共通のバージョンとなるため、ディレクトリによってバージョンを変える必要があれば、ローカルインストールを利用しましょう。

インストールしたパッケージを管理する

npmを使ってローカルインストールしたパッケージ情報は、「package.json」ファイルで管理することが可能です。package.jsonは、そのディレクトリ内で使用する複数のパッケージ情報（名称、バージョン番号など）をJSON形式でリスト管理できるファイルです。package.jsonを新規作成するには、「npm init」コマンドを使用します 図34 図35。

図34 「npm init」コマンド

```
$ npm init -y
```

オプション「-y」をつけることで、package.jsonに設定する名称、作成者、ライセンスなどの初期設定をコマンドライン上で設定していく行程を省略できます。これらは必要に応じて設定しましょう。

memo
パッケージを公開せずにローカルのみなどの開発で使用するのであれば、「"private": true」をpackage.jsonに設定しましょう。

図35 初期生成されたpackage.json

```
{
  "name": "myproject",
  "version": "1.0.0",
  "description": "",
  "main": "index.js",
  "scripts": {
    "test": "echo \"Error: no test specified\" && exit 1"
  },
  "keywords": [],
  "author": "",
  "license": "ISC"
}
```

package.jsonに、追加したパッケージ情報を追記するためには、パッケージインストール時にオプションの「--save」か、「--save-dev」を使用します。「--save」は、jQueryなどサイト上で使用するパッケージのインストール時に使用し、package.jsonのdependenciesに追加されます。「--save-dev」はGulpなどのタスクランナーのような開発時のみに使用するパッケージのインストールに使用し、devDependenciesに追加されます。

dependenciesにインストールする

dependenciesにインストールする場合は、「--save」もしくは省略形の「-S」を設定します図36 図37。

図36 jQueryをインストールする

```
// --save
$ npm install jquery --save

// 省略形の「-S」でも実行可能
$ npm install jquery -S
```

図37 dependenciesにjQueryとバージョン情報が追加される

```
{
  "name": "myproject",

~~~~~~~~~~~~~ 省略 ~~~~~~~~~~~~~~~~

  "dependencies": {
    "jquery": "^3.5.0"
  }
}
```

devDependenciesにインストールする

devDependenciesにインストールする場合は、「--save-dev」もしくは省略形の「-D」を設定します（次ページ図38 図39）。

図38 **gulpをインストールする**

```
// --save-dev
$ npm install gulp --save-dev

// 省略形の「-D」でも実行可能
$ npm install gulp -D
```

図39 **devDependenciesにGulpとバージョン情報が追加される**

```
{
  "name": "myproject",

~~~~~~~~~~~~~ 省略 ~~~~~~~~~~~~~~~~

  "devDependencies": {
    "gulp": "^4.0.2"
  }
}
```

このpackage.jsonがあるディレクトリで、「npm install」を行うと、個別のパッケージ名を入力しなくても、package.jsonに記載されているパッケージの一括インストールが可能です図40。

図40 **パッケージの一括インストール**

```
$ npm install
```

package.jsonを使用することで、複数人での開発においても、使用するパッケージのバージョンを揃えて開発を行えるようになるので、積極的に利用するようにしましょう。**Lesson3-03**では、Gulpを導入する手順において、このpackage.jsonを使用していきます。

Web開発の作業を自動化するGulpを導入する

Webサイト制作時には、SassやJavaScriptの変換や圧縮、画像ファイルの軽量化など、さまざまな作業が必要となります。これらの作業を自動化するツールの1つであるGulpについて、その仕組みと導入方法、実際の設定方法について学びましょう。

Gulpとは？

Gulpは、Node.js上で動作するビルドシステムの1つで、タスクランナー➡とも呼ばれています。例えば、Sassのコンパイルを1つのタスクとして設定ファイルに記述しておけば、「gulp」コマンドを利用するだけで実行可能になり、JavaScriptの圧縮や画像ファイルの軽量化など複数のタスクも設定できます。

➡ 16ページ、**Lesson1-01**参照。

同じような自動化ツールにはGruntがありますが、GulpはGruntよりも実行速度が速く、設定ファイルもJavaScriptで記述できることから、2020年4月現在は主要なビルドツールとして利用されており、2020年6月現在はバージョン4がリリースされています。

Gulpを実行するディレクトリ構成

まずは、Gulpを動作させてビルドを行うディレクトリを作成します。

ここでは、ディレクトリ名を「myproject」としてホームディレクトリに作成します。myproject内には、Sassファイルなど変換の元となるファイルを格納する「src」ディレクトリと、変換されたファイルを格納する「dist」ディレクトリを作成します図1。

POINT

自動化したい作業に対してどのようなディレクトリ構成が最適なのかは、実行したいタスクやプロジェクトによって異なります。基本的には入力するディレクトリと結果を出力するディレクトリがある構成は変わりませんので、わかりやすいディレクトリ構成で作成しましょう。

図1 ディレクトリ構成

```
myproject
├── dist
└── src
```

作成後、コマンドラインツールを起動して、myprojectディレクトリへ移動します（次ページ図2）。

図2 myprojectディレクトリへ移動

```
$ cd myproject
```

これ以降の作業は、myprojectディレクトリ以下でコマンド入力やファイル作成を行います。

package.jsonを作成する

次に、このディレクトリ内で使用するパッケージを記載するpackage.jsonを作成するため、「npm init」コマンドを実行しましょう図3。

「npm init」コマンドを実行すると、myprojectディレクトリ以下に、package.jsonファイルが初期設定のまま新規作成されます図4 図5。設定内容は必要に応じて変更しましょう。

図3 package.jsonの作成

```
$ npm init -y
```

図4 package.jsonが生成される

```
myproject
├── dist
├── package.json ← 生成される
└── src
```

図5 生成されたpackage.json

```
{
  "name": "myproject",
  "version": "1.0.0",
  "description": "",
  "main": "index.js",
  "scripts": {
    "test": "echo \"Error: no test specified\" && exit 1"
  },
  "keywords": [],
  "author": "",
  "license": "ISC"
}
```

Gulpのインストール

Gulpはプロジェクトごとにバージョンの異なるケースが多いため、ローカルインストールします。次のnpmコマンドを実行します図6。

図6 生成されたpackage.json

```
$ npm install gulp --save-dev
```

package.jsonにGulpの情報が追記され図7、ライブラリ本体を格納する「node_modules」ディレクトリと、初期インストール実行時におけるライブラリのバージョン情報を記載した「package-lock.json」が自動で作成されます図8。これで、このpackage.jsonがあるプロジェクトにおいては、gulp 4.0.2がインストールされるようになりました。

POINT

node_modulesディレクトリは、関連するパッケージがすべて保存されます。そのため、ディレクトリ内の容量が大きくなることから、ほかの開発者と共有する場合やGitなどで管理する場合は、除外して共有を行います。共有された開発者は「npm instal」を実行することで、package.jsonに記載されたパッケージをnode_modulesディレクトリへの再インストールが可能です。

図7 Gulpのバージョン番号が追加されたpackage.json

```
{
  "name": "myproject",

~~~~~~~~~~~~~~~~~~~~~~~~~~~~~~

  "devDependencies": {
    "gulp": "^4.0.2"
  }
}
```

POINT

npm上のライブラリは常にアップデートされており、別環境でインストールする際には、バージョンが変わっているという可能性もあります。package-lock.jsonがある場合は、まずはこちらのファイルを参照して初期インストール時のバージョンに沿ってインストールを行うため、初回構築時と同一環境で開発を行うことができます。

図8 node_modulesディレクトリとpackage-lock.jsonが追加される

```
myproject
├── dist
├── node_modules
├── package.json ──────── gulpと関連ライブラリが追加される
├── package-lock.json ─── 初期インストール時のモジュールのバージョン情報が記載される
└── src
```

タスクを設定するgulpfile.js

Gulpのタスク設定は、「gulpfile.js」にJavaScriptを使って記述します。myprojectディレクトリ以下に空ファイルで「gulpfile.js」を作成しましょう図9。

図9 ディレクトリ構成

```
myproject
├── dist
├── gulpfile.js ──── 新規作成
├── node_modules
├── package.json
├── package-lock.json
└── src
```

gulpfile.jsの基本的なタスクを設定する際の流れは次のとおりです。

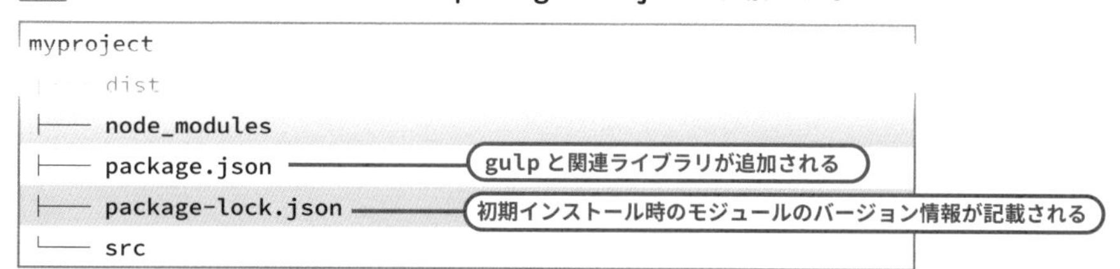

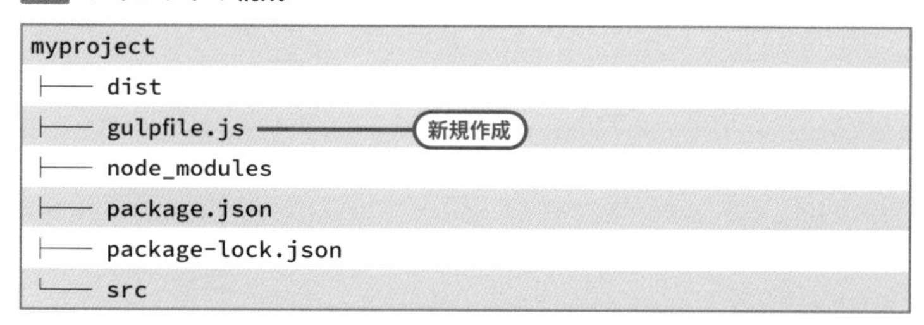

❶npmコマンドで使用するモジュールをインストールする
❷gulpfile.js内でインストールしたモジュールの読み込みを行う
❸タスクを定義する関数を記述する
❹作成した関数を、exportsを使ってモジュール化する

また、設定ファイルの基本的な構成は図10のようになります。

図10 タスク設定ファイルの構成サンプル

```
// gulpを読み込む
var gulp = require('gulp');

// タスクAの関数
function taskA() {
  ...
}

// タスクBを関数
function taskB() {
  ...
}

// 「gulp taskA」コマンドで単体タスク実行できるようにする
exports.taskA = taskA;

// 「gulp」コマンドでtaskAとtaskBを並列実行する
exports.default = gulp.parallel('taskA', 'taskB');
```

ここまで作成したデータのサンプルは、「Lesson3_03」の「01_Gulp」に用意してありますので参考にしましょう。

Sassのコンパイルを行う

実際にSassをコンパイルするタスクを作成しながら、設定ファイルの書き方について学んでいきましょう。srcディレクトリ以下にSCSSファイルを格納する「scss」ディレクトリを作成し、コンパイル元となる「style.scss」ファイルを配置します図11 図12。

図11 style.scss

```
$primary-color: #333;

body {
  color: $primary-color;
}

.gradient {
  background: linear-gradient(90deg, #000000 0%, #ffffff 100%);
```

```
}

.grid {
  display: grid;
}
```

図12 ディレクトリ構成

```
myproject
├── dist
├── gulpfile.js
├── node_modules
├── package.json
├── package-lock.json
└── src
    └── scss ← scssディレクトリを新規作成
        └── style.scss ← 新規作成
```

モジュールを読み込む

タスクで利用するモジュールを読み込み、変数宣言を行います。

Sassのコンパイルには「gulp-sass」と「node-sass」モジュールを使用するので、npmコマンドで追加します。

モジュールの追加

```
$ npm install node-sass gulp-sass --save-dev
```

モジュールのインストールが完了したら、gulpfile.jsにrequire()を使って、モジュールを読み込みます。gulpfile.jsを開いて読み込み設定を追記します図14。

図14 gulpfile.jsでモジュールの読み込みを記述する

```
var gulp = require('gulp');
var sass = require('gulp-sass');

sass.compiler = require('node-sass');
```

sass.compilerでは、Sassのコンパイルで利用するモジュールを指定します。本節では、LibSass製のnode-sassを使用します。

タスクを定義する関数を作成する

基本的には、1つのタスクに対して1つ関数を作成します。Sassをコンパイルするタスクは図15のようになります。ここでは、関数名を「cssTranspile」としました。

図15 Sassのコンパイルタスクを追記する

```
function cssTranspile() {
  return gulp.src('src/scss/**/*.scss')
    .pipe(sass())
    .on('error', sass.logError)
    .pipe(gulp.dest('dist/css/'))
}
```

gulp.srcで設定した入力ソースに対して、「.」で連結し、pipe()を使って実行処理を加えていく形になります。コンパイルが正しく行われたかどうかの判定をキャッチするために「on()」を使用してエラーハンドリングを行うことも可能で、最終的にはgulp.destを使って処理結果を出力するディレクトリパスを指定します。また、最初に記述した「return」によって、関数実行時にこの一連の処理結果を返すようになっています。

次に、Sassのファイル更新があるかどうかを監視する関数を作成します。

図16 ファイル監視タスクを追記する

```
function watch(done) {
  gulp.watch(['src/scss/*', 'src/scss/**/*'], cssTranspile);
  done();
}
```

図16 ではgulp.watchを利用して、監視するパスを指定します。第2引数に、監視対象となってるファイルに変更があった場合、何のタスクを実行するかを記述します。done()はコールバック関数で、この関数を実行することで、タスクの実行が完了したことを明示化しています。

> **memo**
> タスクを定義する関数のルールでは、関数を実行した際に何かしらの結果を返す必要があります。基本的にはSassやJavaScriptのように入力ソースを元に変換処理を行ってデータを返すものに関しては、returnを使用し、watchやBrowsersyncなど実行したものが継続されるものに関しては、コールバック関数を利用します。

タスクを定義した関数をモジュール化する

作成した関数をモジュール化するためには、exportsオブジェクトに関数を設定します。exportsは、関数やオブジェクトなどをエクスポートして外部からモジュール利用できるようにするものです。タスクを定義した関数を設定することで、gulpコマンドを使ってタスクを実行できるようになります。

図17 exports.defaultを追記する

```
exports.default = watch;
```

図17では、「exports.default」に、watchタスクを設定しました。defaultに設定すると、「gulp」とコマンドを打った際にデフォルトで実行されるタスクを設定できます。watchタスクが実行されれば、ファイルの監視がスタートし、変更があればwatch関数内で設定したcssTranspileタスクが実行されます。

複数のタスクをexportsオブジェクトに設定する

exportsに複数のタスクを設定する場合は、その❗タスクを同期的に処理するか、非同期に処理するかを明示する必要があります。同期処理であれば「gulp.series」、非同期処理であれば「gulp.parallel」を使用します図18。

図18 同期処理と非同期処理の設定

```
// 同期処理
exports.default = gulp.series('taskA', 'taskB');

// 非同期処理
exports.default = gulp.parallel('taskA', 'taskB');
```

POINT

同期処理では、1つのタスクの実行完了をまって次のタスクを実行します。非同期処理では、タスクの実行が並列に行われます。SassやJavaScriptの変換などであれば非同期処理で行えば、並行して変換処理されるため全体の完了速度も速くなります。最初にdistディレクトリ内のファイルを削除してから何かを行うといった場合は、同期処理を使用します。

Gulpの実行

gulpfile.jsに記述した内容の全体コードは図19になります。

図19 gulpfile.js

```
var gulp = require('gulp');
var sass = require('gulp-sass');

sass.compiler = require('node-sass');

function cssTranspile() {
  return gulp.src('src/scss/**/*.scss')
      .pipe(sass())
      .on('error', sass.logError)
      .pipe(gulp.dest('dist/css/'))
}

function watch(done) {
  gulp.watch(['src/scss/*', 'src/scss/**/*'], cssTranspile);
  done();
}

exports.default = watch;
```

ローカルインストールしたgulpを「npx」コマンドを利用して実行しましょう図20。

図20 gulpの実行

```
$ npx gulp
```

gulpコマンドが実行されたことで、監視タスクが実行されます(次ページ図21)。

図21 gulpコマンドでwatchタスクが実行される

```
$ npx gulp
[12:49:06] Using gulpfile ~/myproject/gulpfile.js
[12:49:06] Starting 'default'...
[12:49:06] Finished 'default' after 8.7 ms
```

SCSSファイルの変換を実行するために、「style.scss」を編集して保存します。ここではbodyに「line-height: 1.5;」を追記しました図22。

図22 style.scssにline-heightを追記

```
~~~~~~~~~~
body {
  color: $primary-color;
  line-height: 1.5;
}
~~~~~~~~~~
```

ファイルを保存すると、変更をキャッチしたwatchタスクによって、cssTranspileタスクが実行されます図23。

図23 cssTranspileタスクの実行

```
[12:49:19] Starting 'cssTranspile'...
[12:49:19] Finished 'cssTranspile' after 14 ms
```

cssTranspileタスクによって、distディレクトリ以下に、cssディレクトリとstyle.cssファイルが生成されます図24 図25。

図24 実行後のディレクトリ構成

```
myproject
├── dist
│   └── css
│       └── style.css
├── gulpfile.js
├── node_modules
├── package.json
├── package-lock.json
└── src
    └── scss
        └── style.scss
```

図25 style.scss

```
body {
  color: #333;
  line-height: 1.5; }

.gradient {
```

```
  background: linear-gradient(90deg, #000000 0%, #ffffff 100%);
}

.grid {
  display: grid; }
```

gulpの監視を終了する場合は、「Ctrl + C」を押すことで停止させることができます。

ここまで作成したデータのサンプルは、「Lesson3_03」の「02_Sass」に用意してあります。

以上が、Gulpにおける基本的な設定と実行の流れです。ディレクトリ設計や設定ファイルの作成など初期設定に時間がかかるものの、一度作成してしまえばさまざまなプロジェクトで汎用的に利用できます。Lesson3-04では、Gulpで利用できる、便利なプラグインの設定方法を紹介します。

Gulpプラグインを利用して作業を効率化する

Gulpにはさまざまなプラグインを追加できます。普段から手動で行っている作業もGulpを使って自動化することで、Webサイト制作の効率化や品質向上につながります。本節では、Gulpプラグインの利用方法について解説します。

Gulpを実行するディレクトリの準備

本節では、下記のGulpのタスク設定を行っていきます。

- エラーのデスクトップ通知
- 複数のSCSSファイルの読み込み記述を簡略化する
- ベンダープレフィックスの自動付与を行う
- CSSの圧縮
- JavaScriptの圧縮
- 画像ファイルの圧縮
- ローカルサーバーを立ち上げ、ファイル更新時のオートリロードに対応

memo

作成するGulpの設定では「gulp」コマンドを実行すると、ファイルの監視とローカルサーバーを起動し、SCSSファイルの変換・圧縮、JSファイルの圧縮、画像ファイルの圧縮を行うものとなります。

図1 ディレクトリの全体構造

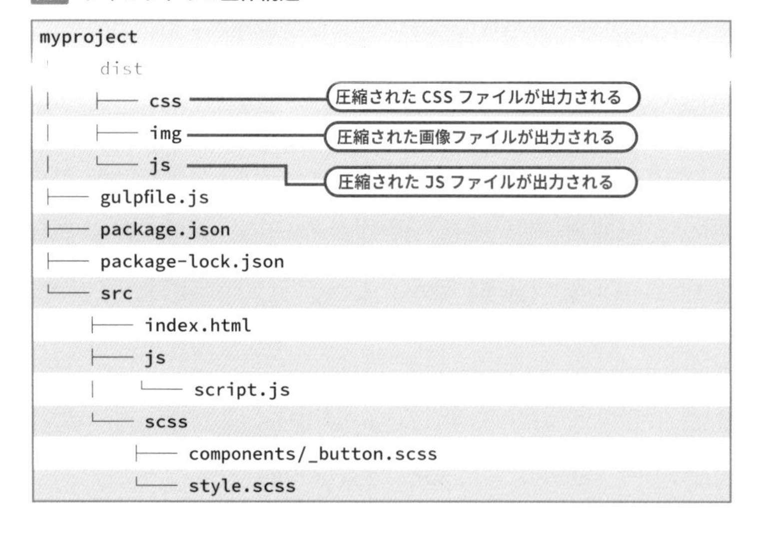

memo

設定を追加していくサンプルデータとして、「Lesson3_04」の「01_start-files」に「myproject」ディレクトリを用意してあります。

エラーのデスクトップ通知

Gulpのwatchを実行中にコンパイルなどのエラーが出た場合は、Gulpが強制停止し、コマンドラインツール上にメッセージが表示されます。エラーのたびに停止するのは開発効率が悪く、さらにエラーはコマンドラインツールを見ていないと気づきません。そこで、Gulpを強制停止させないための「gulp-plumber」とデスクトップ通知を行う「gulp-notify」を追加します。

まずは使用するモジュールをインストールします図2。

図2 モジュールのインストール

```
$ npm install gulp-plumber gulp-notify --save-dev
```

次に、gulpfile.jsでモジュールを読み込みます図3。

図3 モジュールの読み込み

```
var plumber = require('gulp-plumber');
var notify = require('gulp-notify');
```

on()で記述していたエラーログの表示部分を書き換えます図4。

図4 エラー処理を書き換える

```
function cssTranspile() {
  return gulp.src('src/scss/**/*.scss')
    .on('error', sass.logError)
```

```
function cssTranspile() {
  return gulp.src('src/scss/**/*.scss')
    .pipe(plumber({
      errorHandler: notify.onError('<%= error.message %>'),
    }))
```

これで、SCSSファイル内で記述ミスがある場合はエラーがデスクトップ通知されるようになりました。

> **memo**
> 実際に設定変更したファイルのサンプルは「Lesson3_04」の「02_notify」にあります。

複数のSCSSファイルの読み込み記述を簡略化する

1つのSCSSファイル内に、別のSCSSファイルを読み込むためには「@import」を使って、個別にファイル名を指定する必要があります（次ページ図5）。

図5 @importを使ったSCSSファイルの読み込み

```
@import "components/_button";
@import "components/_dialog";
@import "components/_media";
@import "project/_article";
@import "project/_comments";
@import "utility/_align";
@import "utility/_clearfix";
@import "utility/_margin";
```

SCSSファイルが増えるたびに追記しなければならないため、非常に手間がかかります。Gulpプラグインの「gulp-sass-glob」を利用すれば、ワイルドカードによって記述を省略できます図6。

図6 gulp-sass-globを使うことで、ディレクトリごとに読み込み設定できる

```
@import "components/**";
@import "project/**";
@import "utility/**";
```

まずは使用するモジュールをインストールします図7。

図7 モジュールのインストール

```
$ npm install gulp-sass-glob --save-dev
```

次に、gulpfile.jsでモジュールを読み込みます図8。

図8 モジュールの読み込み

```
var sassGlob = require('gulp-sass-glob');
```

最後に、cssTranspile関数にプラグインの処理を、Sassのコンパイル設定の前に追記します図9。

図9 gulp-sass-globの処理を追加する

```
function cssTranspile() {
  return gulp.src('src/scss/**/*.scss')

~~~~~~~~~~~~ 省略 ~~~~~~~~~~~~~~

      .pipe(sassGlob())
      .pipe(sass())

~~~~~~~~~~~~~ 省略 ~~~~~~~~~~~~~~

}
```

これで、ワイルドカードを利用したインポート記述が可能となりました。「myproject/src/scss」ディレクトリにある「style.scss」の記述を変更します図10。

図10 **style.scssの記述変更**

```
@import "components/button";
@import "components/gradient";
@import "components/grid";
```

```
@import "components/**";
```

PostCSSで使用してCSSに処理を加える

PostCSSは生成されたCSSに対して、さまざまな処理を加えることができるNode.js製のツールです。Webブラウザごとのベンダープレフィックスを付与する「Autoprefixer」、CSSを圧縮する「cssnano」、CSSリンターの「stylelint」などがあります。ここでは、Autoprefixerとcssnanoの導入方法を紹介します。

まずは使用する「autoprefixer」、「gulp-postcss」、「cssnano」をインストールしましょう図11。

「autoprefixer」、「gulp-postcss」、「cssnano」のインストール

```
$ npm install autoprefixer gulp-postcss cssnano --save-dev
```

次に、gulpfile.jsでモジュールを読み込みます図12。

図12 **モジュールの読み込み**

```
var postcss = require('gulp-postcss');
var autoprefixer = require('autoprefixer');
var cssnano = require('cssnano');
```

cssTranspile関数に処理を追記します。PostCSSは、CSSに対して処理を行うため、Sassのコンパイル設定の後に追加します。PostCSSの関数ではオプションで、それぞれのプラグインの設定を行うことができます。ここでは、Autoprefixerでgridにもベンダープレフィックスをつけるようにし、cssnanoのAutoprefixerを削除する動作を無効化しています図13。

図13 **PostCSSの処理を追加する**

```
function cssTranspile() {
  return gulp.src('src/scss/**/*.scss')

~~~~~~~~~~~~~ 省略 ~~~~~~~~~~~~~~
```

```
      .pipe(sass())
      .pipe(postcss([
        autoprefixer({
          grid: true,
        }),
        cssnano({
          autoprefixer: false,
        }),
      ]))

~~~~~~~~~~~~ 省略 ~~~~~~~~~~~~~~
```

> memo
> 設定変更したファイルのサンプルは「Lesson3_04」の「03_sass-glob」にあります。

タスクが実行されると、出力されたCSSファイルにベンダープレフィックスが付与され、cssファイルが圧縮された状態で生成されます。

> memo
> 設定変更したファイルのサンプルは「Lesson3_04」の「04_postcss」にあります。

JavaScriptの圧縮

JavaScriptを圧縮するには、「gulp-uglify」を使用します。
まずはモジュールのインストールを行います図14。

図14 モジュールのインストール

```
$ npm install gulp-uglify --save-dev
```

次に、モジュールの読み込みを行います図15。

モジュールの読み込み

```
var uglify = require('gulp-uglify');
```

JavaScriptを圧縮するためのタスクを、新規にjsTranspileという関数名で作成します図16。

図16 jsTranspile関数の作成

```
function jsTranspile() {
  return gulp.src('src/js/**/*.js')
    .pipe(plumber({
      errorHandler: notify.onError('<%= error.message %>'),
    }))
    .pipe(uglify())
    .pipe(gulp.dest('dist/js/'));
}
```

JavaScriptファイルの変更を監視し、変更があった場合実行するように、watchタスクに登録します図17。

> memo
> 設定変更したファイルのサンプルは「Lesson3_04」の「05_uglify」にあります。

図17 watchタスクへ登録

```
function watch(done) {
  gulp.watch(['src/scss/*', 'src/scss/**/*'], cssTranspile);
  gulp.watch(['src/js/*', 'src/js/**/*'], jsTranspile);
  done();
}
```

画像の圧縮を行う

画像を圧縮するには、「gulp-imagemin」を使用し、jpg、png、gif、svgといった拡張子を対象に圧縮かけるため、各種プラグインを追加します。

まずは各モジュールのインストールを行います図18。

図18 モジュールのインストール

```
$ npm install gulp-imagemin imagemin-jpegtran imagemin-pngquant --save-dev
```

次に、インストールしたモジュールを読み込みます図19。

図19 モジュールの読み込み

```
var imagemin = require('gulp-imagemin');
var imageminJpegtran = require('imagemin-jpegtran');
var pngquant = require('imagemin-pngquant');
```

画像を圧縮するタスクを、imageMinifyという関数名で作成します図20。

Gulp 4で実装された「gulp.lastRun」を利用することで、画像に変更があった場合のみ実行するようにしています。

図20 imageMinify関数の作成

```
function imageMinify() {
  return gulp.src('src/img/**/*', { since: gulp.lastRun(imageMinify) })
    .pipe(plumber({
      errorHandler: notify.onError('<%= error.message %>'),
    }))
    .pipe(imagemin([
      imagemin.gifsicle({
        optimizationLevel: 3,
      }),
      pngquant({
        quality: [ 0.65, 0.8 ], speed: 1
      }),
      imageminJpegtran({
        progressive: true,
      }),
      imagemin.svgo({
        plugins: [
            {
```

```
            removeViewBox: false,
          }
        ]
      })
    ]))
    .pipe(gulp.dest('dist/img/'));
}
```

画像ファイルの変更を監視し、変更があった場合は実行するように、watchタスクに登録します図21。

図21 watchタスクへ登録

```
function watch(done) {
  gulp.watch(['src/scss/*', 'src/scss/**/*'], cssTranspile);
  gulp.watch(['src/js/*', 'src/js/**/*'], jsTranspile);
  gulp.watch(['src/img/*', 'src/img/**/*'], imageMinify);
  done();
}
```

これで画像を更新・追加した場合に圧縮が実行されるようになりました。ただし、このままでは画像をsrcディレクトリから削除した場合、distディレクトリに生成済みの画像を削除することができません。そのため、一度distディレクトリ内の画像を削除し、再圧縮するタスクを作成します。

まずはファイルやディレクトリを削除するモジュールを追加します図22。

図22 モジュールの追加

```
$ npm install del --save-dev
```

次に、delモジュールを読み込みます図23。

図23 モジュールの読み込み

```
var del = require('del');
```

削除を行うcleanImage関数を作成します図24。

図24 cleanImage関数の作成

```
function cleanImage() {
  return del(['dist/img/']);
}
```

cleanImageタスクを実行後に、imageMinifyタスクを実行するため、exportsにimageminを登録し、それぞれのタスクをgulp.seriesに設定します図25。

図25 タスクの設定

```
exports.imagemin = gulp.series(cleanImage, imageMinify);
```

これで、gulpコマンドでimageminの実行ができるようになりました。図26のコマンドを実行すると、dist以下のimgディレクトリの画像が再圧縮され配置されます。

> memo
> 設定変更したファイルのサンプルは「Lesson3_04」の「06_imagemin」にあります。

図26 gulpコマンドでimageminを実行

```
$ npx gulp imagemin
```

Browsersyncを使ってブラウザのオートリロードを行う

Browsersyncは、ファイルの監視を行い、更新された場合に自動でブラウザのリロードなどを行ってくれるツールです。まずは、Browsersyncをインストールします図27。

> memo
> Browsersyncを実行すると、簡易的なローカルサーバーが起動します。起動されたURLにアクセスすれば、PC、タブレット、モバイルで動作確認を行うことができ、複数の環境で操作の同期が可能となります。

図27 Browsersyncのインストール

```
$ npm install browser-sync --save-dev
```

次に、gulpfile.jsでモジュールを読み込みます図28。

図28 モジュールの読み込み

```
var browserSync = require("browser-sync");
```

Browsersyncのタスクの設定を追記します図29。

図29 タスクの追加

```
function server(done) {
  browserSync.init({
    server: {
      baseDir: 'src',
    },
  });
  done();
}
```

SCSSファイル、JSファイル、画像ファイルに更新があったらブラウザをオートリロードする設定を各タスクに追記します（次ページ図30）。また、gulpコマンド実行時に、Browsersyncを定義したserverタスクが実行されるようにします（次ページ図31）。

図30 オートリロードの設定追加

```
function cssTranspile() {
  return gulp.src('src/scss/**/*.scss')

~~~~~~~~~~~~ 省略 ~~~~~~~~~~~~~~

    .pipe(gulp.dest('dist/css/'))
    .pipe(browserSync.reload({ stream: true }));
}

function jsTranspile() {
  return gulp.src('src/js/**/*.js')

~~~~~~~~~~~~ 省略 ~~~~~~~~~~~~~~

    .pipe(gulp.dest('dist/js/'))
    .pipe(browserSync.reload({ stream: true }));
}

function imageMinify() {
  return gulp.src('src/img/**/*', { since: gulp.lastRun(imageMinify) })

~~~~~~~~~~~~ 省略 ~~~~~~~~~~~~~~

    .pipe(gulp.dest('dist/img/'))
    .pipe(browserSync.reload({ stream: true }));
}
```

図31 serverタスクの設定

```
exports.default = gulp.parallel(server, watch);
```

設定はこれで完了です。gulpコマンドを実行して図32、ブラウザが起動するか確認しましょう。

> **memo**
> ここまで設定変更したファイルのサンプルは「Lesson3_04」の「07_browsersync」にあります。

図32 gulpコマンドの実行

```
$ npx gulp
```

その他のGulpプラグイン

これまで紹介したプラグインは、数多く存在するプラグインの一部になります。例えば、HTMLの拡張メタ言語にあたる「pug」や「ejs」を変換するプラグインもあれば、HTML・JS・CSSを自動で整形するもの、SpriteCSSを生成するプラグインなどもあります。自分の制作するサイトによって最適化なGulp環境は異なるため、定期的にプラグインや設定環境を見直していきましょう。

Webサーバーとドメインについて

THEME テーマ

Webサイトを公開するためには、作成したデータ(HTMLやCSS)やプログラムをWebサーバーに設置して、ドメインを設定する必要があります。ここでは、Webサーバーの種類とドメインについて解説します。

Webサーバーの特徴と種類

Webサーバーとは、インターネット上からアクセスできるようにネットワーク設定を行ったコンピューター内に、公開するHTMLやCSS、画像データなどを設置しておき、Webブラウザのリクエストに応じて設置したデータを送信するソフトウェア(ApacheやNginxなど)をインストールしたシステムのことをいいます。

ホスティング会社が提供するサーバーサービスには大きく分けて下記の4つの種類があります。

- 共有サーバー
- 専用サーバー
- VPS (Virtual Private Server)
- クラウドサーバー

どのサーバーを利用するかは、Webサイトの仕様に合わせて選択する必要があり、それぞれの違いを理解する必要があります。

memo

Webサーバー自体を1から構築することも可能ですが、初期設定からセキュリティやメンテナンスなど専門的な知識や技術が求められるため、多くの場合は、構築・管理・運用を任せられるホスティング会社のサーバーを契約して利用します。

共有サーバー

共有サーバーは、1台のサーバーを複数の利用者で共有して利用するサーバーのことをいいます。利用者ごとに割り当てられた各ディレクトリ内へファイルの追加、変更権限が与えられており、HTMLやCSSなどのデータをFTP(S)クライアントソフトを用いてアップロードします。サーバーのスペックやインストールされているソフトウェアは固定のため自由に変更することはできませんが、ホスティング会社がサーバーの管理・保守をしてくれるため、専門知識がなくても利用できます。また、月額費用は数百円から数千円程度で非常にコストを抑えることができるので、個人利用からコーポレートサイトなど中小規模のサイトに適しています。ただし、1台のサーバーを共有で利用するため、他ユーザーの負荷を受けやすく、サイトの表示が遅くなることもあります。

専用サーバー

専用サーバーは、1台のサーバーを1人で専有できるサーバーのことをいいます。共有サーバーとは違い、回線やハードウェア資源を独占して利用できるため、ほかの利用者の影響を受けることなく、OSからソフトウェアのインストール、設定など自由に行うことができます。利用者自身で管理するサーバーは「セルフマネージドサーバー」と呼ばれ、ホスティング会社が構築・運用するサーバーを「マネージドサーバー」といいます。

契約ごとにサーバーを物理的に用意するため、初期構築費と月額の管理コストは高くなりますが、サイトの仕様に合わせたサーバーを用意できるため、複雑なプログラムや大規模なWebサイトなど運用に安定性を求めるサイトに適しています。

VPS

VPSは、仮想化技術により1台のサーバー内で複数の仮想サーバーを構築し、そのうちの1つの仮想サーバーを利用者へ提供する仕組みのサーバーです。利用者は管理者権限を与えられているため、仮想サーバー内のOSのセットアップからソフトウェアの導入・カスタマイズまで自由に行うことができ、月額1,000円〜と専用サーバーに比べて安価に利用できます。ただし、サーバーの初期設定から運用に関しては利用者自身で行う必要があるため、専門的な知識が必要となります。また、メモリやCPU、ハードディスクの容量などは契約時のスペック固定となるため、利用者が自由にスケールアップやスケールダウンを行うことはできません。Webサイトのアクセスが安定している中小規模のサイトにおいて、CMSなど設置するシステムにサーバー仕様を合わせる必要がある場合などの利用に適しています。

クラウドサーバー

クラウドサーバーでは、仮想化技術により1台のサーバー内で複数の仮想サーバーを構築できます。VPSとの違いは、利用者が仮想サーバーの構築を自由に行えることと、そして、アクセスに応じてスペックのスケールアップ・スケールダウンを行うことができます。そのため、専用サーバーやVPSの用にスペックが固定されず、Webサイトの成長や運用に合わせて柔軟にサーバー設計を行うことができます。また、料金に関しても従量課金制のため、基本的には使った分だけの請求となります。ただし、アクセス数が持続的に多く、大容量の動画や画像ファイルなどの配信を行った場合は、それに応じてトラフィック量が増え月額コストも高額になるため、構築するサイトに合わせて事前にいくらかかるか試算しておきましょう。

memo

有名なクラウドサービスとしては「AWS」や「Microsoft Azure」などがあります。

Webサーバーの選び方

Webサーバーは、通常のコンピューターと同様に、基本的にはスペックが高ければ、処理が高速となり大人数のアクセスにも耐えられるようになります。安価な共用サーバーを借りて公開してみたら表示が重かった、プログラムが動かなかったということもあります。しかし、アクセス数がそこまで多くなく、システムも利用しないのに高スペックのサーバーを利用してもオーバースペックとなることもあります。公開するサイトのアクセス数はどのくらい見込んでいるのか、どのようなシステムを導入するのかなどきちんとサイトの仕様を把握し、今後のビジネス展開やサイトの方向性に沿ったホスティングサービスを選ぶのが重要となります。

自由度の高いクラウドサーバーやVPSに関しては、サーバー事業者と同様の知識と経験が必要となります。例えば、インストール済みのソフトウェアのアップデート、セキュリティパッチの適応や不正アクセス対策、監視体制、障害発生時の対応、サーバーのバックアップといった日々の管理・運用作業が重要となります。クライアント案件などで脆弱性があった場合は、顧客のデータ流出にもなりかねません。サーバーの初期構築はもちろん、運用時についてもしっかりとした体制作りをしましょう。

ドメインについて

Webサイトにアクセスするためには、Webサーバーに対して**ドメイン**を設定する必要があります図1。住所に重複するものがないのと同じで、ドメインも世界中で重複しないように、組織的に管理されています。

WORD ドメイン

ドメインは、インターネット上におけるWebサイトの「住所」のようなもので、ユーザーはこのドメインを含んだURLにアクセスすることで閲覧可能となります。

図1 URLに含まれるドメイン

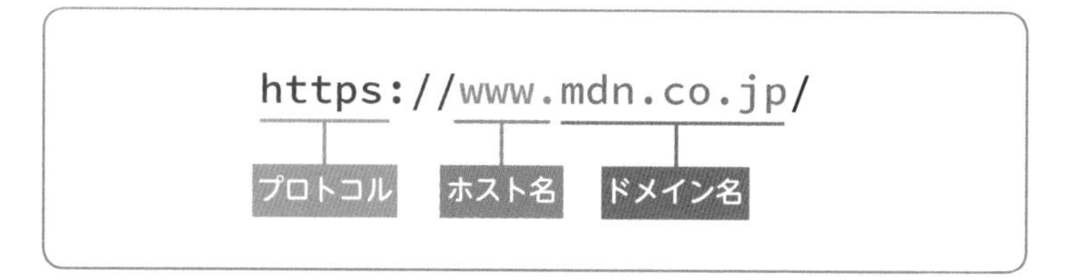

もともと、インターネットに接続されたサーバーなどの機器は、その機器がネットワーク上のどこにあるかを識別するために、「172.104.XXX.XXX」といった数字で構成された「IPアドレス」がそれぞれ割り当てられています。

memo

コンピューターはこのIPアドレスを元に通信を行いますが、数字だけのアドレスを人間が識別するのはわかりにくいため、IPアドレスを英数字や日本語に変換したドメイン名が使用されています。

ドメイン名とIPアドレスを紐づけ、ドメインでアクセスした際にIPアドレスへ変換する仕組みを「名前解決」といい、これを管理するシステムを「DNS（Domain Name System）」といいます（次ページ図2）。また、ドメイン名とIPアドレスを紐づけした情報を保存しているデータベースサーバーを「DNSサーバー」といい、ユーザーはこれらを取り扱うDNSサービス会社と契約することで、ドメインの取得およびドメインとWebサーバーの設定が可能となります。

図2 ドメインとDNSの仕組み

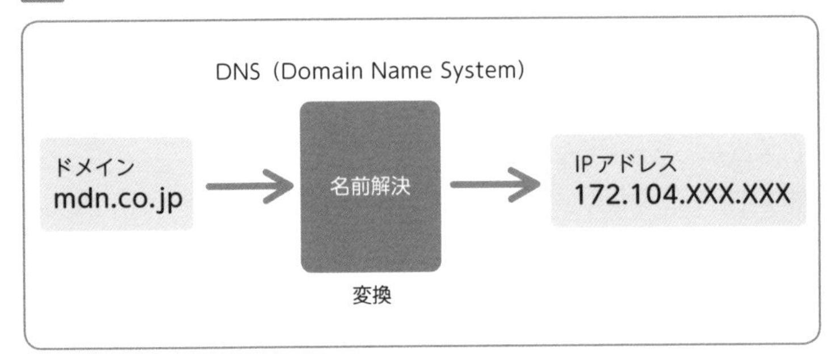

ドメイン名の種類

ドメイン名は、「.（ドット）」区切りの名称（ラベル）で構成されており、ホスト名や組織、国名をラベル別に識別できます図3。ドメイン名の末尾のラベルをトップレベルドメイン（TLD）、以降左へ順に、セカンドレベルドメイン（SLD）、サードレベルドメインといいます。ユーザーがドメインを取得する際には、サードレベルドメインにあたる組織のドメイン名を自分で決め、TLDとSLDに空きがあるかをドメイン管理会社で検索して申請・取得します。また、ドメインを取得すると「www」のホスト名にあたる部分に、「books.mdn.co.jp」といったようなドメイン内を分類化するサブドメインを設定できるようになります。ドメイン名の種類によっては金額や意味合いも異なるため、Webサイトの内容に合わせたドメインを取得しましょう。

memo

TLDには、汎用的な用途に応じたgTLD（Generic Top Level Domain）の「.com/.net/.org/.info」や国名や地域コードを表したccTLD（Country Code Top Level Domain）の「.jp/.uk/.fr」などがあります。gTLDは誰でも取得できますが、ccTLDはその国や地域に住所がなければ取得できません。

図3 ドメイン名の構成

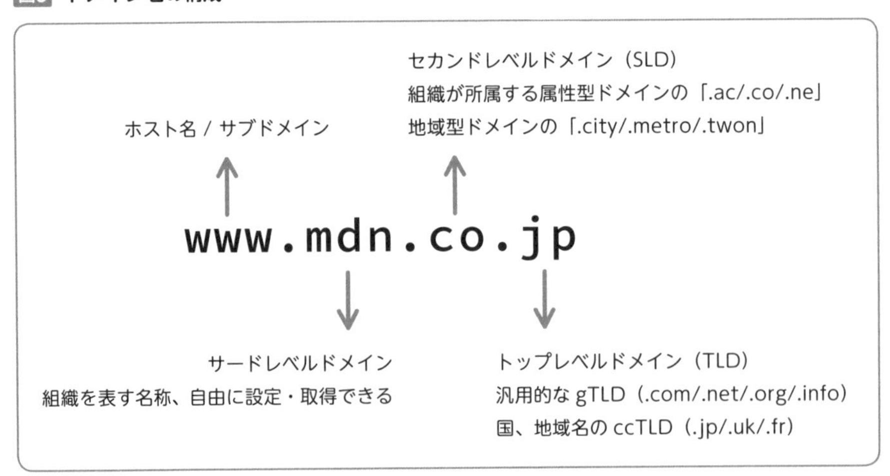

「.jp」ドメインでは、属性型・地域型JPドメイン名、都道府県型JPドメイン名、汎用JPドメイン名の3つに分類されたSLDを取得できます 図4。これは日本国内の組織に対する種別化を表すもので、例えば、株式会社のサイトで利用される「.co.jp」や学校法人を表す「ac.jp」、政府機関の「go.jp」などがあります。これらは、組織が実在する証明書を提出する必要がありますが、特に組織を種別化する必要がなければ汎用JPドメイン名として、「example.jp」という形での取得も可能です。

図4 JPドメイン名の種類

名称	解説
属性型・地域型 JP ドメイン名	日本国内に住所がある組織を種別ごとに区別したドメイン名。基本的に 1 つの組織で 1 つのドメイン名が取得できる。ドメイン名には「.co.jp」(株式会社)、「.ac.jp」(学校法人)、「.ne.jp」(サービス提供事業者)、「.lg.jp」(政府機関) などがある
都道府県型 JP ドメイン名	都道府県名の名称を使ったドメイン名が取得できる。47 都道府県名の英単語 (tokyo.jp や osaka.jp) もしくは日本語 (東京 .jp や大阪 .jp) などのドメイン名が取得できる
汎用 JP ドメイン名	種別化のドメイン名は使わず、「example.jp」といったように組織名のみのドメインとなる。日本語および英語のドメイン名が利用でき、組織名に重複がなければ制限なく取得が可能

DNSサービスの選び方

多くのホスティングサービスでは、Webサーバーをレンタルした際に、そのホスティング会社が所持しているドメインのサブドメインが提供されます。提供されたサブドメインでWebサイトを運用できますが、オリジナル性やSEOの観点から独自ドメインの取得が推奨されています。

DNSサービスを選ぶ際には、管理画面の操作の容易さも大事ですが、DNSサーバーが止まってしまうとWebサイトも見られなくなってしまうため、安定稼働しているというのが重要な選択基準となります。また、使用したいTLDがある場合は、そのドメイン名を取り扱ってるサービス会社を選ぶ必要があるため、サイトの運用目的に合わせたDNSサービスを検討しましょう。

memo

独自ドメインはサーバー会社が提供するDNSサービスを利用することも可能ですが、別会社のDNSサービスを利用することも可能です。

Webサイトのデータをサーバーに送受信する仕組み

Webサイトを公開するためには、Webサーバーにデータを転送する必要があります。転送方法には、GUIのFTPクライアントツールを使う方法とCUIでコマンドを使った転送方法があります。本節では、その仕組みとツールの設定について解説します。

データをWebサーバーに転送する通信方法

FTP（File Transfer Protocol）は、Webサーバーとクライアント間でデータを送受信する通信方法のことをいいます図1。

データをWebサーバーにアップロードするためには、FTPクライアントと呼ばれるアプリケーションを使用しますが、これらのアプリケーションはFTPの通信方法に基づいてファイルのやり取りを行っています。

図1 FTPによるデータの送受信

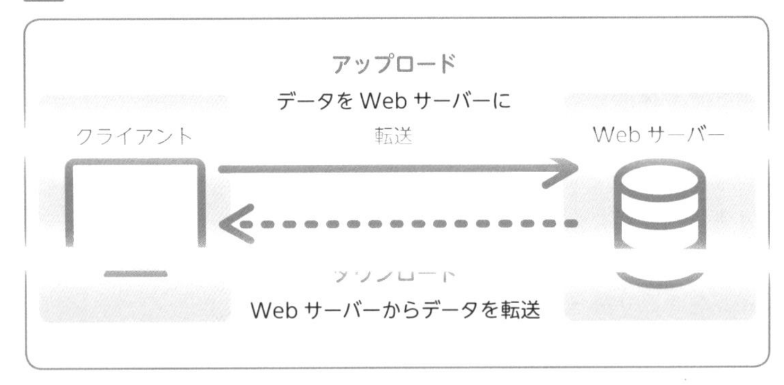

ホスティングサービスからWebサーバーを借りた場合は、サーバーアドレス（ホスト名）、ユーザー名、パスワードなどの接続情報が発行されるため、これらをFTPクライアントに設定することで、Webサーバーに接続が可能となります。

ただし、FTPではユーザー名・パスワードなどの情報が暗号化されないため、第三者から情報を盗まれるセキュリティ的な問題があります。そのため、現在はFTPをSSL／TLSで保護したFTPSや、SSHを利用したSFTPといった通信方法の利用が推奨されています。

FTPSとSFTPが使えるかはホスティングサービスによって違いがあるため、より安全に公開・運用を行うためにもこれらが使用できるサービスを選択するようにしましょう。

FTPクライアントの種類

FTPクライアントには、無料で使えるものや有料で購入が必要なもの、Windows／macOSの両方で使えるものやOS限定になるものなどさまざまなアプリケーションが存在します図2。前述したFTPSやSFTPへの対応、初期設定の容易さや操作性など実際に使用する際の利便性が大きく変わるため、無料のFTPクライアントだけでなく有料のFTPクライアントも視野に入れて検討するのをおすすめします。

本節では、WindowsとmacOSの両方で使用でき、FTP、FTPS、SFTPにも対応した「FileZilla」を使った設定方法を解説します。

図2 FTPクライアント(2020年4月現在)

名称	対応OS	価格	URL
FileZilla	Windows／macOS	無料	https://filezilla-project.org/
WinSCP	Windows	無料	https://winscp.net/eng/docs/lang:jp
NextFTP 4	Windows	¥2,480	https://www.toxsoft.com/nextftp/
CyberDuck	macOS	無料	https://cyberduck.io/
Transmit 5	macOS	¥5,400	https://panic.com/jp/transmit/

FileZillaのインストール

まずは、FileZillaをダウンロードするために、公式サイト(https://filezilla-project.org/)にアクセスします図3。FileZillaは、FTPクライアントの「FileZilla Client」とWindows向けのFTPサーバー「FileZilla Server」の2つが配布されていますが、今回は「FileZilla Client」を使用します。

トップページの「Quick download links」で「Download FileZilla Client」ボタンをクリックしてアプリケーションをダウンロードし、インストールしてFileZillaを起動しましょう(次ページ図4)。

図3 FileZilla公式サイト

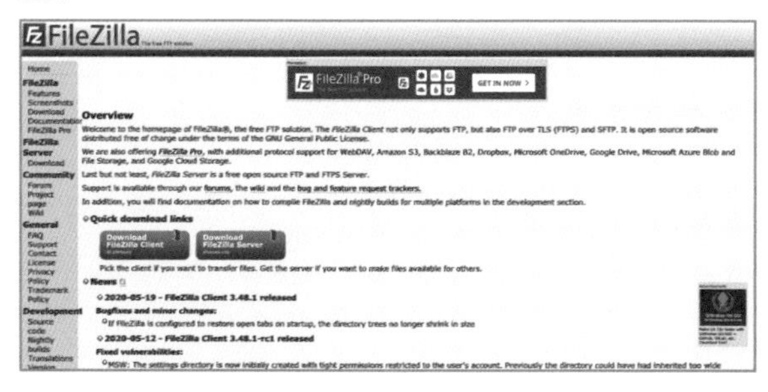

https://filezilla-project.org/

図4 FileZilla起動画面(2020年4月現在、バージョン3.48.1)

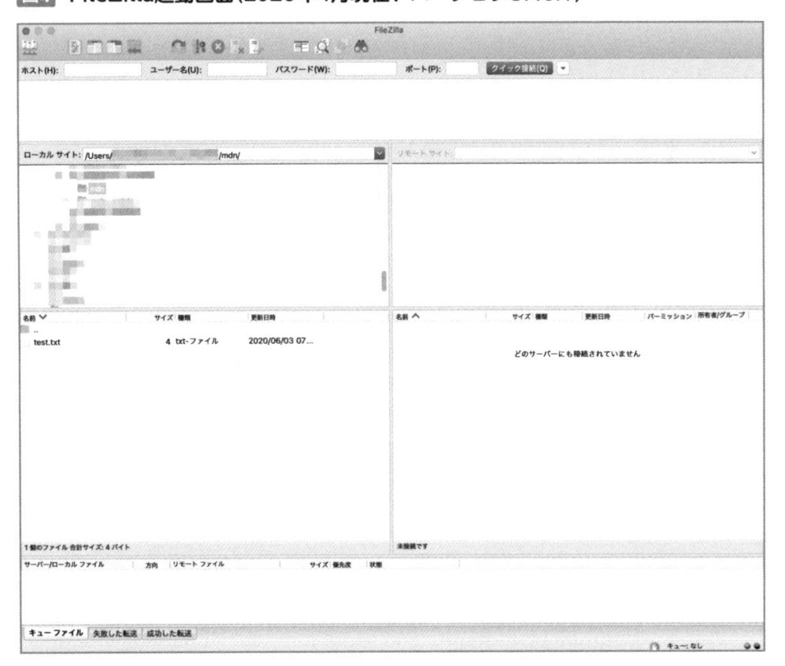

Webサーバーの接続情報を設定する

FileZillaでWebサーバーの接続情報を設定するには、「ファイル」メニューから「サイトマネージャー」を選択し、「新しいサイト」ボタンをクリックし、任意のサイト名を入力することで設定できます図5。

図5 サイトマネージャーの設定画面

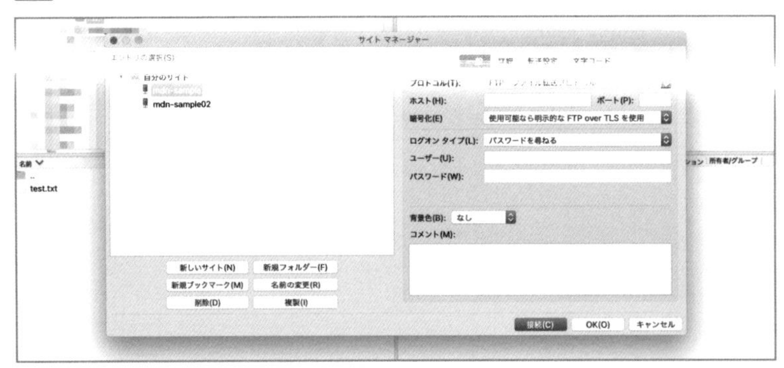

FTPクライアントでWebサーバーに接続するには、基本的には次の接続情報を設定します。

- ユーザー名
- パスワード
- プロトコル
- ホスト(サーバーアドレス)
- ポート番号

ユーザー名とパスワードに関しては、ホスティングサービス契約時に発行されるFTPのユーザー名とパスワードを設定します。

プロトコルは、FTPクライアントで利用できる通信方法の種類を選択します。FileZillaでは、FTPとSFTPを選択することができ、FTPSを利用する際は、暗号化で「使用可能なら明示的なFTP Over TLSを使用」(デフォルト)を選択することで利用できます。

ホストは、接続先のWebサーバーのホスト名を入力します。ホスティングサービスによってはIPアドレスを指定されることもあります。

ポート番号は、FileZillaでは、プロトコルに合わせてデフォルトのポート番号が自動で設定されます。FTPであれば通常「21」、SFTPであれば「22」がデフォルトとなっています。ただし、セキュリティ的な事情によりWebサーバーによってポート番号を変更されている場合もあるため、Webサーバー情報に合わせて設定しましょう。

SFTPにおける公開鍵認証

制作案件においては、FTPやFTPSでのアクセスが許可されておらず、かつ、SFTPでの接続時にパスワードを使用せずに、よりセキュリティ的に安全な公開鍵認証という仕組みを使って接続する場合があります。

公開鍵認証は、「公開鍵」と「秘密鍵」をユーザーのPCで作成し、「秘密鍵」はユーザーのPC上のみに保存し、「公開鍵」をWebサーバーに設置することで接続できるようになる仕組みです。「公開鍵」は中身を誰かに見られたとしても「秘密鍵」がなければ接続できず、また、「公開鍵」から「秘密鍵」を生成することもできません。そのため、「秘密鍵」は他人に共有や公開しないことが原則となります。

鍵の作成

公開鍵認証の鍵を生成する方法としては、Windowsであれば、ターミナルソフトの「PuTTY」の「PuTTY Key Generator」などを使って生成する方法と、CUI上で「ssh-keygen」コマンドを使用して生成する方法があります。

公開鍵と秘密鍵は、Windowsの場合は「Documents」以下に任意のディレクトリを作成して保存します。macOSの場合は、ホームディレクトリ以下の「.ssh」ディレクトリに生成・保存します。

macOSで「.ssh」ディレクトリを作成する

macOSの場合は、ホームディレクトリ以下に、「.ssh」ディレクトリがあるか確認し、ディレクトリがなければ作成しましょう。

コマンドラインツールを起動し、mkdirコマンドを使って「.ssh」ディレクトリを作成します図6。

図6 「.ssh」ディレクトリの作成

```
$ mkdir .ssh
```

.sshディレクトリは、ユーザーのみ読み書きと実行ができるパーミッション権限に変更しておく必要があります図7。

図7 パーミッション権限に変更

```
$ chmod 700 .ssh
```

これで鍵を保存する準備が整いました。

Windowsで鍵を作成する

「PuTTY」の公式サイト(https://www.putty.org/)へアクセスし、ダウンロードページ図8からダウンロードして、インストールしましょう。

図8 PuTTYのダウンロードページ

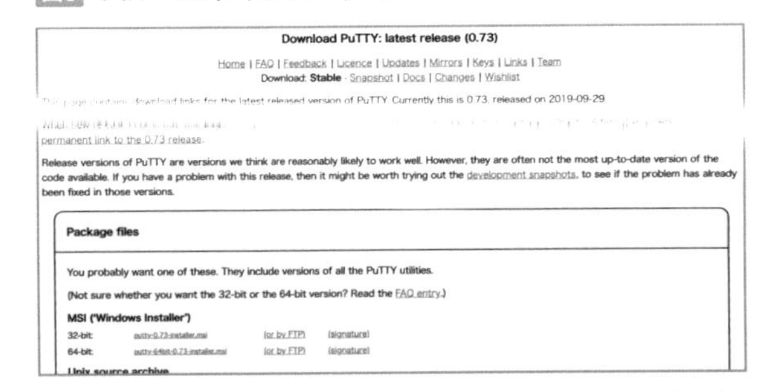

https://www.chiark.greenend.org.uk/˜sgtatham/putty/latest.html

PuTTYのインストール完了後、スタートメニューの「PuTTY」メニュー内、もしくは、検索から「PuTTygen」を入力して、「PuTTY Key Generator」を起動します図9。

図9 PuTTY Key Generator

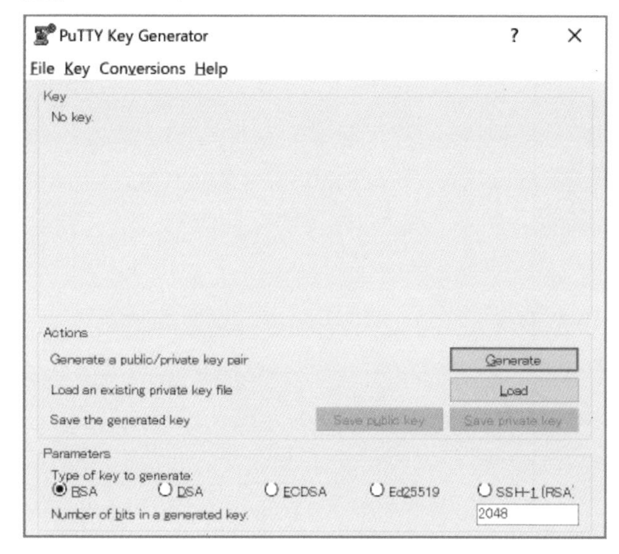

「Generate」ボタンを押すと、緑色のローディングバーが表示されます図10。これはマウスの動きで乱数を生成する仕組みのため、マウスをウィンドウ上で適当に動かしてバーを完了させましょう。

図10 PuTTY Key Generatorで鍵を生成する

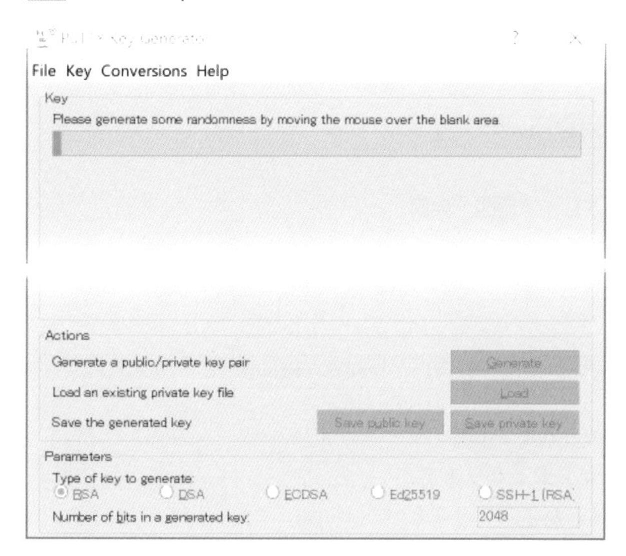

生成が完了すると、key情報が表示されます。鍵を使用する際のパスフレーズを設定する場合は、「Key passphrase」に入力します。「Save public key」で公開鍵を「id_rsa.pub」という名称で保存し、「Save private key」で秘密鍵を「id_rsa.ppk」という名称で保存しましょう(次ページ図11)。

図11 PuTTY Key Generatorで鍵の保存

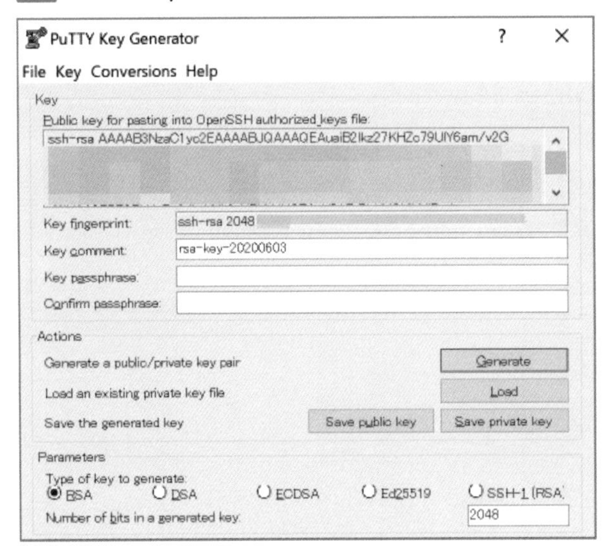

macOSで鍵を作成する

macOSでは、ターミナル上で「ssh-keygen」コマンドを使用して作成します図12。your_email@example.comには自身のメールアドレスを指定しましょう。

memo
ssh-keygenコマンドはWindows 10でも使用可能です。その場合の入力の流れもmacOSと同様になります。

図12 「ssh-keygen」コマンドで鍵を作成

```
$ ssh-keygen -t rsa -b 2048 -C "your_email@example.com"
```

実行後、鍵の保存先と名称についての確認が表示されます図13。今回は変更を行わないため、「Enter」キーを押します。

図13 鍵の保存先と名称の確認

```
> Enter a file in which to save the key (/Users/you/.ssh/id_rsa): [Press enter]
```

次に、鍵を使用する際のパスフレーズの設定を求められます図14。設定することで、鍵を使用する際にこのパスフレーズが必要となります。任意の文字列を入力し、再確認でもう一度入力します。パスフレーズを設定しない場合は、そのまま「Enter」キーを2回押します。

図14 パスフレーズの設定

```
> Enter passphrase (empty for no passphrase): [Type a passphrase]
> Enter same passphrase again: [Type passphrase again]
```

```
Your identification has been saved in /Users/user/.ssh/id_rsa.
Your public key has been saved in /Users/user/.ssh/id_rsa.pub.
The key fingerprint is:
SHA256:XXXXXXXXXXXXXXXXXXXXXXXXXXXX your_email@example.com
The key's randomart image is:
```

上記の内容がターミナル上に表示されれば作成完了です。
「id_rsa.pub」が公開鍵となり、「id_rsa」が秘密鍵となります。

公開鍵をWebサーバーに設定する

作成した公開鍵「id_rsa.pub」は、Webサーバーのユーザーディレクトリ以下の「.ssh」ディレクトリにアップロードし、名前を「!authorized_keys」に変更して配置します。「.ssh」ディレクトリのパーミッションは、「700」に設定し、「authorized_keys」は「600」に設定します。これらの作業は自身でサーバー設定を行う場合を除いて、基本的にはサーバー担当者に、公開鍵ファイルを送ることで接続設定を依頼する形となります。

! POINT

複数の公開鍵を設定する場合は、authorized_keysを開いて、すでに設定済みの公開鍵情報の次の行に設定したい公開鍵の内容をコピー＆ペーストすることで、それぞれ設定した鍵でログインが可能です。

鍵認証をFTPクライアントに設定する

FileZillaでは、プロトコルをSFTPに設定して、ログオンタイプを「鍵ファイル」にすることで、鍵ファイルの参照が表示されます図15。作成した「id_rsa」や「id_rsa.ppk」を読み込むことで設定ができるようになります。

図15 FileZillaで鍵を設定

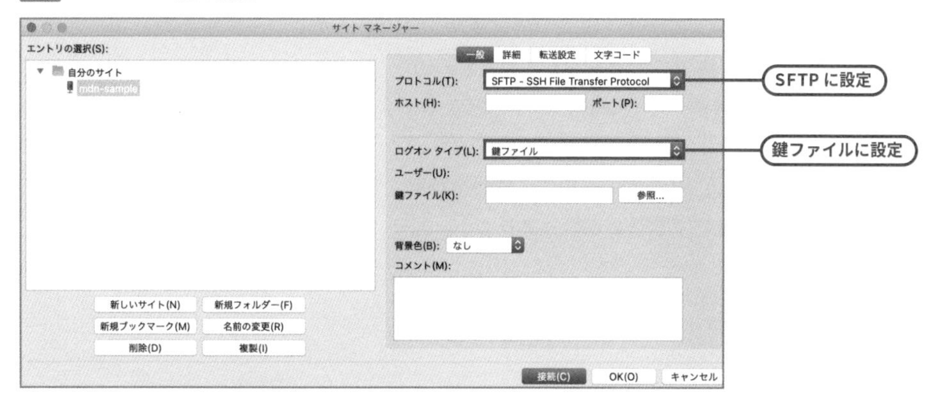

秘密鍵を設定後、「接続」をクリックすることでWebサーバーへの接続

が可能となります。

ファイルのアップロードとダウンロード

FTPクライアントでは、基本的には、左側のパネルがローカルディレクトリ、右側のパネルがWebサーバー上のディレクトリであるリモートディレクトリになります。アップロードの場合は、左のパネルから右のパネルへドラッグ&ドロップするか、右クリックやメニューからアップロードできます。反対にダウンロードの場合は、右側のパネルから左側のパネルへ同じようにドラッグ&ドロップすることでダウンロードできます図16。

図16 FileZillaでファイルのアップロードとダウンロード

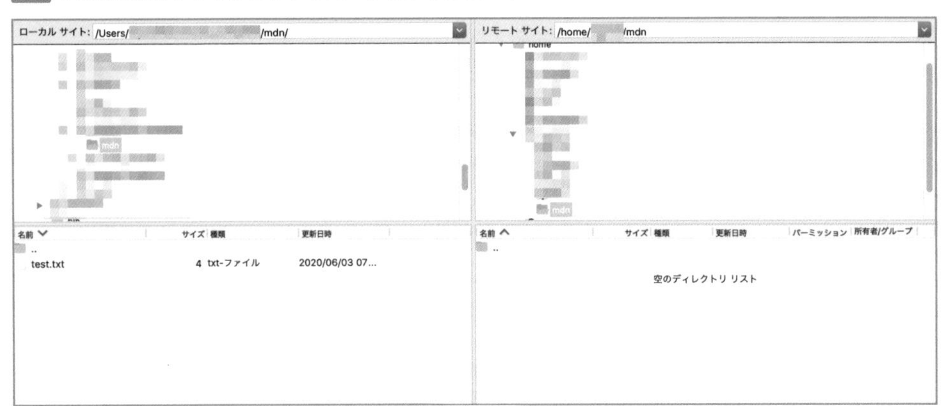

Webサーバーへの接続情報が正しいか確認する

Webサイトの公開においては、使用するWebサーバーによって接続方法や設定方法が異なるため、自身のPC環境で正しく接続できるか事前に確認しておくことが重要となります。特に制作案件においては、クライアントから貰った情報で接続できず、インフラ会社やディレクション会社など数社を経由するコミュニケーションの場合、接続の確認連絡だけで数週間かかることもあります。また、鍵認証方式を指定されたものの、自身で鍵の作成ができないとそもそも接続ができないということになってしまいます。

FTPクライアントを使った公開作業は、Webサイト制作において必須の操作となるため、きちんと理解して対応できるようにしましょう。

Gitを利用したバージョン管理システムの導入

THEME テーマ
本節では、Lesson1-01で紹介したバージョン管理システム「Git」の導入方法とGitのGUIアプリケーション「Sourcetree」の導入方法について解説します。

Gitの仕組み

Lesson1-01で紹介したとおり、Gitは、ソースコードなどのデータのバージョンを管理するツールの1つです。Gitでは、「リポジトリ」と呼ばれる保管庫にファイルやディレクトリ情報や変更履歴を保存しています。リポジトリには、作業者ごとのPCに作成される「ローカルリポジトリ」と、特定のサーバー上に設置して複数の作業者で参照・共有する「リモートリポジトリ」があります。

作業者は、ファイルの変更内容をローカルリポジトリへ反映していき、最終的にリモートリポジトリへ反映します。リモートリポジトリに反映された内容は、ほかの作業者にも反映内容が表示されるため、ほかの作業者は更新された変更内容を自身のローカルリポジトリに取り込むことで差分を反映できます図1。

memo
Gitを導入することで、Webのチーム制作において、いつ、誰が、どのファイルを変更したのかといった履歴情報をバージョン管理することができるため、複数人での作業時におきるファイルの消失や先祖返り、データの破損、最新版がどれかわからないといったさまざまな問題を解決できます。

図1 Gitの仕組み

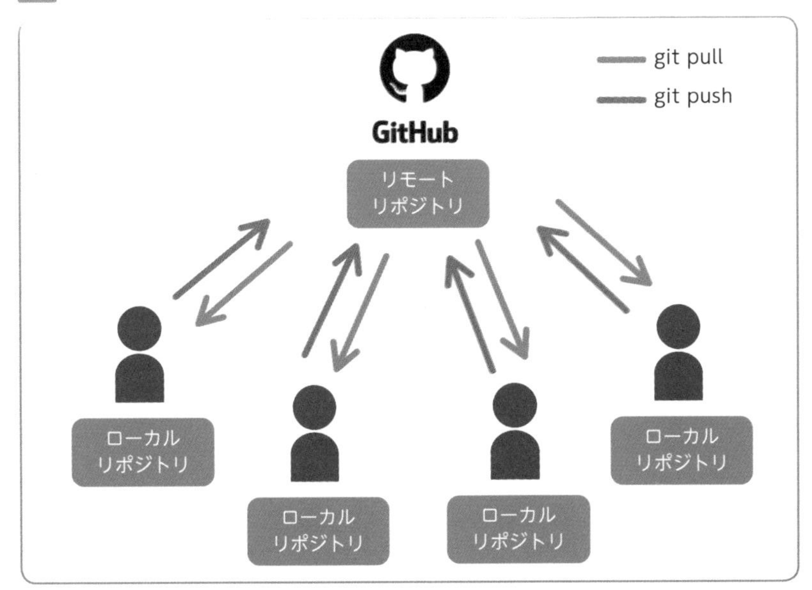

リモートリポジトリは、自分でサーバーにGitをインストールすることで設置も可能ですが、多くの場合は、Gitのホスティングサービスである「GitHub」や「Bitbucket」を利用することが一般的です。どのホスティングサービスを使うかはプロジェクトによりますが、GitHubやBitbucketのアカウントには無料プランもあるため、事前にアカウントを作成しておくとよいでしょう図2。

図2 主なGitホスティングサービス

ホスティングサービス名	URL
GitHub	https://github.com/
Bitbucket	https://bitbucket.org/
GitLab	https://about.gitlab.com/

Gitのインストール

Gitのインストールは、公式サイトのインストーラーを使ってインストールできます。また、パッケージマネージャーの「Chocolatey」(Windows)や「Homebrew」(macOS)でもインストール可能です。ここでは、公式インストーラーを使用してインストールします図3。

図3 Gitのインストーラーを公式サイトからダウンロード

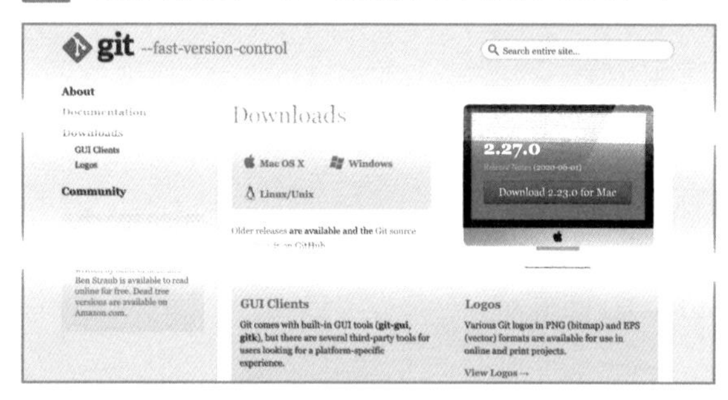

https://git-scm.com/downloads

コマンドラインツールを立ち上げて、gitのバージョン確認コマンドを実行し、インストールしたバージョンが表示されればインストール完了です図4。

図4 gitのバージョン確認

```
$ git --version
git version 2.27.0
```

macOSではGitが標準インストールされているため、gitのバージョンコマンドを実行すると、「git version X.XX.X (Apple Git-XXX)」と表示されます。新規でインストールしたGitのバージョンを使用するには、シェルの設定ファイルを更新します 図5 図6。

図5 bashの場合

```
$ echo 'export PATH="/usr/local/bin:$PATH"' >> ~/.bash_profile
$ source ~/.bash_profile
```

図6 zshの場合

```
$ echo 'export PATH="/usr/local/bin:$PATH"' >> ~/.zsh_profile
$ source ~/.zsh_profile
```

Sourcetreeのインストール

Gitは、CUIツールのためコマンド操作が必要となります。自身のファイルの変更履歴やほかの作業者の変更履歴を確認して操作する点においては、GUIアプリケーションを利用した方が視覚的でわかりやすいため、本節ではWindowsおよびmacOS対応で国内の利用者が多い「Sourcetree」の導入方法について解説します。

Soucetreeの公式サイトにアクセスし、Downloadボタンをクリックすることでダウンロードとインストールが可能です 図7。

memo

インストール時、Sourcetreeのアカウント連携がありますが、BitbucketやGitHubアカウントがあれば設定してください。また、名前とメールアドレスが求められますのでそれぞれ設定を行います。これらはインストール後の環境設定で再設定することが可能です。

図7 Sorucetreeのインストール

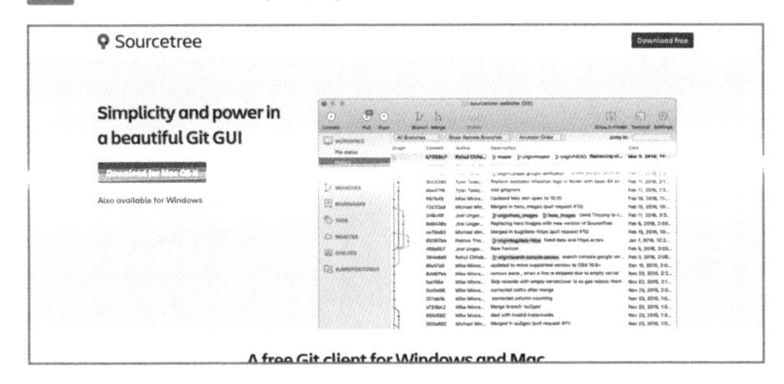

https://www.sourcetreeapp.com/
※使用しているOSによって、ダウンロードボタンの内容が切り替わります。

リポジトリの作成と登録

Sourcetreeでは、次の方法でリポジトリの作成と追加ができます図8。

1. リモートリポジトリがすでにある場合
   - URLからクローン

2. リモートリポジトリを作成する場合
   - リモートリポジトリを作成

3. ローカルリポジトリを作成・追加する場合
   - 既存のローカルリポジトリを追加
   - ローカルでリポジトリを作成
   - ディレクトリをスキャン

図8 リポジトリの作成と追加

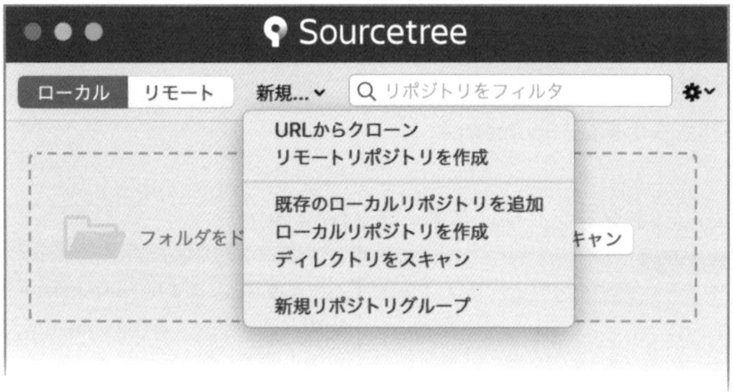

リモートリポジトリに関しては、GitHubやBitbucketなどホスティングサービス上で作成するため、基本的には「URLからクローン」図9もしくは「ローカルリポジトリを作成」図10を使用します。

図9 「URLからクローン」の設定例

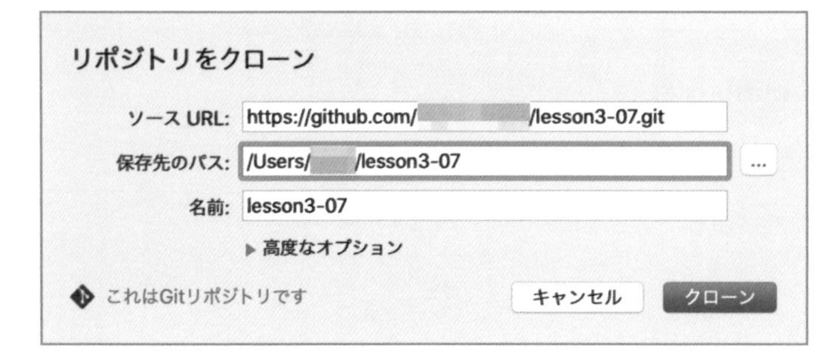

図10 「ローカルリポジトリを作成」の設定例

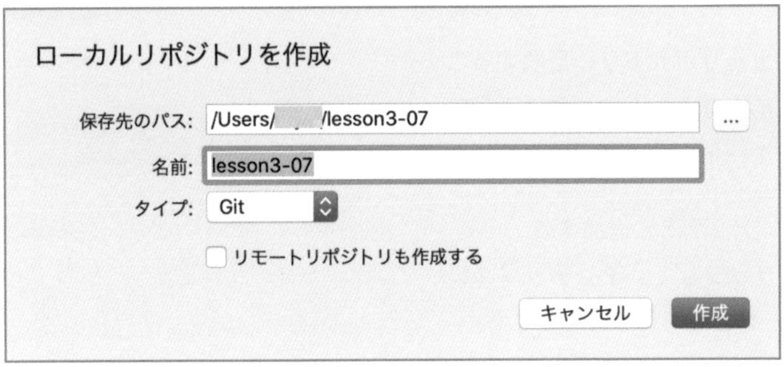

ローカルリポジトリを作成

保存先のパス:	/Users/ /lesson3-07
名前:	lesson3-07
タイプ:	Git

リモートリポジトリも作成する

キャンセル　作成

「URLからクローン」で設定するURLは、Gitホスティングサービスで表示されている「HTTPS」通信か「SSH」通信のURLを指定することで、リモートリポジトリにあるデーター式をローカルリポジトリにクローン（複製）できます。リモートリポジトリサービスとの接続方法で「HTTPS」を選んだ際は、リモートリポジトリにアクセスするユーザー名とパスワードを入力します。SSHの場合は、リモートリポジトリサービスにLesson3-06で紹介した鍵認証方式を利用します。SSH通信においては、HTTPS通信に比べてデータ転送速度が速いという特徴があります図11。

図11 GitHubのリポジトリURL例

SSH の場合

```
git@github.com:USERNAME/lesson3-07.git
```

HTTPS の場合

```
https://github.com/USERNAME/lesson3-07.git
```

ローカルリポジトリを作成してからリモートリポジトリと連携を行うことも可能ですが、先にリモートリポジトリを作成しておき、URLからクローンを使うことで、リモートリポジトリとローカルリポジトリの連携の設定をスムーズに行うことができます。案件によってはすでにリモートリポジトリが作成されていることも多いため、クローンを利用する機会は多いでしょう。

memo

Sourcetreeでは鍵認証の生成と接続も対応しているため、「環境設定」・「アカウント」タブの「追加」で、GitHubやBitbucketのアカウントを紐づけが可能です。紐づけを行うとSoucetreeは鍵を生成し、Gitホスティングサービスに自動で公開鍵を登録します。

コミットでローカルリポジトリに反映する

Gitでは、ローカルで作業した内容をローカルリポジトリに反映することを、コミット(Commit)といいます。基本的なコミットの流れは下記のようになります。

❶新規作成もしくは変更したファイルをインデックスに追加する
❷上部メニューの「コミット」ボタンをクリックして、インデックスに追加されたファイル群をコミットメッセージとともにコミットする

まずは、変更したファイルをインデックスに追加します。インデックスとは、コミットするための準備状態のファイルで、Sorucetreeでは「ステージング」と表記されています。「ステージングに未登録のファイル」にあるファイル名のチェックボックスにチェックをつけることで、「ステージング済みのファイル」へ移動させることができます図12。

図12 作成したファイルをステージングへ登録する

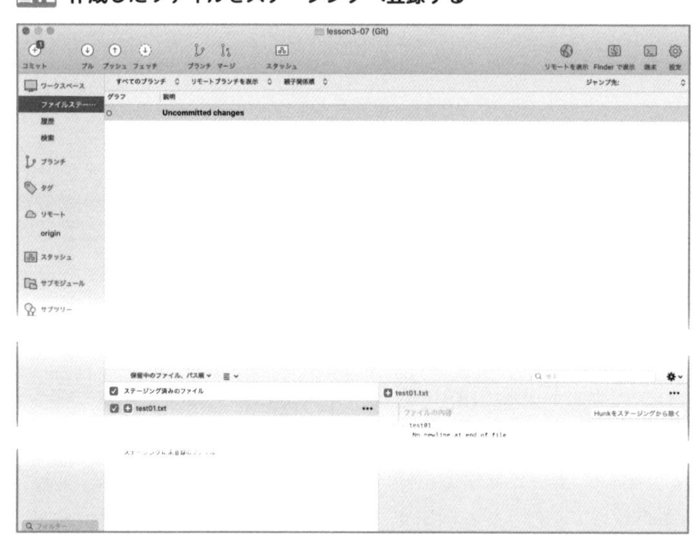

ステージング済みにファイルを移動させたら、上部アイコンの「コミット」アイコンをクリックし、コミットするファイルと変更内容を記載したコミットメッセージを記入します。メッセージを入力したら、右下の「コミット」ボタンをクリックすることでローカルリポジトリに反映できます図13。

> **memo**
> コミットメッセージは英語や日本語を使用することができます。ほかの人がコミットログを見た際に何の変更が行われたか明確なコミットメッセージを記入するようにしましょう。

図13 コミットボタンをクリックし、コミットメッセージを記入する

プッシュでリモートポジトリに反映する

コミットされたローカルリポジトリの変更内容をリモートリポジトリに反映することをプッシュ（Push）といいます。

Sourcetree上部の「プッシュ」ボタンをクリックして、リモートリポジトリのmasterブランチが表示されるので、masterの左にチェックを入れて「OK」をクリックしましょう図14。

図14 コミットをプッシュする

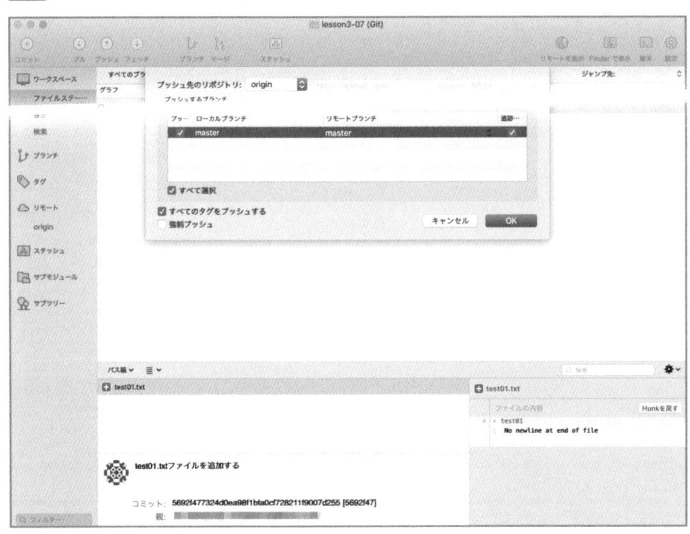

プッシュ完了後、Sorucetreeでは、コミットログの左に「master」と「origin/master」というラベルが表示されます。ラベルの「master」はローカルリポジトリの変更履歴を表し、「origin/master」はリモートリポジト

リの変更履歴を表しています図15。

図15 プッシュ完了後

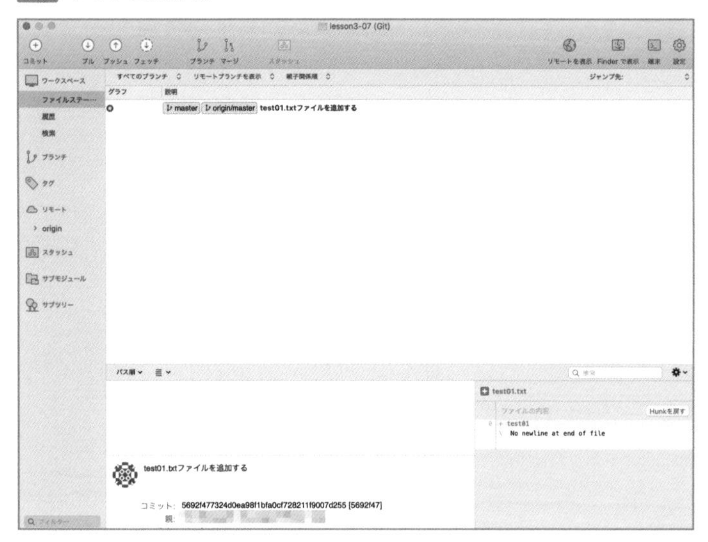

これで、リモートリポジトリに作業内容が登録されました。

変更内容をローカルリポジトリへ反映する

リモートリポジトリでファイルなどに変更があるか確認することをフェッチ(Fetch)といい、変更をフェッチし、ローカルリポジトリに反映することをプル(Pull)といいます。

リモートリポジトリをフェッチして変更がある場合、Soucetree上では、「コミット遅れ」というメッセージが表示されます。これはリモートリポジトリに変更があり、ローカルリポジトリにその変更が取り込まれてない履歴の数を表しており、プルアイコンにもコミット遅れ分の数値メッセージが表示されます図16。

図16 リモートリポジトリに変更がある場合

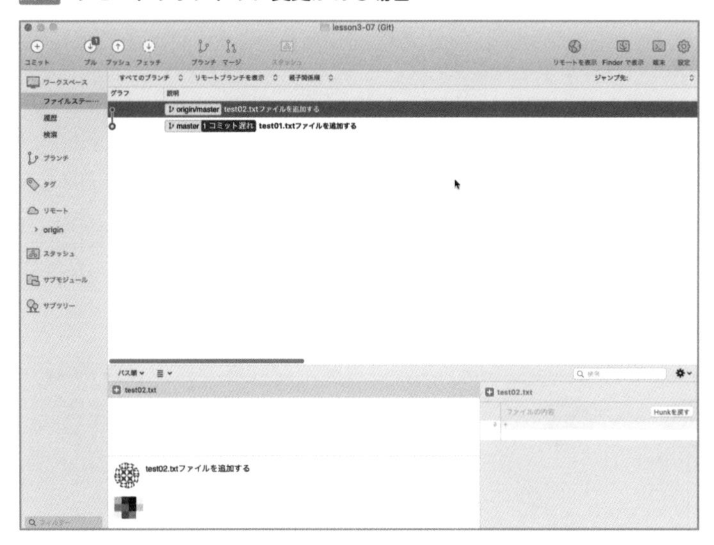

プルアイコンをクリックして、プル設定画面でOKをクリックして変更を取り込みます図17。

図17 変更をプルで取り込む

このようにして、Gitではリモートリポジトリの変更内容をローカルリポジトリへプルで取り込み、自分の編集したファイルをローカルリポジトリにコミットし、リモートリポジトリへプッシュするという操作を繰り返し行います。

ブランチ機能を利用した開発フロー

複数人で開発を行う場合は、機能別に開発を行うことがあります。その際に、同一ファイルを編集する必要があり、どちらかの実装が途中だった場合、お互いの改修作業に影響が出てしまいます。そこで、ファイルの変更履歴を分岐して記録できる「ブランチ」機能を使用して開発を行います。機能開発やバグなど要件ごとにブランチを作成し、対応完了後に作成したブランチを「master」ブランチへ「マージ」(統合)します図18。

図18 ブランチのフロー例

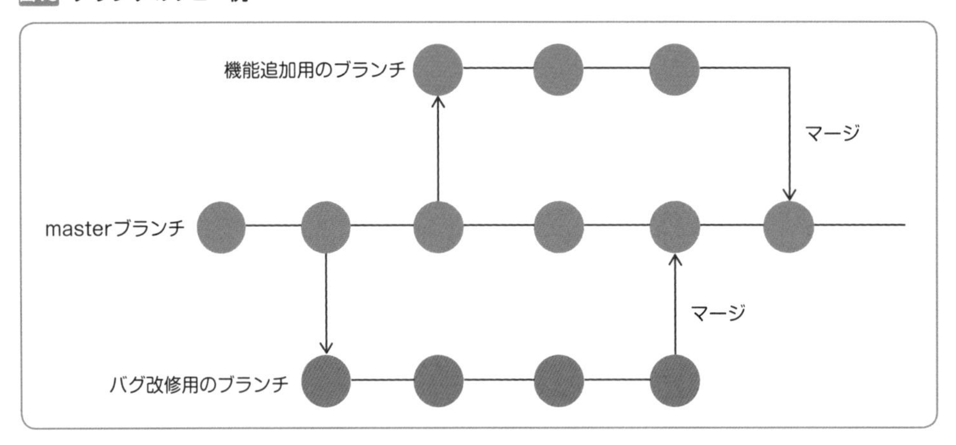

Sourcetreeでブランチを作成する流れは下記のとおりです。

❶Sourcetree上部の「ブランチ」ボタンを押して、「新規ブランチ名」を入力してブランチを作成する
❷作成したブランチ内で、更新作業を行い、コミット、プッシュを行う
❸作業完了後、masterブランチへチェックアウト(切り替え)する
❹masterブランチでプルを実行し、最新の状態へ更新する
❺上部の「マージ」ボタンを押して、作成したブランチをマージする

最後のマージに関しては、Sourcetreeでも実行可能ですが、コードが正しくあっているか、間違ったファイルを修正していないかなどわかりにくい点があります。GitHubやBitbucketを利用していれば、Gitホスティングサービス機能の「Pull Request」を利用することでマージも可能です。Pull Requestでは、ブランチで対応したコミット一覧やファイルの差分を一覧化して確認でき、開発チーム内で作業内容に対してレビューを行うこともできるため、開発における品質向上につながります図19。

memo

より厳密にブランチ名のルール化や、GitHubを使用したレビューを行いながら開発しサイトの公開まで行うワークフローの例として、GitHub Flowがあります。プロジェクトやチームによっては、このGitHub Flowをベースにルールが決められていることもあるため、チーム開発を行う際にはあらかじめルールの確認や決定をしておくとよいでしょう。

図19 GitHubのPull Request画面

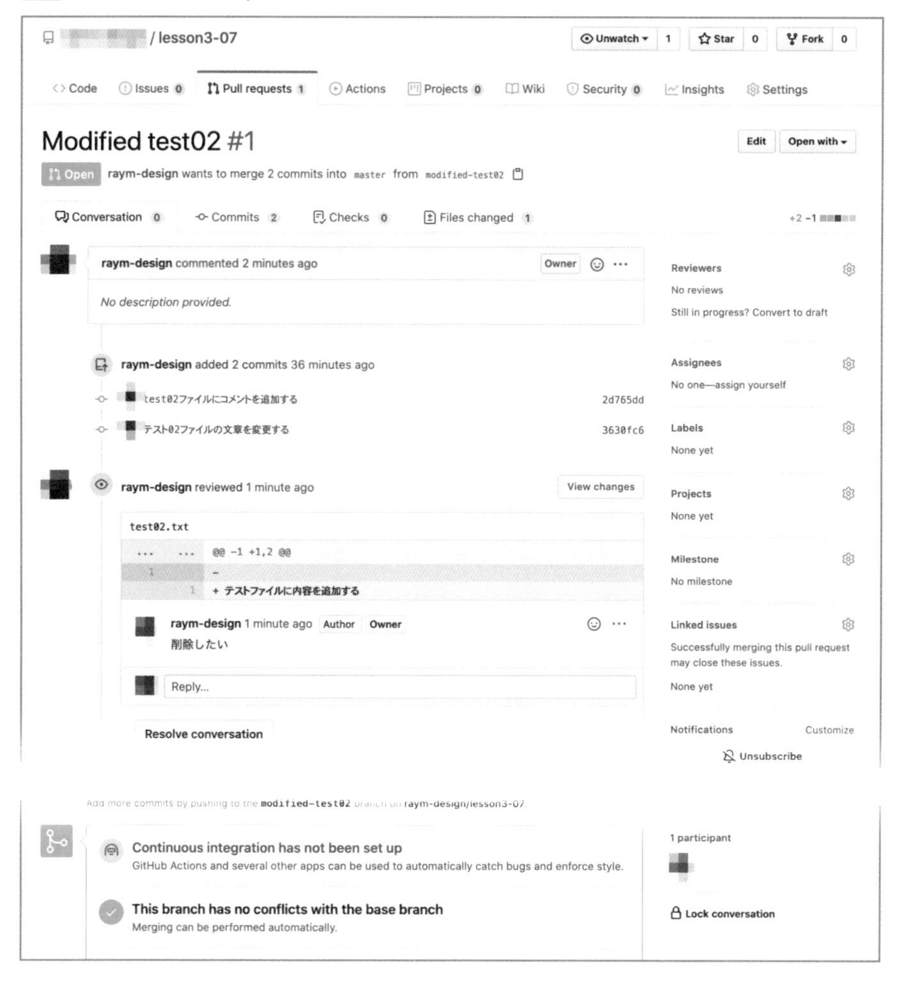

マージ時におけるコンフリクトの解消

ブランチをマージする際、masterブランチで変更されたファイルとブランチ内で変更されたファイルが同一ファイルだった場合、「コンフリクト」が発生し、masterブランチにマージすることができません。図20 GitHubのPull Requestではコンフリクトのメッセージが表示されます 図21。これは、Gitはmasterとブランチのどちらが正しい変更内容か判断できないため、コンフリクトが発生したファイルを再度修正する必要があります。

図20 ブランチマージによるコンフリクトの発生

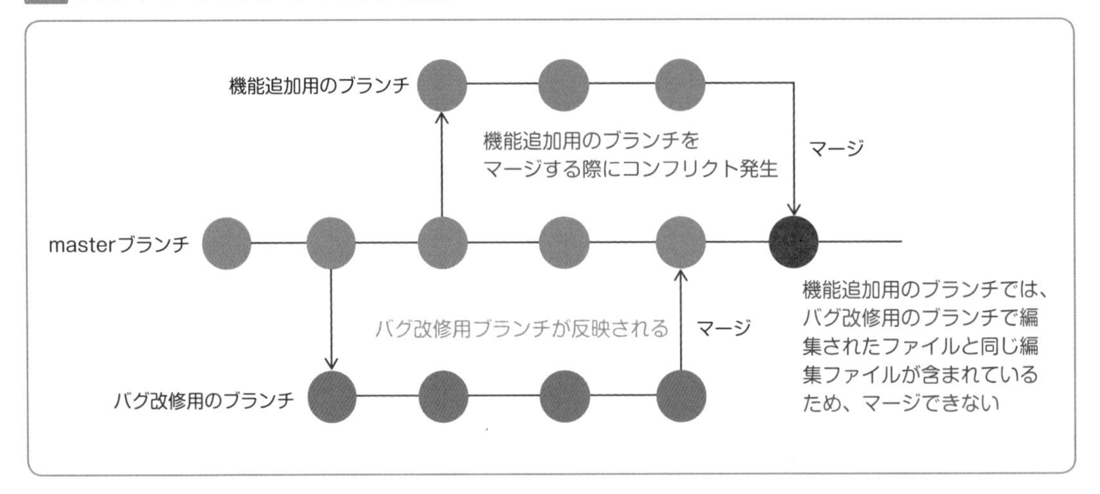

図21 GitHubのPull Requestのコンフリクト時のメッセージ

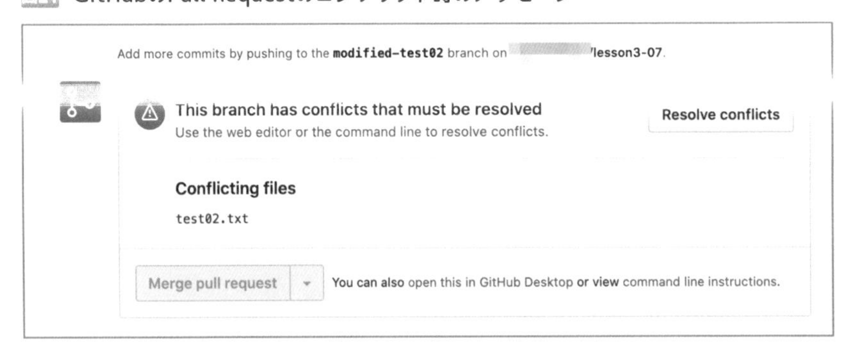

コンフリクトの解消方法にはいくつか対応方法がありますが、ここでは作成したブランチに、masterブランチをマージし解消する方法を紹介します。具体的には以下の手順でコンフリクトを解消します。

❶masterブランチにチェックアウトし、masterブランチをプルで最新状態にする
❷開発ブランチにチェックアウトし、「マージ」ボタンをクリックして、masterラベルがついている履歴を選択し、OKを押す
❸コンフリクトしているファイルは三角のマークで警告が表示されるため、該当ファイルをエディターなどで開く図22
❹ファイル内には、図23のような記号テキストが挿入されているため、正しい内容に修正する
❺修正が完了したら、変更ファイルをインデックスに追加・コミットし、プッシュを行う（次ページ図24）

図22 コンフリクトが発生しているファイルの表示

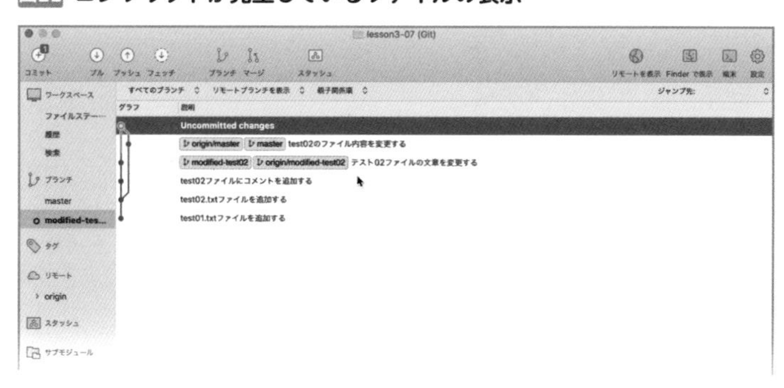

図23 コンフリクトが起きたファイルに挿入されるテキスト

```
<<<<<<< HEAD

[ ブランチの変更内容 ]

=======

[master の内容 ]

>>>>>>> master
```

図24 コンフリクトを解消したファイルをプッシュする

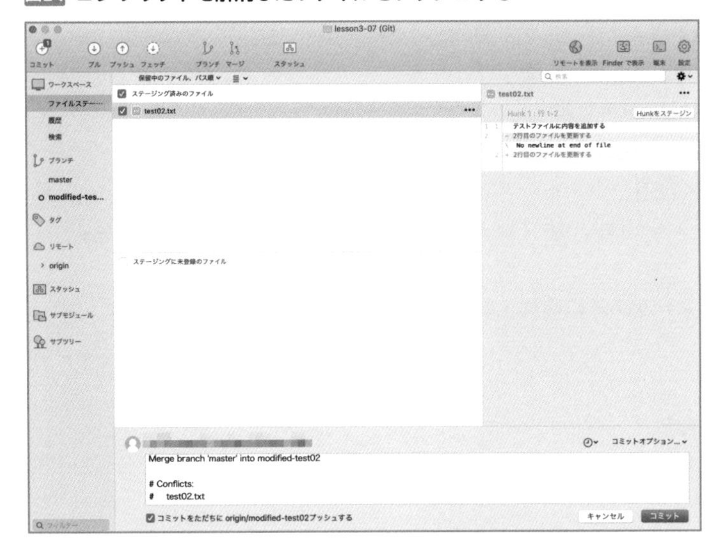

複数人での開発においてはコンフリクトはよく発生します。Sourcetreeではコンフリクトの解消に、「相手の変更を優先する」、「自分の変更を優先する」という機能があります。しかし、複数行のコードを書いてる場合は、相手の変更を取り込みつつ自分の変更を組み込まなければいけない場合もあります。その場合は、エディター上で直接修正する必要がありますので、挿入される記号テキストを理解し、正しく修正できるようにしましょう。

Lesson 4

カンプからのコーディング設計

一見シンプルなレイアウトでも、実務を踏まえてコーディングする場合はさまざまな配慮が必要になります。シンプルなコーポレートサイトの制作を通して、実務で求められるコーディング設計の考え方に触れてみましょう。

読む　準備　設計　制作

コーディング設計

THEME テーマ

Webサイトをコーディングする際には、実際に手を動かす前にHTMLとCSSの設計を行うことが重要です。Lesson4-01では、実習に入る前に、まずは一般的なコーディング設計の考え方について理解を深めておきましょう。

コーディング前の設計の重要性

ひとくちにWebサイト制作といっても、ページ数や目的、開発に関わる人数や開発・運用手法などの違いによって、実にさまざまな形態の制作環境があります 図1。

図1 さまざまなWebサイトの制作環境

ページ数	：1ページ～数千ページ規模
目的	：LP、コーポレート、EC、オウンドメディア、Webサービスなど
開発人数	：1人～数十人以上
開発・運用環境	：静的HTML運用、CMS運用など
ワークフロー	：ウォーターフォール型、アジャイル型

案件ごとに置かれている状況や制約条件が異なるため、スムーズに開発・運用を進めるために必要な制作上の決まりごとについても、唯一絶対の正解というものはありません。ただ、Webサイトというのはほとんどの場合「1回作って終わり」ではありませんし、開発中は1人で作ったとしても、公開後もずっと同じ人が保守・運用し続けるとは限りません。つまり、**規模の大小はあるにしろ、Webサイトは基本的に複数の人間が関わって制作・運用される**ものであるといえます。

複数の人間が関わって1つのものを作り上げ、長く運用し続けることになるのですから、そのことを前提とした何らかの共通ルールが必ず必要になります。もし何のルールも決めずに、おのおのが好き勝手に作っていると、やがてそのサイトは誰も全容を把握できない、ブラックボックスと化してしまうでしょう。特にCSSについては自由度が高いがゆえに簡単に破綻する危険性があります。

こうした状況を可能な限り避け、コードの見通しがよく、保守運用しやすいWebサイトにするために、コーディング設計というものが必要になるのです。

コーディング設計の概要

Webサイトのコーディング設計は、大きく分けるとHTMLの設計と、CSSの設計に分かれます（実際の案件ではCMSやJavaScriptを使ったプログラムの設計も当然必要になりますが、本書の対象範囲を超えるため、ここでは省きます）。

HTMLの設計では、

- 文法
- セマンティック（文書構造）への配慮
- アクセシビリティへの配慮
- SEOへの配慮
- 共通部品や動的出力箇所の切り分け（コンポーネント設計）

といったことに目配せしながら、適切にマークアップすることを目指します。

文法～SEOへの配慮についてはHTMLコード自体の品質に関わる部分であり、最後のコンポーネント設計の部分は全体の制作工数やコストに直結する部分となります。コンポーネント設計については後述しますが、ざっくり「共通パーツや再利用できるパーツを洗い出して、パーツの組み合わせて簡単にWebサイトの構築ができるようにするもの」と理解しておいてください 図2。

図2 コードの流用・取り外しに配慮したHTML設計の例

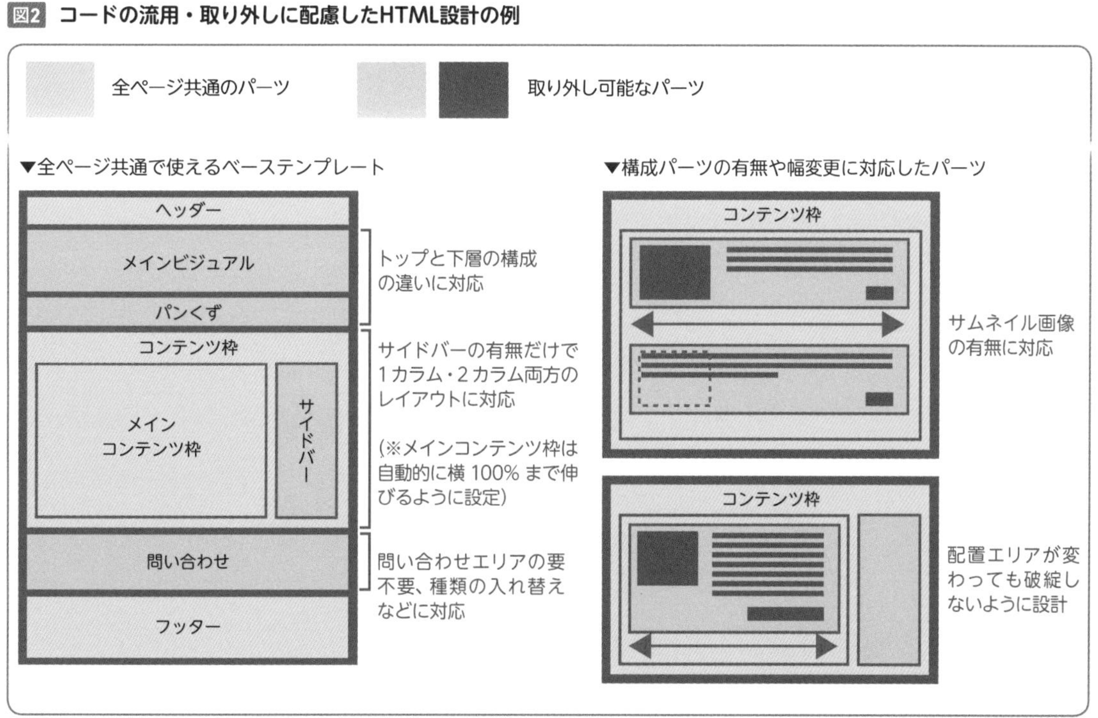

CSSの設計では、**Lesson1-04**でも触れたように、

- 予測しやすい(Predictable)
- 再利用しやすい(Reusable)
- 保守しやすい(Maintainable)
- 拡張しやすい(Scalable)

という4つの原則を意識した設計を目指すことになります。またこうした原則は基本的にCSSのセレクタの作り方によって実現されることになりますので、CSS設計とはセレクタの設計と言い換えてもよいでしょう。

26ページ、**Lesson1-04**参照。

こちらについても、詳しくはこの後のサンプル実習で実例を詳しく解説していきますので、「他人が見ても理解できる一貫したルールに基づき、再利用しやすいようにセレクタを作る必要がある」ということだけ意識して本書を読み進めていってもらえればと思います。

コーディング設計の流れと考え方

HTML・CSSの設計の最終目標は「いかにして効率的なコンポーネント設計をするか」というところに落ち着きます。

memo

コンポーネントとは、Webサイトの中に存在する部品の大まかな単位のことで、サイト内のどこにでも展開できることを想定したものになります。似た概念にモジュールというものがありますが、意味はコンポーネントとほぼ同義です。

HTML・CSSの勉強をはじめたばかりの初心者であれば、とにかくまずは「文書構造に即したHTMLタグを使うこと」や「デザインを忠実に再現すること」に集中することが先決です。その段階から一歩抜け出して中級レベルに進むためには、正しいマークアップや忠実なデザイン再現をクリアした上で、更に「効率的で堅牢な開発・運用」のためのコンポーネント設計の考え方を身につけることが重要です。

そのための第一歩が、デザインの中から「共通部分」と「固有の部分」を洗い出すことです。共通部分は更に「Webサイト全体で共通の部分」と、「複数ページで必要に応じて使いまわしされる部分」に分けることができ、最終的には大まかに次の3つに分類されます 図3。

図3 ページを構成する3つの部品

Web サイト全体で常に同じ場所で表示される共通の部品。ヘッダー、フッター、サイドバー等

②共通コンポーネント

さまざまな場所で必要に応じて再利用される部品。カード、一覧、メディア、ボタン、見出し等

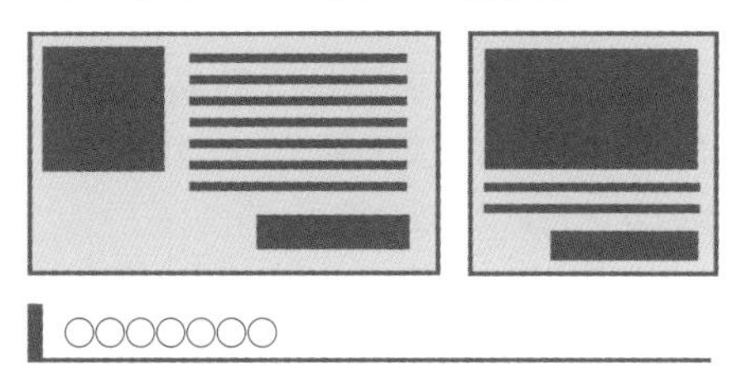

③固有のユニークなコンポーネント

各ページ固有のコンテンツ部品。

コンポーネントの種類と命名の原則

上記の3つのコンポーネント種類によって、基本的な命名の考え方は次のように大別しておくとわかりやすいでしょう（次ページ図4）。

❶共通レイアウト＝「エリア名称」
❷共通コンポーネント＝「役割に応じた一般的な名称」
❸固有のユニークコンポーネント＝「コンテンツ内容を表す名称」

❶共通レイアウト

Webサイト共通のレイアウトとは、ヘッダー、フッター、メインコンテンツエリア、サイドバーといった、**大枠の基本レイアウト構造**のことです。その基本構造を元にページを増やしてコンテンツを当てはめていくと考える場合、「テンプレート」と言い換えることもできます。この場合、共通レイアウトに所属する各パーツは、固定されたレイアウト上の各エリアを指すことになりますので、命名する際にも「エリア名称」を採用するのが自然です。

❷共通コンポーネント

共通コンポーネントは、共通レイアウトと違って**どのページの、どこに、いくつ配置されるかは定まっていません**。また、コンテンツ内容にも依存しません。例えば同じカード型のコンポーネントがあったとして、製品一覧で使用することもあれば、サービス紹介で使用することもあるため、コンテンツ内容に依存した名称（.productCardなど）をつけてしまうと、違和感が出てしまいます。そのため、共通コンポーネントの命名にはできるだけ汎用的な名称（.card01、.list01など）を使用しましょう。

❸固有のユニークコンポーネント

各ページのコンテンツ固有のコンポーネントは、基本的に使いまわしをしませんし、コンテンツ内容とデザインが密接に結びついているケースもあります。このような場合は、逆にほかのユニークなコンポーネントと名前が被らないように、コンテンツ内容に即した固有の名称をつけておくようにしましょう。ただし、単純に固有名称だけでほかと被らない名称を無限に考えるのはなかなか厳しいものがありますので、そのような場合は特定のコンテンツを表す識別子（プレフィックス）をつけ、その後ろに汎用名＋連番のような形で命名しておくと名前の枯渇を防ぎやすくなります（.service-cont01など）。

memo

class名は原則としてローマ字ではなく、英単語またはその省略形を使用するのが慣例となっています。
例： × pankuzu ○ breadcrumb / topic-path
制作者や関係者が必ずしも日本語が母語であるとは限りませんので、最大公約数的にグローバルスタンダードである英語で表現しておくのが無難だからです。

図4 コンポーネント種類ごとの命名例

①共通レイアウト系			
ヘッダー	header, siteHeader	グローバルナビ	globalNav
フッター	footer, siteFooter	ローカルナビ	localNav
メインコンテンツ	main, mainContents	パンくず	breadcrumb
サイドバー	side, sidebar	コンテンツエリア	contents
②共通コンポーネント系			
見出し	title, heading	導入	intro
ボタン	button	お知らせ	info
アイコン	icon	注釈	note
カード	card	一覧	list
セクション	section	サムネイル	thumb
③ユニークコンポーネント系			
トップページ	top, index	お問合せ	contact
サービス	service	アクセス	access
製品・商品	product	店舗	shop
会社概要	company, about	採用	recruit

※あくまで命名の一例です。
※その他ネーミングの参考になる単語一覧は以下の記事などを参考にしてください。
「CSS命名で迷わない サイトで使う英単語一覧」 - Qiita
https://qiita.com/flatsato/items/f7efce78271980dde6c2

コンポーネントの粒度

共通レイアウト・共通コンポーネント・固有のユニークコンポーネントの3つに大まかに分類するという考え方については、実はある程度慣れた実装者であれば自然とこのような考え方に行き着いていることも多いと思います。そこをあえて「コンポーネント設計」と呼ぶ場合は、特に❷の共通コンポーネントの**粒度**を意識的に管理・設計しているかどうかという点がポイントになります。

コンポーネントとは、**サイトの中のどこにでも配置できる、再利用可能な独立した部品**である必要があります。コンポーネントの粒度が大きすぎると、重複する部分が増えて無駄が多くなったり、バリエーションが作りづらくなったりします。逆に粒度が小さすぎると、設計自体にかかる工数が膨大になってきます。コンポーネントの粒度は小さいほど開発の自由度は増しますが、どの案件でも小さければ小さいほどよいというものでもありません。案件の性質に合わせた適切な粒度を設定できるかどうか、その見極めが大切です 図5。

WORD 粒度

コンポーネント設計における粒度とは、独立したコンポーネントのブロックの大きさを指します。

memo

一般的にウォーターフォール型で開発されるデザインカンプをベースにしたWebサイト制作の場合は、事前にある程度パーツのバリエーションが把握しやすいため、コンポーネントの粒度は比較的大きく取ることが可能です。反対に、アジャイル型のサービス開発のような現場では、あらかじめどんなコンポーネントが必要になるのか、どんなバリエーションがありうるのか全体を把握することは困難なため、粒度をできるだけ小さくしてあらゆるパターンに備える必要があります。

図5 コンポーネントの粒度の違い

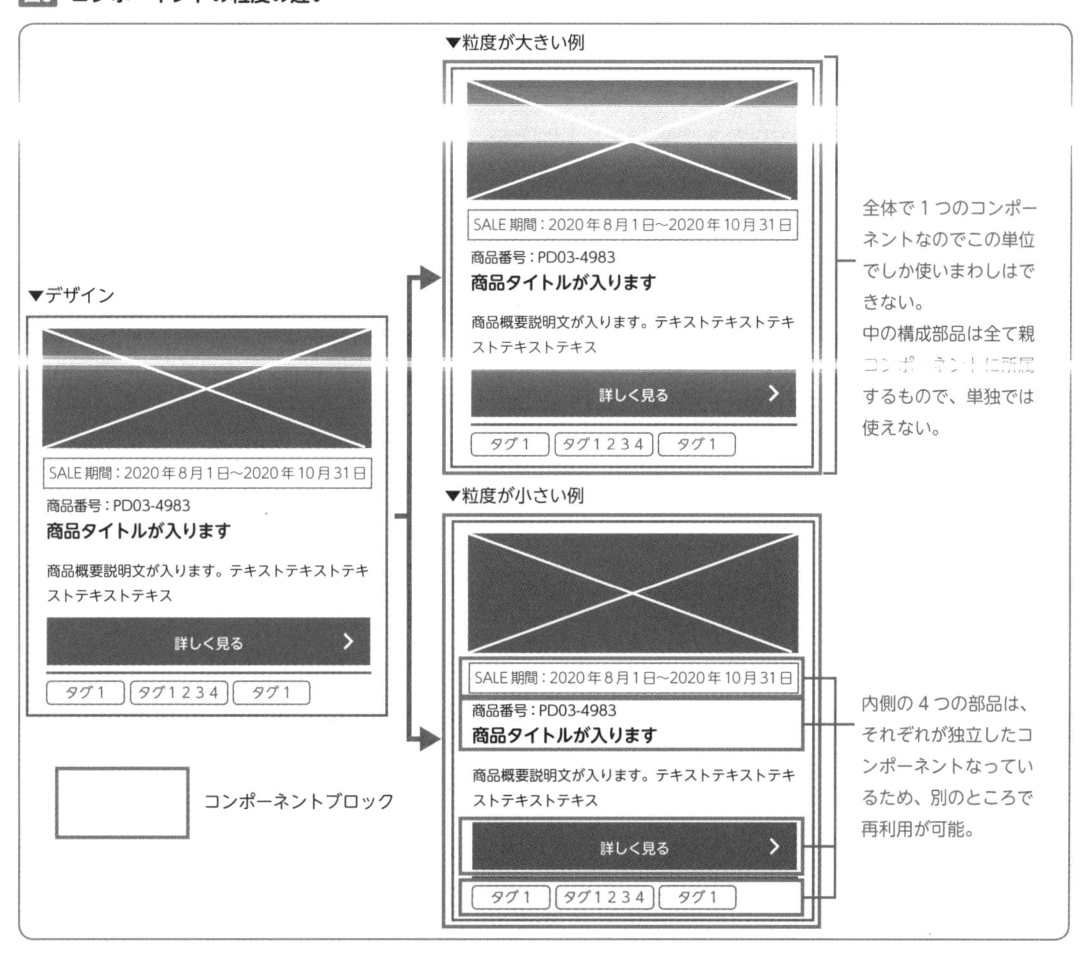

コーディング設計に唯一の最適解はない

開発効率やメンテナンスのしやすさといったことに配慮したコーディング設計は、多くの現場でとても重視されています。しかし、「そもそもどのような設計が最適なのか?」といった根本的な前提部分が案件によって千差万別であるため、残念ながらこの分野に「唯一絶対の最適解」といったものはありません。そのため本書では、**Lesson4〜7**のサンプルごとにあえて執筆者独自の設計方針を取り入れることを許容しています。「なぜこういう風に設計しているのか?」という点に注目しながら、この後のLessonを進めていくようにしてみてください。そうすれば、さまざまな設計の考え方に触れるたびに少しずつ理解が深まっていくと思います。まずはこのLessonでシンプルなWebサイトのデザインカンプから実際にコーディングの設計を行う手順を詳しく解説しますので、コーディング設計する際の手順と基本的な考え方について学んでいきましょう。

memo

サンプルごとに細かい設計のルールは異なりますが、基本的な考え方の部分については統一ルールを用意しています(25ページ、**Lesson1-04**参照)。

完成形とデザイン仕様の確認

ここからいよいよ実習に入ります。シンプルなレスポンシブWebデザインのサイトをコーディングするにあたり、まずはデザインカンプを元に「デザイン仕様」を詳細に確認していきましょう。

デザインカンプとは

Webサイトを制作する際、実際にブラウザで閲覧できるHTML／CSSを作る前に、PhotoshopやXDなどのグラフィックツールで静的に作られたビジュアルデザインデータのことを**デザインカンプ**または単に**カンプ**といいます。

受託制作の現場や、ビジュアルを重視するWebサイト制作の場合、ほぼ100%デザインカンプを作成し、それを元にコーディングしていくことになります。

デザインカンプはクライアントとの間でWebサイトのビジュアルイメージを共有・承認するためのツールであると同時に、**Webサイトの設計図**でもあります。コーディング担当者はデザインカンプの中から必要な数値情報だけでなく、デザインの意図も読み取って、可能な限り忠実にブラウザで再現できるように実装することが求められます。

そのためには、デザインカンプを渡された後、そこからどのような情報を読み取る必要があるのか知ることが重要です。

> **memo**
> 使い勝手を最重視するWebサービスの開発現場などでは、デザインカンプを使わないワークフローもあります（18ページ、Lesson1-02参照）。

サンプルサイトのデザインカンプ

今回作成するサンプルサイトは、架空のコワーキングスペースのWebサイトです。サイト全体では10ページ程度になる想定のものですが、このLessonではトップページのみを対象として解説していきます（次ページ 図1 図2）。

図1 PC表示用のデザインカンプ

Co-Work MdN
サービス Service
料金プラン Price
アクセス Access
お問合せ Contact
神保町駅徒歩3分の 駅チカに、
24h OPEN の コワーキングスペース誕生!!
2020年8月OPEN
東京メトロ「神保町駅」から徒歩3分の駅チカに、
コワーキングスペース「Co-Work MdN」が誕生しました。
24時間利用可のマスタープラン・平日デイタイムプラン・ナイト＆週末プランなど
豊富な月極プランの他、
会員登録なしで気軽に立ち寄れるドロップインも可能。
お気軽にお立ち寄り・お問い合わせください！
サービス
Service
神保町駅徒歩3分
全席電源完備
防音電話ブース・会議室有
本格ドリンクバー完備
高速WiFi完備
モニタ・マウス等備品貸出有
24時間利用可 (※マスタープランのみ)
飲食物持ち込みOK
サービス詳細はこちら
料金プラン
Price
マスタープラン
利用時間：24時間
月額料金：35,000円（税別）
平日デイタイムプラン
利用時間：平日10:00〜18:00
月額料金：20,000円（税別）
平日ナイトタイム&週末プラン
利用時間：平日18:00〜22:00、土日祝10:00〜18:00
月額料金：20,000円（税別）
ドロップイン
利用時間：10:00〜18:00
月額料金：1時間500円、終日2,500円
アクセス
Access
〒101-0051 東京都千代田区神田神保町1-105
アクセス詳細はこちら
お問合せ
Contact
03-0000-0000
平日：10:00〜22:00／土日祝：10:00〜18:00
お問合せフォーム
Co-Work MdN

memo
デザインカンプで使用している写真は、下記の方にご協力いただきました。
・撮影協力：コワーキングスペース「base Co+」
(https://coplus.space/)
・カメラマン：木澤尚之

図2 モバイル表示用のデザインカンプ

Co-Work MdN

神保町駅徒歩3分の
駅チカに、
24h OPEN※の
コワーキングスペース誕生!!
※マスタープラン会員のみ

2020年8月OPEN

東京メトロ「神保町駅」から徒歩3分の駅チカに、コワーキングスペース「Co-Work MdN」が誕生しました。
24時間利用可のマスタープラン・平日デイタイムプラン・ナイト＆週末プランなど豊富な月極プランの他、会員登録なしで気軽に立ち寄れるドロップインも可能。
お気軽にお立ち寄り・お問い合わせください！

サービス
Service

- 神保町駅徒歩3分
- 高速WiFi完備
- 全席電源完備
- モニタ・マウス等備品貸出有
- 防音電話ブース・会議室有（※予約制）
- 24時間利用可（※マスタープランのみ）
- 本格ドリンクバー完備
- 飲食物持ち込みOK

サービス詳細はこちら ＞

料金プラン
Price

マスタープラン

利用時間：24時間
月額料金：35,000円（税別）

平日デイタイム
プラン

利用時間：平日10:00〜18:00
月額料金：20,000円（税別）

平日ナイトタイム
＆週末プラン

利用時間：平日18:00〜22:00、土日祝10:00〜18:00
[illegible]

ドロップイン

利用時間：10:00〜18:00
月額料金：1時間500円、終日2,500円

料金プラン詳細はこちら ＞

アクセス
Access
〒101-0051
東京都千代田区神田神保町1-105
都営新宿線・三田線、東京メトロ 半蔵門線
「神保町駅」A9出口より徒歩3分
東京メトロ 東西線「竹橋駅」3b出口より徒歩6分
アクセス詳細はこちら

モバイル表示用メニュー展開時

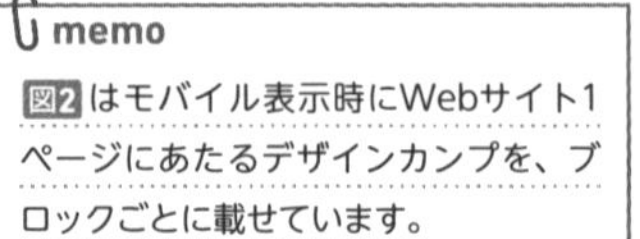
memo

図2 はモバイル表示時にWebサイト1ページにあたるデザインカンプを、ブロックごとに載せています。

デザイン仕様を確認する

デザインカンプを元にゼロからコーディングする場合、一番最初にやることが「デザイン仕様の確認」です。文字の色や、ボックスの幅や高さ、余白のサイズといった具体的な数値の確認はもちろん大事ですが、それよりも

- ブラウザの幅を変更した時にどうなるか？
- コンテンツ量が変更された時にどうなるか？
- アイテム数は固定なのか可変なのか？
- デザインカンプが用意されていないサイズのときの表示はどうするのか？

といった「アイテムの幅や高さ、数が変わった場合にどうするのか」という視点で、モバイル用・PC用のデザインカンプを比較しながら表示仕様を明確にしていくことのほうが重要です。デザインカンプはあくまで静止画であり、特定の画面サイズ・コンテンツ量の場合の見た目を切り取ったものにすぎません。コーディング担当者には、実際にブラウザ上で閲覧した場合にどうなるのか？といったことをイメージしながら検討するスキルが求められます。

POINT

アイテム数やコンテンツ量が変動した際にどのように見せたいかによって、選定するコーディング技術も変わってきます。このようなデザイン上の「仕様」については、後から方針が変わると大きな手戻りが発生して全体の作業効率を損ねることにつながりやすくなるため、カンプ上に明示されていない場合はデザイナーに事前に確認を取るようにしましょう。

モバイル用カンプのデザイン幅

もう1つ気をつけて見ておきたいのが、モバイル用カンプのデザイン幅です。PC用のカンプは原寸で作成されますが、モバイル用のカンプは

- メインのターゲットデバイスであるiPhoneの主要な画面幅である「375px」
- モバイル環境の最小サイズとなる「320px」

のどちらかを基準として、それらの原寸または2倍サイズ（375px、320px、750px、640px）などで作成される可能性があります。カンプが2倍サイズで作られている場合は、すべてのサイズを1/2にしてコーディングすることになります（次ページ図3）。

また、PC用とモバイル用のレイアウトを切り替えるブレイクポイントのサイズは、iPadのポートレイト幅である768pxに設定されることが多く、必ずしもデザインカンプのサイズとは一致しません。したがって、デザインカンプのサイズとは別に、ブレイクポイントのサイズは別途確認する必要がありますので気をつけましょう。

POINT

ビットマップ系のツールであるPhotoshopでは2倍サイズ、ベクター系ツールであるXDやSketch、Figmaなどでは原寸サイズで作られることが多い傾向にあります。

図3 等倍サイズのカンプと2倍サイズのカンプ

サンプルサイトの仕様

このような視点で今回のデザインカンプを確認した場合、以下の点については詳細仕様をデザイナーに確認、あるいはコーディング側から提案する必要があります。

- PC／モバイル切り替えのブレイクポイントは？
- ヘッダーを固定するか？ 固定する場合その詳細仕様は？
- モバイル用メニューの表示効果をどうするか？
- メインビジュアルの画像素材をPC／モバイル共用とするか？
- タブレットサイズでの料金プランは何カラムで表示するか？
- その他タブレットサイズでうまくレイアウトできないケースが発生した場合、コーディングの裁量でブレイクポイントを変更・または追加してもよいか？

こうした情報は、デザイナーやディレクターから「希望仕様」としてあらかじめ提示される場合もありますが、デザインカンプだけ渡されて後は「よしなに」と任されることも多々あります。相手との関係性にもよりますが、仮に任されたとしても、デザインカンプ上で表現されていない部分については念のため事前に確認・了解を取ったほうが安全です。

詳細な検討が必要なものについてはLessonを進める中で個別に解説するとして、ひとまず今回は以下の仕様で制作することを確認しておきます。

図4 サンプルサイトのデザイン仕様

コーディング方式	モバイルファースト
ブレイクポイント	768px（768px以上でPCレイアウト、767px以下でモバイル用レイアウト）
ヘッダー	PC／モバイルともに常に上部に固定
モバイル用メニューの表示	ハンバーガーボタンのクリックで、グローバルナビを上→下のスライドインで表示
タブレットサイズ（768～950px）でのレイアウト	ブレイクポイントの変更・追加を行い、コーディングの裁量でカラム数を変更するなどして対応する
幅375px未満のデバイス対応	原則モバイル向けの設定をそのまま使用するが、ボタンや見出しなどで不適切な折返しが発生するなどした場合にはモバイル用レイアウトの比率を維持しながら自動的に画面幅に合わせて縮小されるようにするなど、個別に対応する

情報構造にもとづいてマークアップを検討する

デザイン仕様を把握したら、次はマークアップです。いきなりHTMLを書きはじめるのではなく、デザインカンプから情報構造を読み取り、事前にどんなタグで意味づけするか検討してからマークアップの設計図を作るようにしましょう。

見出しと大枠の情報構造のマークアップ

HTMLは文書に対して**「情報構造の意味づけ」**をする言語です。

デザインカンプからコーディングをする場合も、デザインの中から本質的な「情報構造」を読み取って適切なHTMLを割り当てる必要があります。これが「マークアップする」ことの本来の役割です。

60ページ、Lesson2-03参照。

デザインカンプとして情報が視覚化されている場合、構造の読み取りも比較的容易なことが多いと思います。ただし、例えば情報構造としては同じレベルの見出しであっても、デザイン的なあしらいを変えていたり、キャッチコピーのように見出し以外のテキストが大きくデザインされていたりすることもあります。「見た目」に惑わされず、あくまで「情報構造」に応じてマークアップするという点には注意しましょう。

今回のトップページの見出しと大枠の情報構造は、以下のように設定します 図1。

まずサイト全体を大きく「ヘッダー領域（header要素）」「フッター領域（footer要素）」「コンテンツ領域（main要素）」の3つの領域に分けます。次に情報構造の骨格となる見出しを情報の階層構造に応じて設定（h1〜h3要素）し、コンテンツ領域内にある見出しとその見出しに伴うコンテンツ領域を1つの「セクション」としてsection要素でマークアップすることにしましょう。

memo

今回は見出しを伴うセクション領域はすべてsection要素ですが、コンテンツ内容によってはarticle要素（単体で完結する独立したコンテンツ）やaside要素（省略してもコンテンツの本筋に影響のない補足的なコンテンツ）のほうが適切である場合もありますので、コンテンツの役割を考慮して都度判断するようにしましょう。

図1 サンプルサイトの見出しと情報構造図

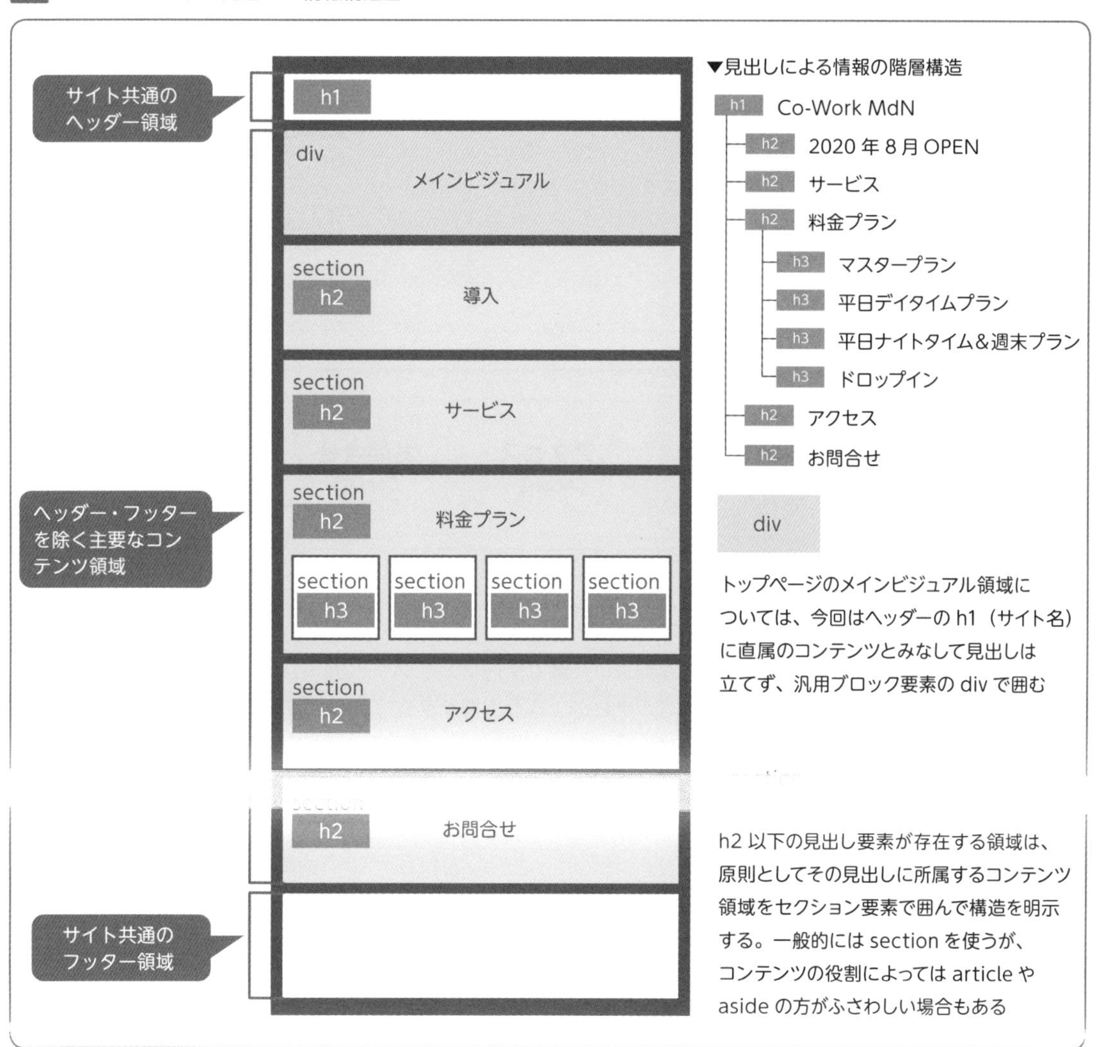
サイト共通のヘッダー領域
h1
div
メインビジュアル
section
h2
導入
section
h2
サービス
section
h2
料金プラン
section
h3
section
h3
section
h3
section
h3
section
h2
アクセス
h2
お問合せ
ヘッダー・フッターを除く主要なコンテンツ領域
サイト共通のフッター領域
▼見出しによる情報の階層構造
h1 Co-Work MdN
h2 2020 年 8 月 OPEN
h2 サービス
h2 料金プラン
h3 マスタープラン
h3 平日デイタイムプラン
h3 平日ナイトタイム&週末プラン
h3 ドロップイン
h2 アクセス
h2 お問合せ
div
トップページのメインビジュアル領域については、今回はヘッダーの h1（サイト名）に直属のコンテンツとみなして見出しは立てず、汎用ブロック要素の div で囲む
h2 以下の見出し要素が存在する領域は、原則としてその見出しに所属するコンテンツ領域をセクション要素で囲んで構造を明示する。一般的には section を使うが、コンテンツの役割によっては article や aside の方がふさわしい場合もある

ヘッダー領域のマークアップ

ヘッダー領域内でまだマークアップを検討していないものはグローバルナビとハンバーガーボタン（モバイルのみ）です。いずれも多くのWebサイトで採用されている一般的なパーツであり、マークアップについてもよく採用されている「お作法」がありますので、今回は以下のように設定したいと思います 図2 図3。

> memo
> メニューの英語表記については、スクリーンリーダーで「英語」として読み上げてほしいので、lang属性で英語を指定しています。

図2 グローバルナビのマークアップ構造図

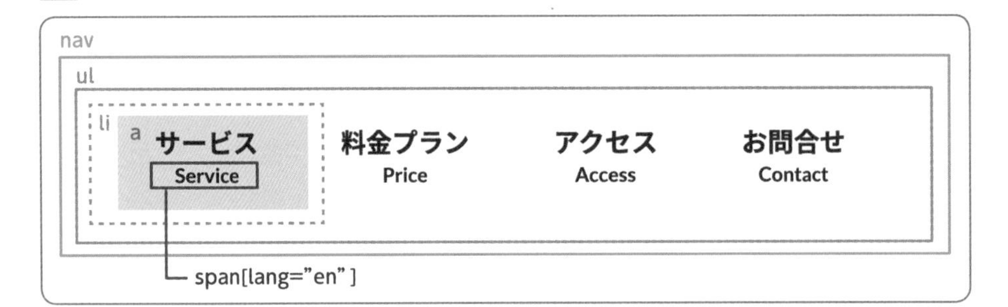

Webサイト上のナビゲーション類は、基本的にul要素でマークアップするのが一般的です。その上で更にグローバルナビのような主要なナビゲーションについては、特にnav要素でマークアップするようにします。

ul要素は単なる「箇条書き」という構造を表しているにすぎませんが、nav要素は明確に「ナビゲーション」としての役割を持っていることを示すことができるからです。

図3 ハンバーガーボタンのマークアップ構造図

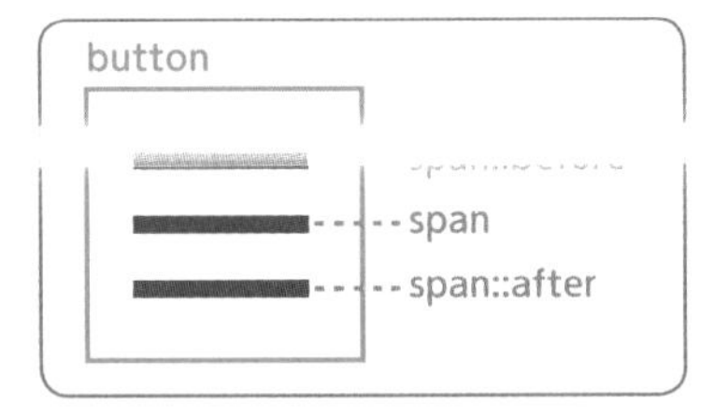

75ページ、Lesson2-06参照。

ハンバーガーボタンのマークアップは、div要素、a要素、input要素、button要素など、Webサイトによってバラバラなのが現状です。ただ、「同一画面内でほかのエリアの表示／非表示を切り替えるための機能ボタン」を最もよく表現しており、かつキーボードフォーカスといったアクセシビリティ を考慮した機能面の実装の容易さも考えると、現状ではbutton要素を使うのがベターです。

ハンバーガーボタンの三本線は、1つのspan要素と::before／::after疑似要素を使って再現することを想定しています。

> memo
> レスポンシブWebデザインでは、PCとモバイルでヘッダー・グローバルナビの見せ方が大きく異なることが多いため、場合によってはPC・モバイルで別々のソースコードを埋め込んで表示／非表示を切り替えるといった対応を採用することもあります。
> 今回はハンバーガーボタン以外はすべて共通のHTMLで再現可能ですが、実際の案件では都度判断が必要となるので注意しましょう。

フッター領域のマークアップ

フッター領域を構成する各パーツについては、以下のようにマークアップしておきます図4。

図4 フッター領域のマークアップ構造図

フッターのメニューについては、PCレイアウトを見ると8つの並列のメニュー項目のようにも見えますが、モバイルレイアウトを見ると明確に優先度を変えたデザインとなっていることが分かります。これはつまり、「サービス〜お問合せ」と「採用情報〜プライバシーポリシー」は意味合いの異なる別のメニューであることを表しています。このような場合は、マークアップ上も2つのul要素に分割するのが自然です。

memo

フッター領域に配置されたメニューの一覧をnav要素とするかどうかは、制作者の判断に任されます。主要なナビゲーションとして明示したい意図があればnavとしても構いません。

コンテンツ領域のマークアップ

コンテンツ領域内の各要素については、以下のようにマークアップすることにします。基本的には見出し・段落・箇条書きといった基本要素を使ってマークアップしています(次ページ図5)。

なお、コンテンツ領域内の各パーツのうち、サービス一覧とプラン一覧については、少し考え方について補足をしておきます。

図5 コンテンツ領域のマークアップ構造図

サービス一覧のマークアップ

サービス一覧をul要素でマークアップすることに異論はないと思いますが、今回のデザインの場合はさらにli要素がどの順番で並んでいるのかについてもよく確認しておくようにしましょう。

PC用カンプだけを見ると、li要素が縦に並んでいるように感じるかもしれませんが、モバイル用カンプでの並び順を見ると、PCカンプではli要素は横に並んでいるということが分かります図6。

図6 サービス一覧のli要素の並び順

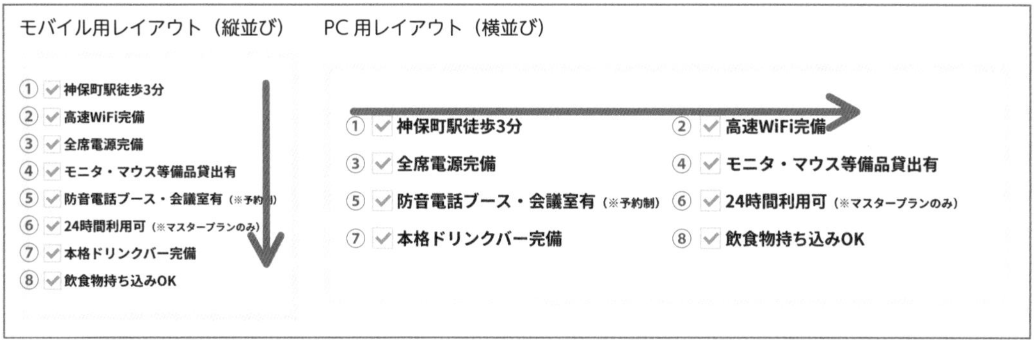

モバイル用レイアウト（縦並び）
① 神保町駅徒歩3分
② 高速WiFi完備
③ 全席電源完備
④ モニタ・マウス等備品貸出有
⑤ 防音電話ブース・会議室有（※予約制）
⑥ 24時間利用可（※マスタープランのみ）
⑦ 本格ドリンクバー完備
⑧ 飲食物持ち込みOK

PC用レイアウト（横並び）
① 神保町駅徒歩3分 ② 高速WiFi完備
③ 全席電源完備 ④ モニタ・マウス等備品貸出有
⑤ 防音電話ブース・会議室有（※予約制） ⑥ 24時間利用可（※マスタープランのみ）
⑦ 本格ドリンクバー完備 ⑧ 飲食物持ち込みOK

レスポンシブサイトのコーディングをする際には、このように一つひとつのパーツに対してPCとモバイルでどのように配置が変わるのかよく観察し、**「同じHTMLで再現するにはどうしたらよいか？」**ということを常に考えながらマークアップを検討するようにしましょう。

なお、仮にPCでは縦方向にli要素を並べて多段組にしたい（N並び）という要望があった場合には注意が必要です。N並びの多段組レイアウトは、以下のどちらかの方法でしか実装できません。

❶カラムごとにul要素を物理的に分割する
❷1つのul要素で作るが、折返しを実現するために高さを固定する

例えばシステムからの自動出力でアイテム数が可変であるようなケースでは、N並びでのレイアウトは物理的に不可能ということになります。マークアップを検討する段階では、このように**クリティカルな問題を引き起こしそうな箇所がないかどうかをチェック**することも重要な作業の1つとなります（次ページ図7）。

図7 Z並びとN並びの違い

HTML の要素の並び順

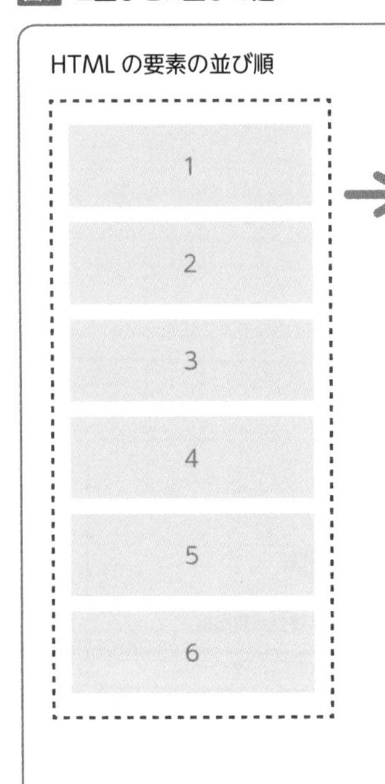

Z 並びのレイアウト

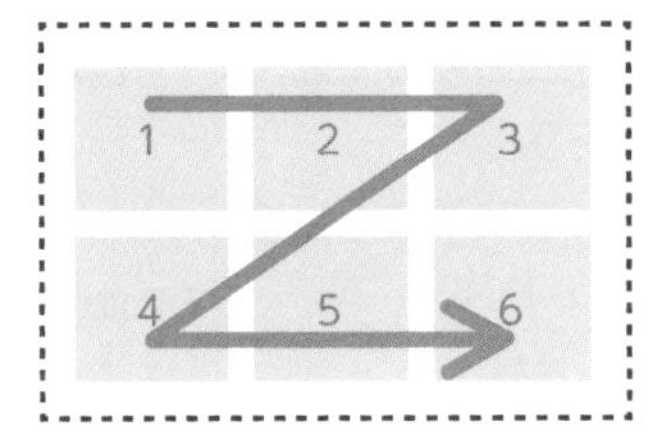

N 並びのレイアウト

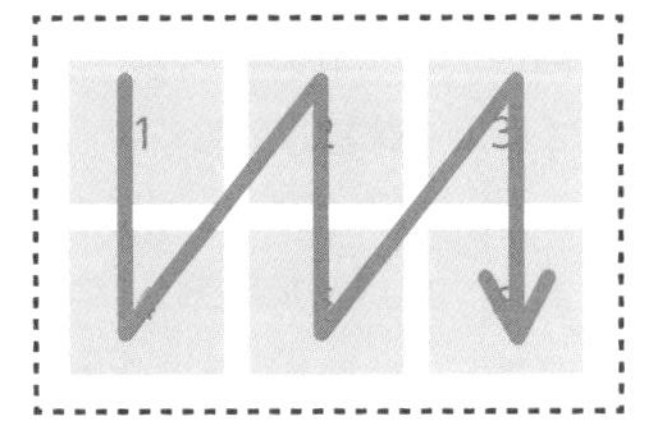

メリット

領域全体の幅・高さ共に可変の状態で、アイテム数の増減にも対応可能。CSS でのレイアウトが容易

デメリット

カラム幅と行文字数のバランスによっては、N 並びに比べて読みづらくなる場合がある

メリット

カラムごとのグルーピングをレイアウトで表現しやすく、コンテンツの意図を伝えやすい場合がある

デメリット

アイテム数が可変となる場合に自動で対応できるように組むことができない。CSS でのレイアウトに一定の制約がある

プラン一覧のマークアップ

プラン一覧のようなレイアウトは一般に「カード型レイアウト」と呼ばれますが、人によってどのようにマークアップするかが大きく分かれる典型的なレイアウトの1つとなっています図8。

図8 プラン一覧のマークアップ構造図

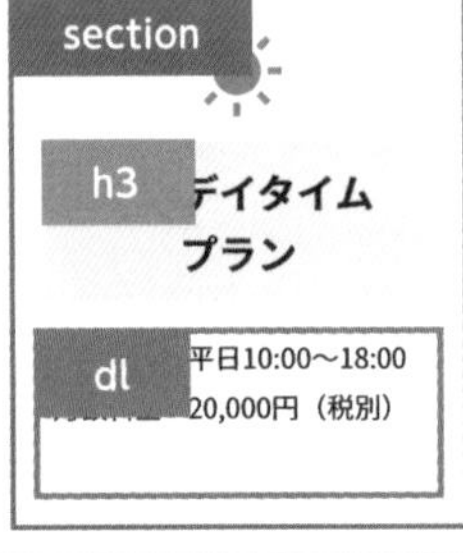

今回はプラン名をh3の見出しとしてマークアップしました。「見出しが存在するのであれば1つ1つのカードはsection要素で囲むのが妥当だろう」という考えからそのようにマークアップしましたが、「『プランの一覧』なのだから、箇条書き要素としてul／li要素でマークアップするのが妥当だろう」という考え方もあります。どちらの意見も一理あり、どちらか一方だけが正解で、他方は不正解とは言い切れません。HTMLは情報構造を意味づけする言語ですが、現実問題として語彙が足りなさすぎるため、どうしてもこのような問題が生じます。「マークアップに正解はない」といわれる理由はこのようなところにあります。

結局は、次のような観点から総合的に判断するしかありません。

- 文法的に問題がないか
- 仕様と照らし合わせて明らかに不適切な使い方になっていないか
- 伝えたい情報構造を表現できる要素になっているか
- アクセシビリティに配慮されているか

迷ったらこの4点を振り返ってみるようにしましょう。

レイアウトに必要な枠を追加する

THEME テーマ

情報構造の意味づけのための要素だけではマークアップは完成しません。ここからさらに「レイアウトを再現するために必要な枠」を探して、マークアップを完成させていきましょう。

レイアウト再現のために枠を追加

情報構造のマークアップが終わったら、さらにデザインカンプと照らし合わせて**純粋にレイアウトを再現するために必要な「枠」**を追加していきます。

この工程を行うには、先に確認しておいたデザイン仕様を踏まえた上で、**「実際にCSSでどのようにレイアウトするのか？」ということを頭の中でシミュレーションする**必要があります。

レイアウトのシミュレーションをするにはある程度の経験値が必要ですが、以下の内容を意識するようにすると、デザインカンプから必要な枠の情報を見つけやすくなりますので、繰り返し練習するようにしてみましょう。

HTMLのタグ＝CSSのボックス

HTMLのタグが存在するところには、四角い枠すなわちボックスが作られます。CSSはそのボックスに対してwidth、height、margin、padding、background、borderといったプロパティを指定して形を整え、floatやflexbox、positionなどでレイアウトを整えます。したがって、**CSSで何かしらレイアウトしようとしたらプロパティを設定する対象となる枠＝HTMLタグが必要になる**のです。

memo

物理的なタグが存在しなくてもCSSでスタイリングできる唯一の例外は「疑似要素」です。
::first-letter（最初の一文字）
::first-line（最初の一行）
::selection（選択された範囲）
::before/::after（生成コンテンツ）
などを利用した場合は、物理的にタグがなくても該当箇所をスタイリングすることが可能です。

図1 デザインカンプから情報構造のみマークアップした例

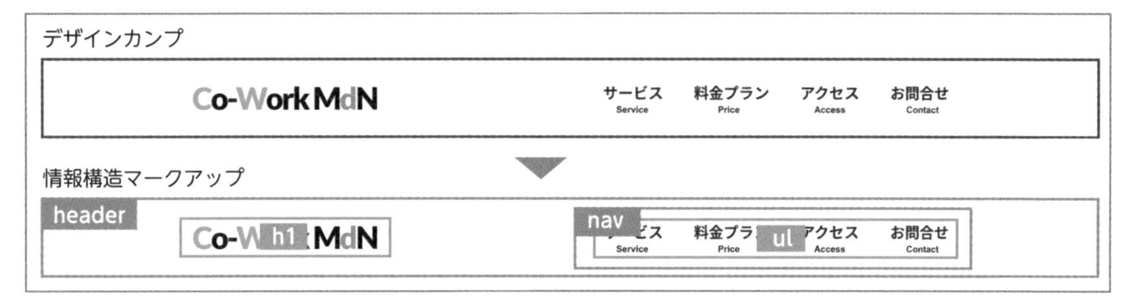

図1は、デザインカンプを元に一旦情報構造のマークアップを終えた状態のヘッダー領域になります。情報構造の意味づけという点ではこれで十分ですが、デザイン仕様を満たしてレイアウトするにはまだ枠が足りません。

必要となるデザイン仕様は、以下のとおりです図2。

図2 ヘッダー領域のデザイン仕様

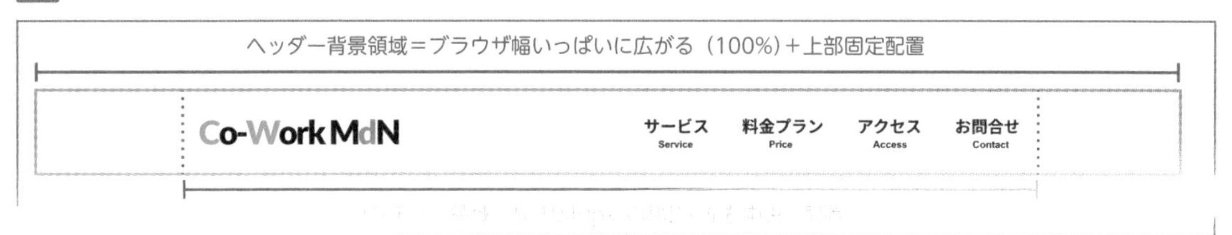

「ヘッダーの背景領域」と「ヘッダーのコンテンツ領域」という2つの大きな枠がないと、このデザイン仕様の再現は難しいことが分かりますか？ 事前のマークアップでは「ヘッダー領域」のためにheader要素を1つ用意しているだけなので、ここで**1つ枠が不足**することになります。これが**レイアウト再現のために必要な追加の枠**です図3。

> **memo**
>
> 厳密にいうと、gridレイアウト（display: grid）であればheader要素1つでレイアウトすることも可能です（175ページ、**Lesson4-04**参照）。
>
> ただし、IE11はdisplay:gridを部分サポートしかしておらず、その仕様や構文もほかのモダンブラウザとは異なります。IE11にも対応する前提でgridレイアウトを採用するには、Autoprefixer（111ページ、**Lesson3-04**参照）というツールを使える環境を整えることが前提となります。

図3 デザイン仕様と比較して不足している「枠」

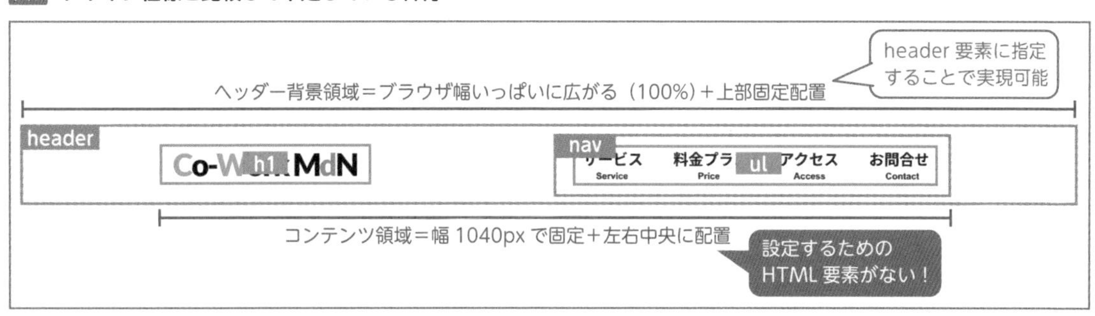

レイアウト再現のための枠は<div>で追加

情報構造の意味づけという点では不要でも、レイアウト再現のためには必要という枠については**div要素**を使います。div要素は特別な意味を持たない汎用的なグルーピング要素なので、レイアウト再現のために必要な領域をマークアップする際には基本的にdiv要素を使うようにしましょう。div要素を使ってレイアウトのために必要な枠も追加したマークアップの設計図と、それをコードに落としたものが以下の図になります 図4 図5。

> **memo**
> テキストレベルの装飾をするために、文字列の一部を範囲指定したいというような場合には、div要素ではなく<span要素を使うようにしてください。

図4 最終的なヘッダー領域のマークアップ設計図

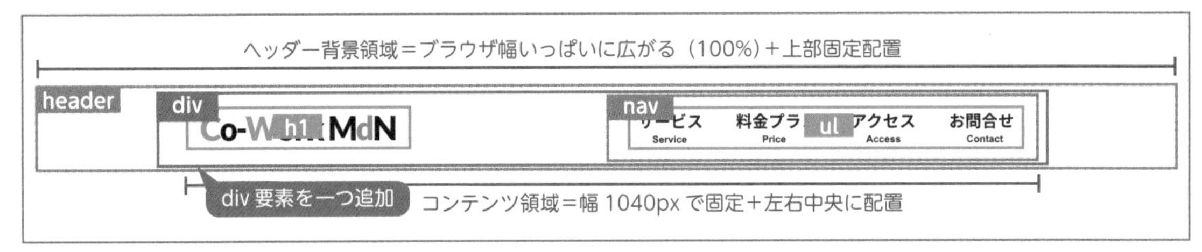

図5 ヘッダー領域のHTML構造

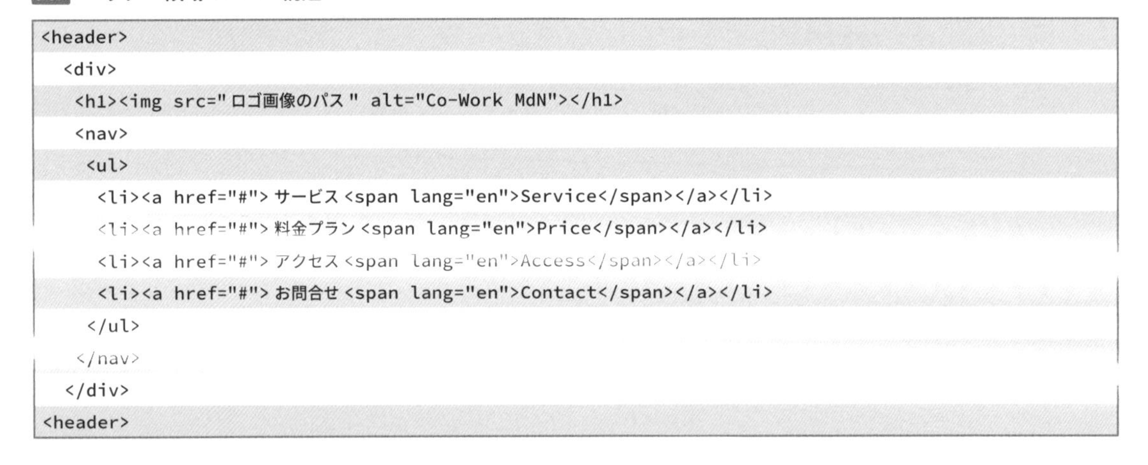

```
<header>
  <div>
    <h1><img src="ロゴ画像のパス" alt="Co-Work MdN"></h1>
    <nav>
      <ul>
        <li><a href="#">サービス<span lang="en">Service</span></a></li>
        <li><a href="#">料金プラン<span lang="en">Price</span></a></li>
        <li><a href="#">アクセス<span lang="en">Access</span></a></li>
        <li><a href="#">お問合せ<span lang="en">Contact</span></a></li>
      </ul>
    </nav>
  </div>
<header>
```

全体のレイアウト枠構造を確認する

以上の考え方を踏まえて、そのほかのエリアについてもレイアウトのために必要な枠を追加した構造図が図6になります。

> **memo**
> これ以外にも、Lesson4-01で解説した「再利用可能なコンポーネント」として切り出す必要がある場合は、レイアウト再現上は不要であっても敢えてdiv枠で囲む場合もあります。
> 一見無駄に見えても、そこに明確な理由がある場合にはdivを増やすことをためらう必要はありません。

図6 全体のレイアウト構造図

header
div
Co-W h1 MdN
nav
サービス Service
料金プ Price
ul
アクセス Access
お問合せ Contact
main
div
div
MV エリア内のテキスト配置を他のコンテンツ幅に揃えるため div 要素追加
p
神保町駅徒歩3分の 駅チカに、
24h OPEN※の コワーキングスペース誕生!!
p
※マスタープラン会員のみ
div
section
h2
2020年8月OPEN
コンテンツエリア全体のコンテンツ幅を一括指定するための div 要素
p
東京メトロ「神保町駅」から徒歩3分の駅チカに、
コワーキングスペース「Co-Work MdN」が誕生しました。
24時間利用可のマスタープラン・平日デイタイムプラン・ナイト＆週末プランなど
豊富な月極プランの他、
会員登録なしで気軽に立ち寄れるドロップインも可能。
お気軽にお立ち寄り・お問い合わせください！
section
header
サ h2 ス
Service
罫線装飾に ::before/::after を使うため、h2 を囲む枠が 1 つ必要。div 要素でもよいが、構造的にセクションの見出しエリアなので header 要素を追加
ul
神保町駅徒歩3分
全席電源完備
防音電話ブース・会議室有（※予約制）
本格ドリンクバー完備
高速W
モニ
24時
飲食物持ち込みOK
p
a
サービス詳細はこちら
section
料金 h2 ラン
header
Price

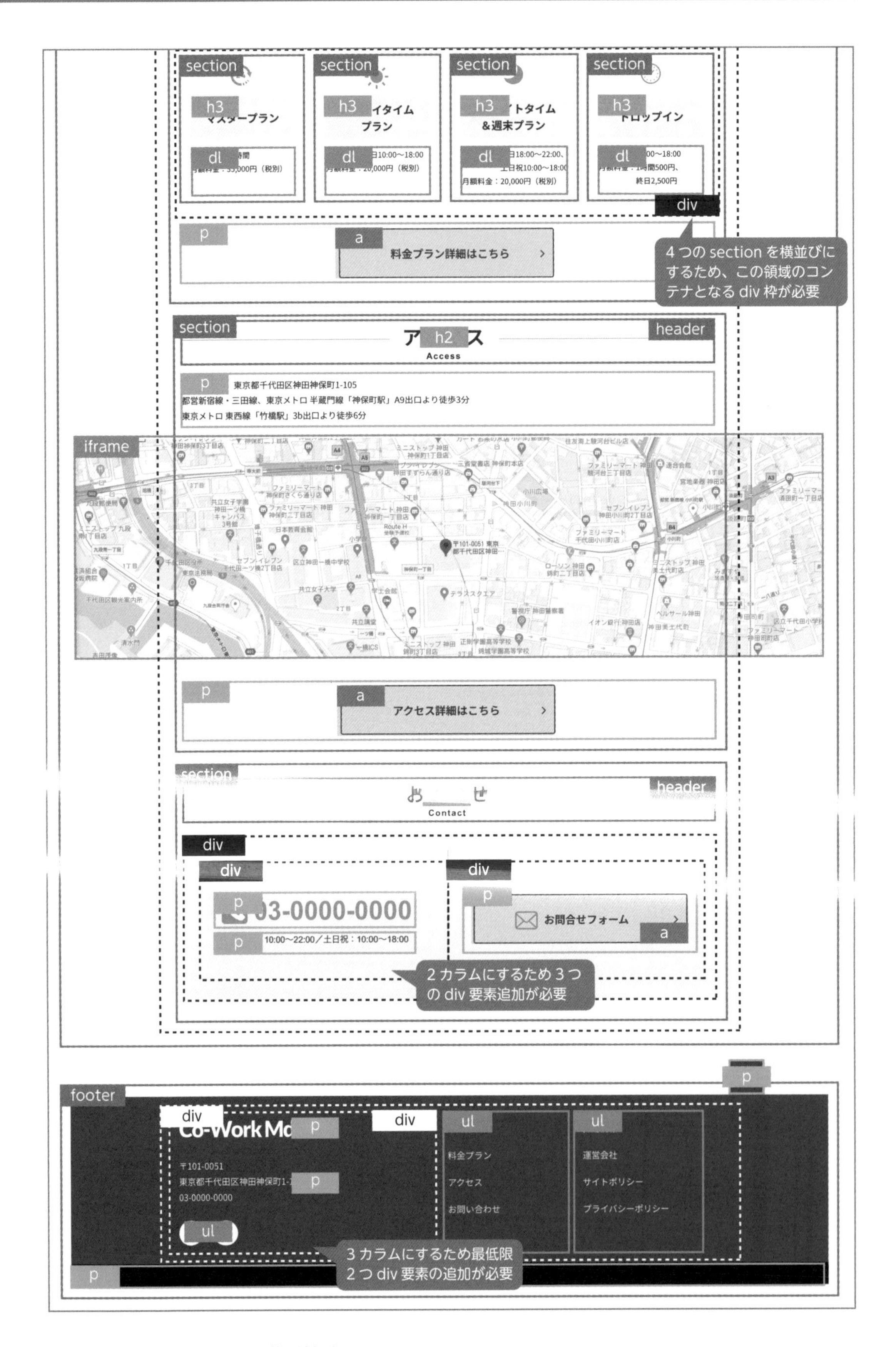
section
h3
dl
section
h3
イタイム
プラン
dl
日10:00〜18:00
月額料金：20,000円（税別）
section
h3
イトタイム
&週末プラン
dl
日18:00〜22:00、
土日祝10:00〜18:00
月額料金：20,000円（税別）
section
h3
ドロップイン
dl
00〜18:00
1時間500円、
終日2,500円
div
4つのsectionを横並びにするため、この領域のコンテナとなるdiv枠が必要
p
a
料金プラン詳細はこちら
section
header
h2
Access
p
東京都千代田区神田神保町1-105
都営新宿線・三田線、東京メトロ半蔵門線「神保町駅」A9出口より徒歩3分
東京メトロ東西線「竹橋駅」3b出口より徒歩6分
iframe
p
a
アクセス詳細はこちら
section
header
Contact
div
div
p
03-0000-0000
p
10:00〜22:00／土日祝：10:00〜18:00
div
p
お問合せフォーム
a
2カラムにするため3つのdiv要素追加が必要
p
footer
div
div
p
p
〒101-0051
03-0000-0000
ul
ul
料金プラン
アクセス
お問い合わせ
ul
運営会社
サイトポリシー
プライバシーポリシー
3カラムにするため最低限2つdiv要素の追加が必要
p

例外的なコンテンツ幅への対応

近年のWebデザイントレンドでは、コンテンツ幅を全体で固定してしまうのではなく、セクションごとに背景をブラウザ幅いっぱいまで広げるものとそうでないものを織り交ぜてリズムを作るケースが増えています。このような場合、レイアウト構造の作り方としては大きく分けて次の2パターンが考えられます 図7。

図7 幅100%に伸びるエリアが存在する場合の作り方

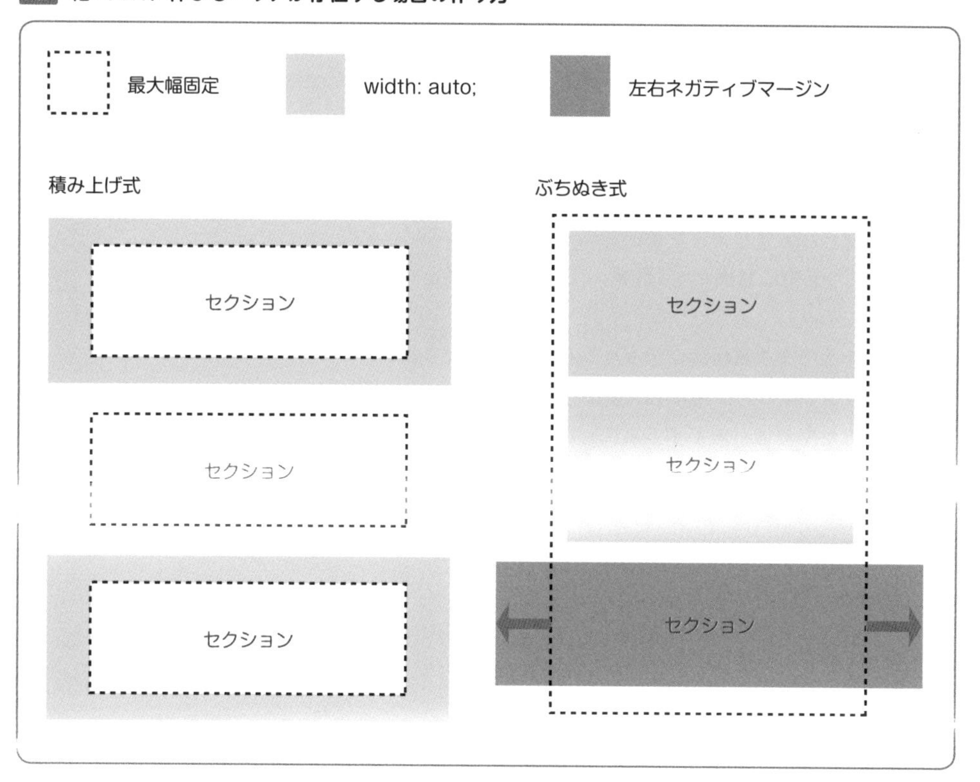

「積み上げ」式と「ぶちぬき」式のどちらでも作れますが、今回のサンプルサイトでは以下の状態でしたので、「ぶちぬき」式で作る前提としたほうがよいと判断しました。

- 幅100%コンテンツが少数で例外的
- 1つのセクション内の一部のコンテンツだけが幅100%

幅100%となるエリアが「セクション単位」であるなら、正直どちらで作っても大差はないのですが、1つのセクション内に幅100%のコンテンツと幅固定のコンテンツが混在するようなデザインの場合は、積み上げ式にするとHTML構造が非常に煩雑になってしまうため、ぶちぬき式のほうがシンプルなHTML構造を維持しやすくなります。

コンテンツ最大幅の規則性

特にPC用レイアウトにおいて、コンテンツの最大幅は常に一定であるとは限りません。多くの場合は以下のいずれかのパターンに当てはまるかと思われますので、できるだけ早い段階でその規則性を把握しておくことを推奨します。

❶コンテンツの最大幅はサイト全体を通して一律(少数の例外はあり)
❷コンテンツの最大幅が2〜3パターン程度の組み合わせでできている
❸コンテンツの最大幅に規則性がなく、バラバラ

❶の場合は最もシンプルで、コンテンツ幅を設定するための枠は1種類で済みます。❷の場合は少し面倒ですが、パターンが決まっているので必要なパターン数だけ枠の種類を用意しておけば対応可能です。問題は❸のケースです。この場合、デザイナーが意図的にそのようにしている場合もありますが、規則性を特に意識せず「感覚」で決めている場合もあります。

規則性がないデザインをそのまま盲目的にデザイン再現しようとすると、この後のCSS設計で破綻することが目に見えていますので、万一このようなデザインを見かけた場合は、着手する前に一度デザイナーと相談して、何らかの規則性を持たせるように調整したほうがよいでしょう。

Gridなら文書構造に依存しないレイアウトも可能

すべてのケースで可能とはいいませんが、Gridレイアウト（display: grid;）を使えば文書構造に関係のないレイアウト専用のdiv枠を用意しなくても、意図したレイアウトを実現できる場合があります。例えばサンプルサイトのヘッダー領域やフッター領域のinner枠も、Gridレイアウトならなくても実現できます 図8 図9 図10。

図8 ヘッダー領域のグリッドの考え方

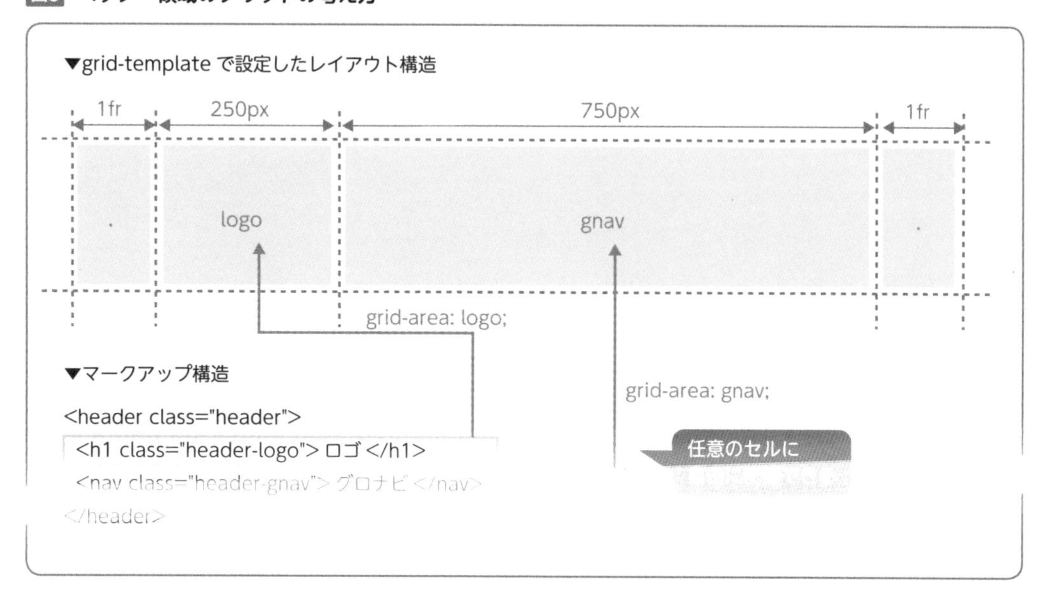

図9 Gridレイアウトを前提としたヘッダーのHTML構造（※PC用のみ抜粋）

```
<header class="header">
  <h1 class="header-logo"> ロゴ </h1>
  <nav class="header-gnav"> グローバルナビ </nav>
</header>
```

図10 Gridレイアウトを前提としたヘッダーのCSS（※1000px以上サイズの抜粋）

```
.header {
  height: 100px;
  display: grid;
  grid-template-column: 1fr 250px 750px 1fr; /* 列グリッドを設定 */
  grid-template-areas: ". logo gnav ."; /* セルに名前をつける */
  align-items: center; /* ヘッダー内で上下中央配置 */
}
.header-logo {
  grid-area: logo; /* 「logo」と命名されたセルにロゴを配置 */
}
.header-gnav {
  grid-area: gnav; /* 「gnav」と命名されたセルにグローバルナビを配置 */
  justify-self: end; /* セルの中で右寄せ */
```

Gridレイアウトのグリッド線でヘッダー領域を左余白・ロゴ・グローバルナビ・右余白の4つのセルに分割して、ロゴとグローバルナビを固定幅、左右の余白を「fr」という単位で残りの余白領域を均等に埋めるようにすることで、1000px以上でコンテンツ領域が固定幅になった時の挙動もinnerのdiv枠なしに実現できます。

このように、どのようなHTML構造が必要なのかはそのプロジェクトで使用できる技術によっても変わってくることがありますので、あらかじめ動作保証環境についてよく確認しておくようにしましょう。

CSSを設計する

このLessonでは、実務を前提としたコーディングで最も重視されることの1つであるCSS設計の考え方を理解し、一定の命名規則に沿った形でclass名を設定していきます。

CSSの設計方針を決める

サンプルサイトは10ページ程度の小規模なWebサイトですが、それなりに長く運用していくことを前提としたWebサイトのため、何らかのCSS設計は必要となります。

24ページ、**Lesson1-04**参照。

CSS設計とは、より具体的にいうと**「セレクタの命名規則と運用方針」**と言い換えることができます。今回のサンプルサイトでは、基本ルールとしてまず以下の3点を抑えておくようにしたいと思います。

❶id属性ではなく**class属性**でスタイル管理する
❷原則として見た目ではなく**役割**を表す名称をつける
❸使用箇所、種別、用途等が名前から判別しやすいよう、**特定の構造を持った書式**で統一する

❸がいわゆる「命名規則」と呼ばれるものになります。Webサイトで使われるスタイルを「分類・管理」できるようにするため、class名を構造化してルール化したものだと理解してください。詳しくは各ブロックのclass設計を解説する中で紹介していきたいと思います。

memo

どのようにスタイルを分類・管理するのがベストなのかはサイトの規模や性質だけでなく、開発運用体制といったものにも影響されるため、すべてのサイトに共通してベストであるといえるものはありません。
このLessonで採用したルールについては、ある程度CSSに習熟した技術者が運用する小規模～中規模程度の案件を想定したルールとなっています。

ヘッダーエリアの命名

ヘッダーエリアの命名は以下のように設定します図1。

図1 ヘッダーエリアの命名

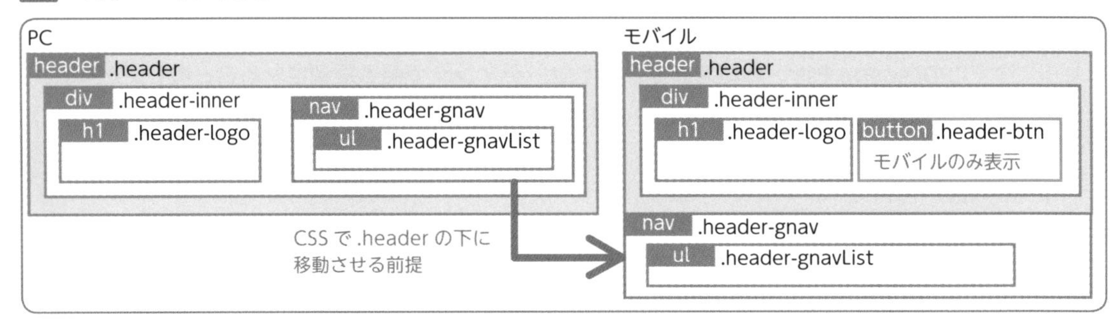

ヘッダーエリアは全体として「サイトヘッダー」としての役割を持った大きな部品であり、ロゴ・ハンバーガーボタン、グローバルナビといった固有の部品を内部に持っています。こうした役割とその構造、内包する部品の所属を明らかにするため、親要素であるheader要素を「.header」とし、内包する部品にはその名称を継承して「.header-inner」「.header-logo」「.header-btn」「.header-gnav」といった**［親ブロック名］-［子ブロック名］**の形式で命名をしています。基本的に特定の所属部品を持つ大きなエリアについてはすべてこの形式を採用することにします。

フッターエリアの命名

フッターエリアの命名は以下のように設定します図2。

図2 フッターエリアの命名

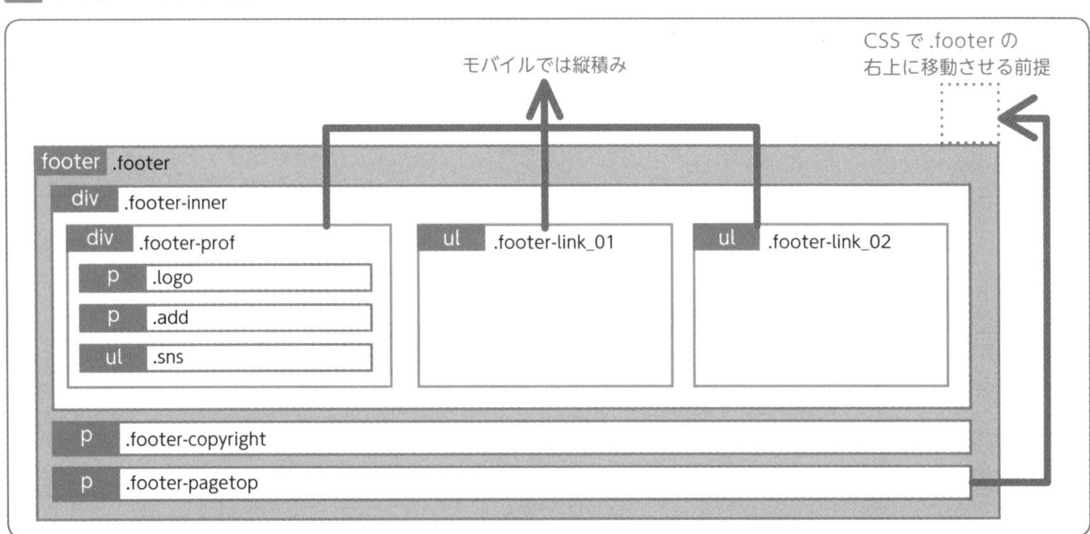

基本的な考え方はヘッダーと同じです。運営組織の情報を集めた「.footer-prof」のブロックには、さらにその下に「.footer-prof」固有の部品が所属していますが、子ブロック内の固有の部品（親ブロックから見たら孫に当たる部品）については、**親を継承しない単体のclass名をつけ、「.footer-prof .logo」のように子孫セレクタでの指定を許可**する形としています。

memo

子孫セレクタでの指定を許可せず、「.footer-prof-logo」のように単体のセレクタとしても何ら問題ありません。この辺りの細かいルールは「決め」の問題になります。

コンテンツエリアの大枠の命名

コンテンツエリアの大枠の命名は以下のように設定します図3。

図3 コンテンツエリアの命名

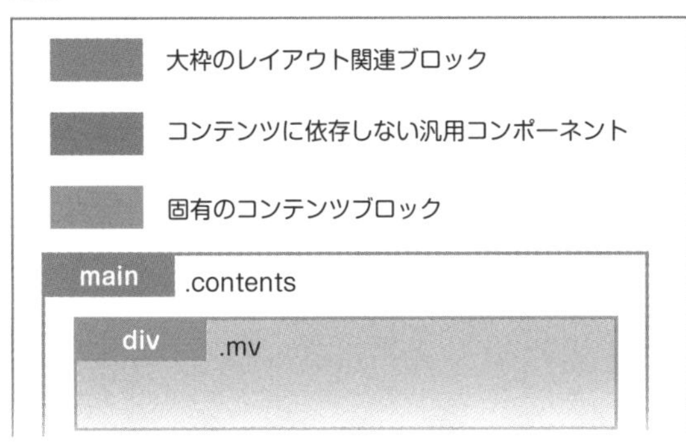

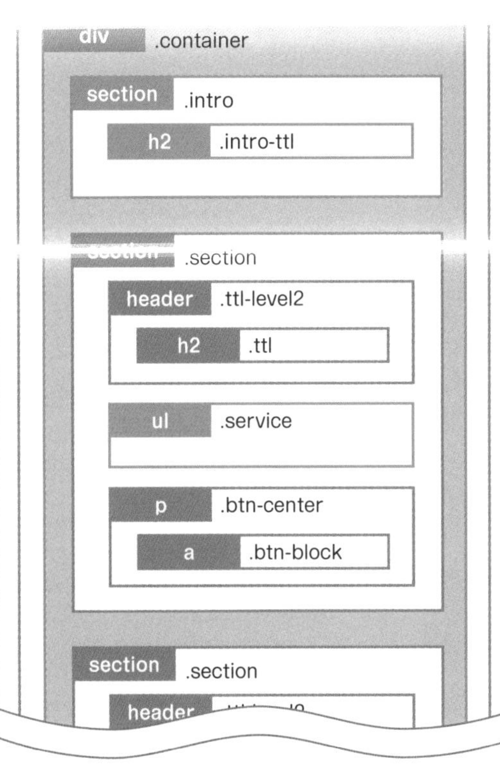

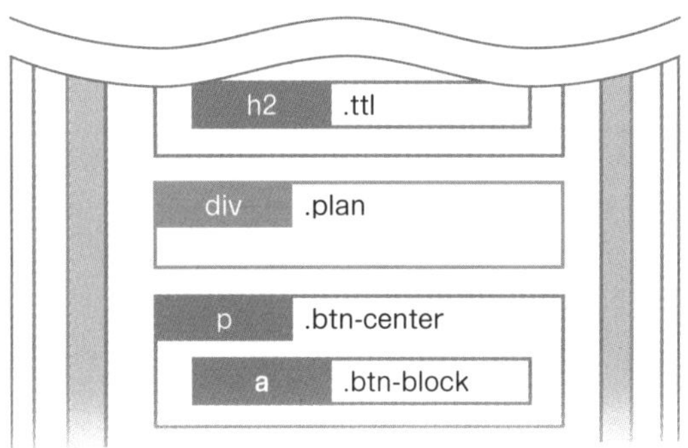

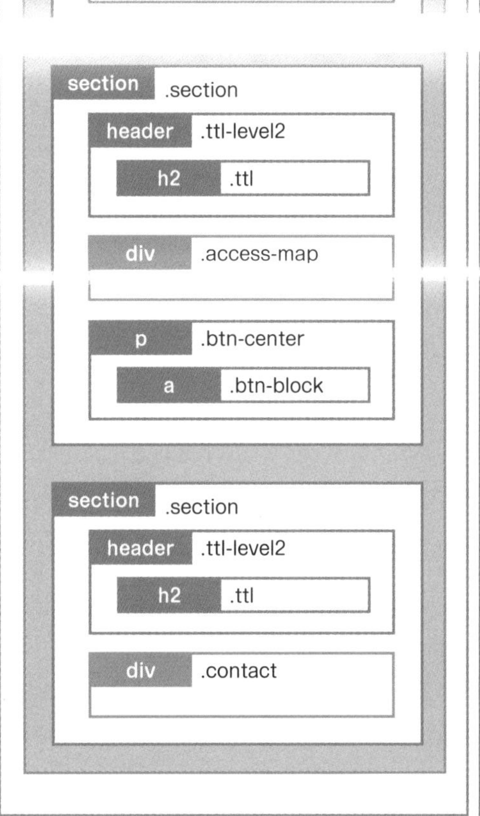

大きな構造としてコンテンツエリア全体（main要素）を「.contents」とし、その中を「.mv（メインビジュアル）」と「.container（各コンテンツセクションのコンテンツ幅を設定する枠）」に分けています。

.conatinerブロック内には見出しh2を伴う各sectionが並びますが、導入部以外はセクションの上下余白、大見出しスタイル、ボタンスタイルなどは共通となっていますので、**汎用コンポーネント**として命名しています。

バリエーション展開が必要な部品の命名

今回のデザインパーツの中には「基本的にデザインはまったく同じだけど、一部だけ違う」という性質のものがいくつかあります。「ボタン」と「料金プラン一覧」がそれに該当します 図4。

図4 ボタンと料金プラン一覧のバリエーション

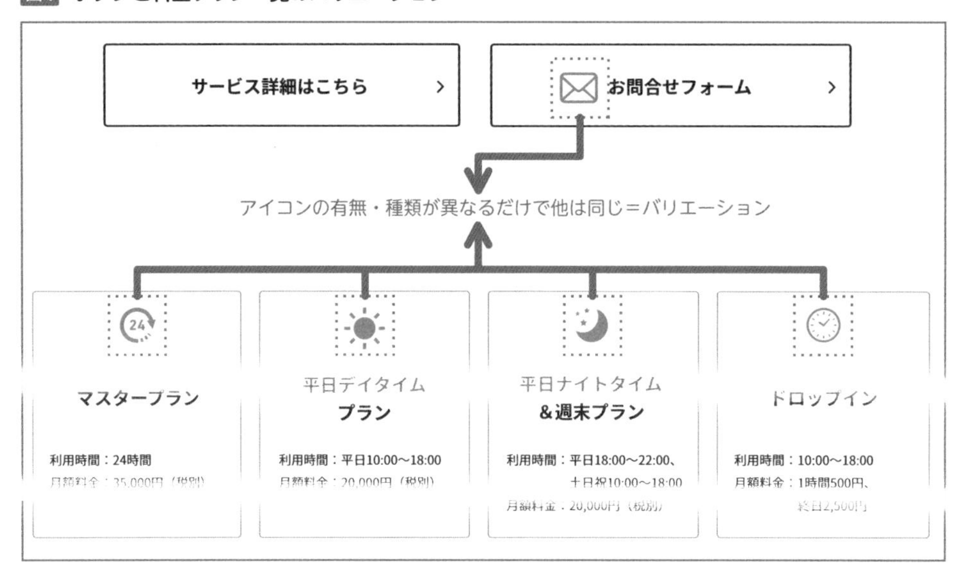

たとえ一部だけだったとしても見た目が違うところがあるわけですから、何らかの名前をつけて区別しないとこれらのデザインは再現することができません。だからといってすべて違う名前にしてしまうと、バリエーションが増えたり、共通部分に変更が入った場合に非常に手間がかかりますし、コードにも無駄が多くなってしまいます。

そこでこのような場合は以下のように「バリエーション展開」できるよう、「共通部分をコントロールするclass」と「バリエーション部分をコントロールするclass」に分割してスタイルを管理すると管理効率がよくなります 図5。

> **memo**
> バリエーションがある場合でも**[親ブロック名]-[子ブロック名]_[バリエーション]**といった形でシングルクラス運用もできます。ただ、この規則だとバリエーションの数が多い場合に共通部分のスタイルを重複して何度も記述しなければならなくなるため、生のCSSで開発・運用するようなケースではあまりおすすめできません。どうしてもシングルクラス運用にしたければ、Sassなどで共通部分を一元管理できる環境の構築を検討しましょう。

図5 バリエーション展開可能なclass設計

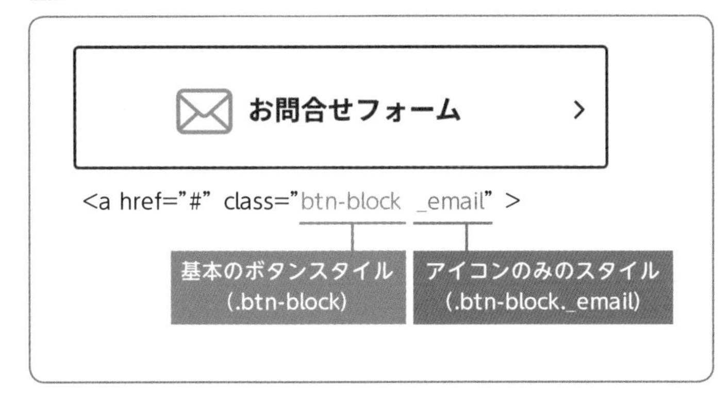

今回の基本的なclass設計の考え方は何となく理解できたでしょうか？なお、CSSの設計ルールは**「コーディングガイドライン」**という形で明文化しておくことをおすすめします。

24ページ、**Lesson1-04**参照。

以下に、今回のコーディングガイドライン図6を掲載しておきますので、サンプルデータのHTMLと照らし合わせながら細かいところまで一度目を通しておくようにしてください。

図6 サンプルサイトのコーディングガイドライン

基本ルール

- id 属性ではなく class 属性でスタイル管理する
- 原則として見た目ではなく「役割」を表す名称をつける
- 使用箇所、種別、用途等が名前から判別しやすいよう、特定の構造をもった書式で統一する
- スタイルは原則として単体の class セレクタで管理するが、一定の条件化では子孫セレクタも許容する
- バリエーション、ステータス、ユーティリティなどの管理にはマルチクラスで対応する

基本の命名規則

[親ブロック名]-[子ブロック名]_[連番]

CSS

```
.header
.header-logo
.footer-link_01
```

- id 属性ではなく class 属性でスタイル管理する
- 原則として見た目ではなく「役割」を表す名称をつける
- 使用箇所、種別、用途等が名前から判別しやすいよう、特定の構造をもった書式で統一する
- スタイルは原則として単体の class セレクタで管理するが、一定の条件化では子孫セレクタも許容する
- バリエーション、ステータス、ユーティリティなどの管理にはマルチクラスで対応する

汎用モジュールの命名規則

[種別接頭辞]-[固有名]_[連番]

CSS

```
.ttl-level2
.btn-block
```

ボタン、リンク、見出し、表組み、枠飾りなど、各所で繰り返し利用される汎用的なモジュールの場合、その種別を表す以下の接頭辞をつけて管理する

- ボタン（.btn-）、見出し（.ttl-）、リンク（.link-）、リスト（.list-）、表組み（.table-）、枠飾り（.frame-）等

特定の部品の中でのみ使用する子要素

構成する部品が多い場合、特定の部品の中でしか使用されない子要素であれば識別子を持たない単体の class をつけてもよい。また、HTML 構造が限定される場合は class をつけず子孫セレクタで要素を指定してもよい

例 1

```
<header class="ttl-level2">
  <h2 class="ttl"> サービス <span lang="en">Service</span></h2>
</header>
→ .ttl-level2 .ttl {...}
```

例 2

```
<ul class="header-gnavList">
  <li><a href="/service/"> サービス <span lang="en">Service</span></a></li>
  <li><a href="/price/"> 料金プラン <span lang="en">Price</span></a></li>
  <li><a href="/access/"> アクセス <span lang="en">Access</span></a></li>
  <li><a href="/contact/"> お問合せ <span lang="en">Contact</span></a></li>
</ul>
→ .header-gnavList li {...}
```

バリエーション

同じ部品のバリエーションの違いを表現したい場合、「アンダースコア（_）」で始まる単体のバリエーション用 class をマルチクラスで設定する

HTML

```
<a href="/service/" class="btn-block"> サービス詳細はこちら </a>
<a href="/contact/" class="btn-block _email"> お問合せフォーム </a>
```

「_email」がバリエーション用 class。.btn-block._email {...} のように基本の class 名に連結してセレクタを作る

ステータス（状態）

「選択／非選択」「開く／閉じる」「マウスオーバー／マウスアウト」など、同じ部品のステータス（状態）違いを表現するための class は、「is-」で始まるステータス用の class をマルチクラスで設定する

HTML

```
通常時 <body>
SP メニュー OPEN 時 <body class="is-openMenu">
```

デザインカンプから素材とデータを抽出

最後に、実装前の最後の準備作業である画像素材の書き出しと、デザインカンプからの各種データの抽出方法を確認しておきましょう。

画像素材と各種データの抽出

各種設計が完了したら、デザインカンプの中からHTMLを組むのに必要な画像・テキストデータ、CSSを組むのに必要な色やサイズなどの数値データを取得する工程が必要となります。このLessonではデザインカンプから必要なデータや情報を取得する方法について解説していきます。

サンプルサイトのデザインカンプデータ

デザインカンプ作成ツールはAdobe XDやPhotoshopのほか、Sketch、Figmaなどさまざまなツールがあります(次ページ図1)。当然そこからの素材やデータの抽出方法はそれぞれのツールの操作方法を覚えて対応しなければなりません。

22ページ、**Lesson1-03**参照。

今回はAdobe XDで作成されていますのでXDを前提として解説しますが、やらなければならないことはどのツールでも同じです。ツールの操作方法ではなく、**「どんなデータを抽出しなければならないのか」**という点に注目するようにしましょう。

図1 デザインカンプ作成でよく使われるツール例

Adobe Photoshop
(https://www.adobe.com/jp/products/photoshop.html)

Adobe XD
(https://www.adobe.com/jp/products/xd/details.html)

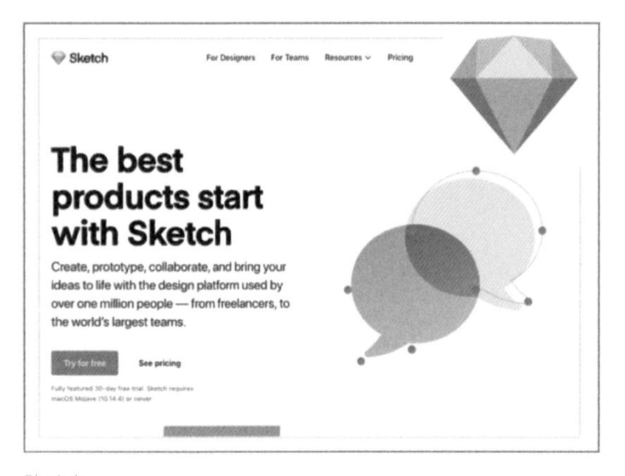

Sketch
(https://www.sketch.com/)

Figma
(https://www.figma.com/)

デザインカンプから取得するデータ

デザインカンプから取得する必要があるデータは次のとおりです。

- テキストデータ(原稿)
- 色情報(文字色・線色・背景色)
- 要素のサイズ(width/height)
- 余白・位置情報(margin/padding/top/bottom/left/right)
- 画像素材(img画像、背景画像)

コーディング担当者はこれらの情報をもれなく取得し、HTML・CSSに反映させる必要があります**図2**。

図2 デザインカンプから取得する各種情報例

Co-Work MdN
サービス
Service
料金プラン
Price
アクセス
Access
お問合せ
Contact
神保町駅徒歩3分の 駅チカに、
24h OPEN※の コワーキングスペース誕生!!
※マスタープラン会員のみ
2020年8月OPEN
東京メトロ「神保町駅」から徒歩3分の駅チカに、
コワーキングスペース「Co-Work MdN」が誕生しました。
24時間利用可のマスタープラン・平日デイタイムプラン・ナイト＆週末プランなど
豊富な月極プランの他、
会員登録なしで気軽に立ち寄れるドロップインも可能。
お気軽にお立ち寄り・お問い合わせください！

▼サイズ関連の確認事項

←→ ・ブロック領域の幅と高さ（width・height）
・画像の幅と高さ（width・height）
・要素間の距離（margin）
・ブロック境界とコンテンツの距離（padding）
・基準となる領域の境界からコンテンツまでのX軸Y軸方向の距離（left, right, top, bottom）

▼文字スタイル関連の確認事項

テキスト ・文字サイズ（font-size）
・文字色（color）
・行間（line-height）
・文字間（letter-spacing）
・フォント（font-family）
・太さ（font-weight）

※PC／モバイルそれぞれについて各種サイズ・文字スタイル情報を確認する必要があります。

▼その他の確認事項

エリアに背景色や背景画像が設定されている場合は、背景関連の各種情報も調べておきましょう。
・背景色（background-color）
・背景画像（background-image）
※背景画像を使う場合は配置・繰り返し・サイズ等の関連プロパティも確認する必要があります。

テキスト・色・要素サイズの各種データ取得

XDには複数人でコラボレーション作業をしやすくするため、共有リンクを発行してブラウザ上でデザインや開発情報をやり取りするための機能が備わっています。共有リンクを発行する際に表示設定を「開発」に設定図3しておけば、ブラウザ上でテキストデータや色・フォント・各種サイズといった開発に必要な情報を簡単な操作で取得できるようになります。XDファイル本体からでももちろん取得できますが、テキスト情報など、開発用の共有リンク（デザインスペック）からのほうが取得しやすいものもあるのでぜひ活用しましょう。

memo
1人でデザイン・コーディングする場合には無理に開発用共有リンクを発行する必要はありませんが、現場では共同作業するケースも多いため、ここではデザインスペックを介した素材の抽出をメインに解説しています。

図3 開発用の共有リンクの発行

まずは発行された共有リンクにブラウザでアクセスして、デザインスペック画面を表示図4した後、画面上で情報を取得したい箇所をクリックします。

図4 デザインスペックの表示

index > index-pc
50%
デザインスペック
画面を表示
画面の詳細
ビューポートのサイズ 1400 × 3000
デザインのサイズ 1400 × 4130
プロパティパネル
アセット
カラー
Hex
デザイン画面
Co-Work MdN
サービス Service
料金プラン Price
神保町駅徒歩3分の 駅チカに、
24h OPEN の コワーキングスペース誕生!!
2020年8月OPEN
東京メトロ「神保町駅」から徒歩3分の駅チカに、
コワーキングスペース「Co-Work MdN」が誕生しました。
24時間利用可のマスタープラン・平日デイタイムプラン・ナイト＆週末プランなど
豊富な月極プランの他、
会員登録なしで気軽に立ち寄れるドロップインも可能。
Adobe XD で作成
1/3

例えば導入部の本文のテキストデータをクリックすると、右側のパネルに各種詳細情報が表示されます図5。詳細画面に表示された情報は、クリックするだけでクリップボードにコピーされるため、そのままHTMLやCSSにペーストできます。

図5 デザインスペックの詳細画面

神保町駅徒歩3分の駅チカに、
24h OPEN のコワーキングスペ
②プロパティパネルの
中身が変わる
※フォント名、色コード、コンテンツテキストはクリックするだけでコピー可能です。ドラッグして選択する必要がないため、数が多くなってくるとXD本体からの抽出に比べてメリットが実感できるようになってきます。
①情報取得したい
要素をクリック
2020年8月OPEN
738
東京メトロ「神保町駅」から徒歩3分の駅チカに、
コワーキングスペース「Co-Work MdN」が誕生しました。
24時間利用可のマスタープラン・平日デイタイムプラン・ナイト＆週末プランなど
豊富な月極プランの他、
会員登録なしで気軽に立ち寄れるドロップインも可能。
お気軽にお立ち寄り・お問い合わせください！
209
Noto Sa
サイズ 20px 整列 Center
0px 36 0
アピアランス
Hex
カラー
不透明度 100%
③欲しいデータを
クリック
④コピー完了！
コンテンツ がコピーされました ×
東京メトロ「神保町駅」から徒歩3分の駅チカに、コワーキングスペース「Co-Work MdN」が誕生しました。24時間利用可のマスタープラン・平日デイタイムプラン・ナイト＆週末プランなど豊富な月極プランの他、会員登録なしで
Adobe XD で作成

余白サイズの取得

要素と要素の間の距離（余白サイズ）を取得する場合には、ある要素をクリックした後、その要素との距離を測りたい別の要素の上にマウスカーソルを乗せてください図6。この数値は表示されるだけでコピーはできないので、どこかにメモをしておくか、調べたらすぐにCSSに記述するようにしましょう。

memo

XD本体ファイルで要素間の距離を計測する際には、ある要素をクリックした後、⌘キーを押しながら距離を測りたい別の要素の上にマウスカーソルを乗せます。

※Windows環境では⌘をCtrlに読み替えてください。

図6 要素間の距離の計測

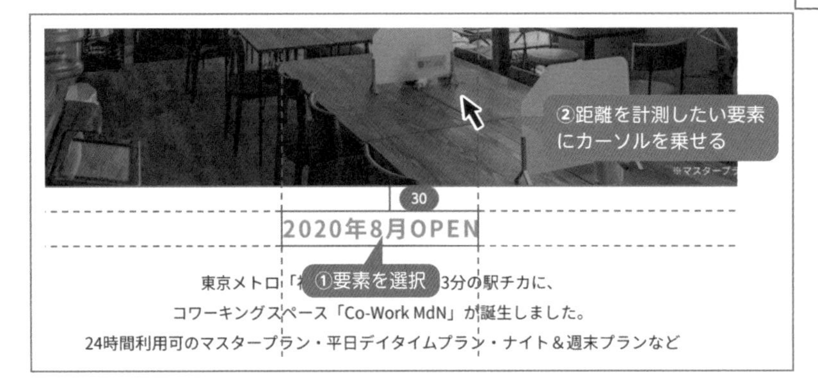
②距離を計測したい要素にカーソルを乗せる
30
2020年8月OPEN
①要素を選択
東京メトロ「 3分の駅チカに、
コワーキングスペース「Co-Work MdN」が誕生しました。
24時間利用可のマスタープラン・平日デイタイムプラン・ナイト＆週末プランなど

ロゴ・アイコン画像素材の取得

ロゴやアイコンのようなベクトルデータ素材については、XDファイルで書き出し対象に設定した上でアセットのダウンロードを可能にすれば、共有リンク上のアセット一覧からデータをダウンロードすることもできます図7。

写真などのビットマップ素材についても、同様の手順でダウンロードできますが、ビットマップ素材の場合は2020年7月現在、アセット経由だとPNGかPDF形式でしかダウンロードできないため、**JPEG形式で書き出しが必要な場合はXD本体ファイルからの書き出しが必須**となります。

> **memo**
> XDは現在、画像の書き出し周りの機能がやや弱い印象があります。ただし、頻繁にアップデートが行われているため、将来的には本書に記載されたような問題点も解消される可能性があります。

図7 アセットからダウンロード

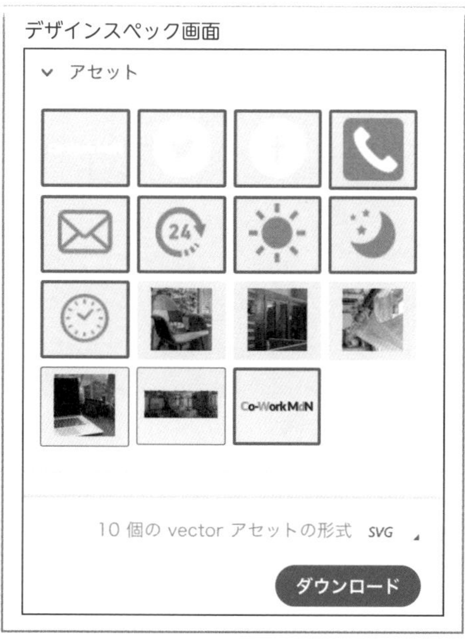

レスポンシブイメージの書き出し

メインビジュアル画像のようにPCとモバイルで異なるアスペクト比で画像を表示したい場合には、あらかじめこの**アスペクト比の違いをどのような方法で実装するのか決めてから、それに合わせた画像素材を書き出す**必要があります。

基本的には、次の2パターンのどちらかを選択しましょう。

❶**PCとモバイルで共通の画像**を使用し、CSSでトリミングだけ変更する（background-size、object-fit等）
❷**PCとモバイルで別々の画像**を使用し、表示を切り替える（picture要素、display切り替え等）

❶の方法は、同じ画像で異なる表示領域を見せることになりますので、デザインカンプ上で用意されているサイズの画像をそのまま使うことは多くの場合できません。この場合は**PCレイアウトで見せたい領域とモバイルレイアウトで見せたい領域の全てを含むサイズの画像を別途作成する**必要がありますので要注意です 図8。また、この方法の場合はブラウザ幅に応じて画像の表示領域も変化しますので、**画像の上下または左右が見切れる**状態になります。絶対に見せたい部分は中央に寄せておくなど、素材作成上の配慮が必要となりますので、その点にも注意が必要です。

図8 同じ素材を異なるアスペクト比で表示させたい場合の画像素材

❷の方法は、デザインカンプで用意されているサイズの画像をそれぞれそのまま書き出せばよいだけなので、書き出し作業としては特に難しいことはありません。ただし、モバイル用のデザインカンプが原寸サイズで作られている場合には、そのまま等倍で書き出したのでは解像度が不足してしまうため、必ず最低でも2倍サイズにして書き出す必要があります。

今回はpicture要素で実装する前提ですので、PC・モバイルカンプからそれぞれの画像レイヤーを選択して、「選択した項目を書き出し...（⌘E）」で書き出します。ただしモバイル用はアートボードが375px等倍であるため、書き出し先を「Web」、デザイン倍率を「1x」として等倍・2倍両方書き出されるようにしておきましょう 図9。

memo

Photoshopカンプの場合はアートボード自体が2倍サイズで作られることが多く、XDやFigmaなどではアートボードは等倍サイズで作られることが多い傾向にあります。どのツールであっても事前にアートボードのサイズを確認しておくようにしましょう。

memo

XDにはレイヤーごとに「書き出し対象」に設定された画像を一括して一度に書き出す機能がありますが、今のところ一括書き出しではファイル形式を個別に指定できません。XD本体から画像を書き出す場合は、面倒でも1つずつ個別にファイル形式を指定して書き出すようにしましょう。

図9 XDからの画像の書き出しと設定

オブジェクトの書き出し

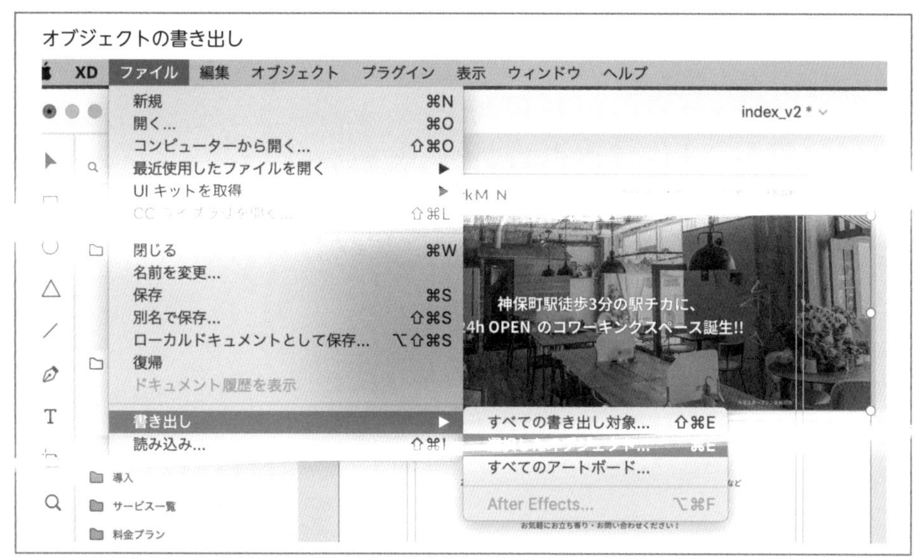

等倍画像のみ必要な場合

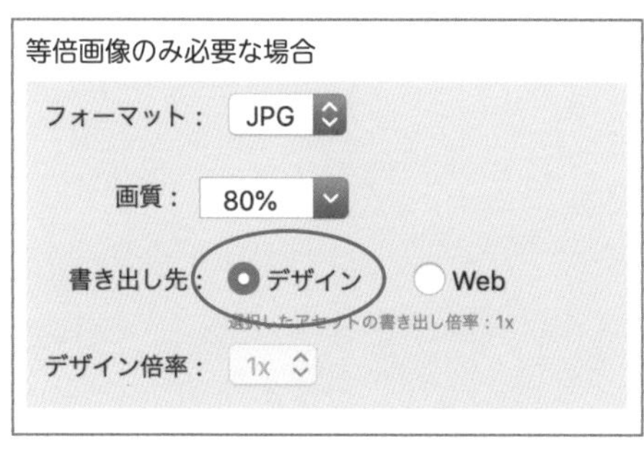

等倍画像と 2 倍画像両方必要な場合

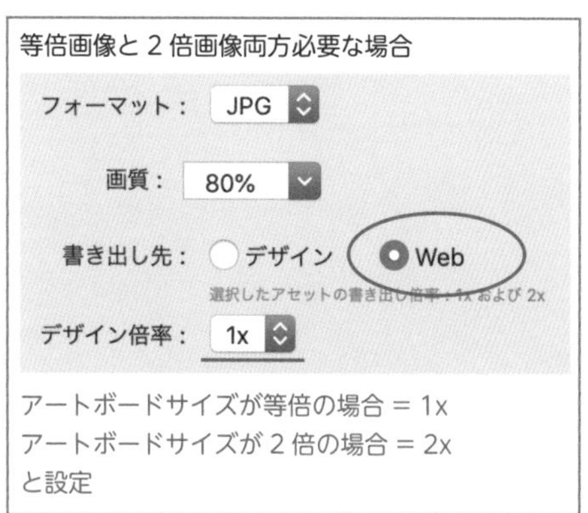

アートボードサイズが等倍の場合 = 1x
アートボードサイズが 2 倍の場合 = 2x
と設定

画像ファイルの命名規則

画像素材を書き出す際には、あらかじめ対象画像のレイヤー名を画像ファイル名にしておくと効率的です。また、CSSセレクタの命名でスタイルを分類・管理したのと同様に、画像もあらかじめ命名規則を決めておきましょう。ポイントは、**「一覧表示した時に同一カテゴリごとにまとまる」「名前だけで何の画像か推測できる」**ようにしておくことです図10。

図10 画像命名規則の例

①種別識別子 _②部品名 _③連番

【種別識別子の例】

- 写真… ph_
- イラスト… ill_
- ボタン… btn_
- 背景… bg_
- アイコン… ico_
- ロゴ… logo_

実装前の設計・準備作業の重要性

Lesson4ではデザインカンプを渡されてから実際にHTML・CSSを書きはじめる前までに行う設計・準備工程を一通り解説してきました。手を動かしはじめる前には、仕様確認・マークアップ設計・レイアウト設計・CSS設計・素材の書き出し等、実に多岐にわたる作業があることがわかるかと思います。これらの設計・準備工程にはそれなりの時間がかかりますが、ここを疎かにすると、必ず後で何らかの問題が生じることになります。

スケジュールを立てる際にも、あらかじめ設計・準備工程に当てる日数を確保しておくようにしましょう。

Lesson 5

BEMを使ったCSS設計

ここでは、CSS設計にBEMの設計手法を取り入れて、コンポーネントの単位に切り分けて進めるサイト制作を見ていきます。長期的な視点でメンテナンスしやすいサイトの設計手法のポイントを学習しましょう。

読む　準備　設計　制作

完成形を確認する

THEME テーマ

Lesson5でサンプルとするサイトは、架空のフラワーショップのECサイトです。トップページ、商品ページ、購入ページの3ページで構成されます。まずはデザインカンプでレイアウト全体構造を把握しましょう。

サンプルサイトのデザインの確認

Lesson5ではサンプルとなるWebサイトを題材にして、HTMLとCSSの基本を習得した方が次に学びたい「コンポーネント設計」「ブレイクポイントの決定」「コンポーネントのCSS設計」の技術を中心に解説します。

コンポーネント設計

Webサイト全体を確認し、細かい区切りをつけてサイト全体で使用できるパーツとして制作する手法です。サイト全体で共通箇所の多い、中規模以上のサイトで使われます。**Lesson5**ではコンポーネント設計の基本的な考えを解説します。

ブレイクポイントの決定

サンプルサイトのデザインカンプの横幅サイズから、実際のブレイクポイントの決定までを解説します。また、GoogleのMaterial Designについても解説します。

コンポーネントのCSS設計

追加や修正で設計が破綻しないCSS設計をBEMやPRECSSなどの設計方法を解説します。

サンプルサイトではBEMやPRECSSなどの設計方法を取り入れつつ、コンポーネント設計に適したアレンジを加えたCSS設計を採用しています。

では、サンプルサイト全体のデザインを確認してみましょう 図1 図2。

サンプルサイトは、モバイルは幅375px、PCは幅1280pxで作成されています。今回はモバイルファーストで制作を行い、タブレットはモバイルデザインをベースにレイアウトを調整していきます。

なお、サンプルサイトは、Adobe XDのコンポーネントワイヤーフレームUIキット「Wires jp 2.0」をベースに制作しています。

memo

「Wires jp 2.0」は、コンポーネントを利用したデザイン設計に適したUIキットです。Webサイトのデザインでよく使われるUIデザインが一通り揃っています。

・Wires jp on Behance
https://www.behance.net/gallery/67284971/Wires-jp

図1 モバイル表示用のデザインカンプ

トップページ

詳細ページ

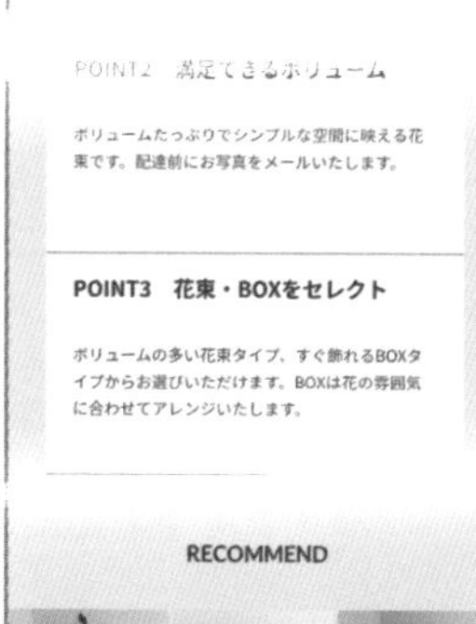

カートページ

図2 PC表示用のデザインカンプ

トップページ

カートページ

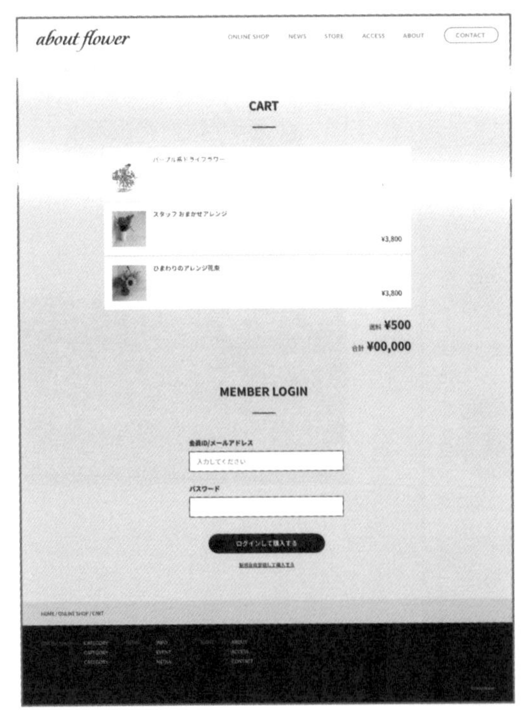

詳細ページ

HTML制作の準備

サンプルサイト全体のデザインと構造を確認した後は、コーディング用のフォルダとファイルを確認しましょう。サンプルサイトの完成形と学習用のフォルダが準備されていますので、順番に解説していきます。

サンプルサイトのフォルダ構造について

サンプルサイトのフォルダは、完成形の「Lesson5_fix」と学習用の「Lesson5_sample」の2つに分かれており、それぞれのフォルダ設計は図1のようになっています。各フォルダの説明は図2を参照してください。

図1 サンプルサイトのフォルダ構造

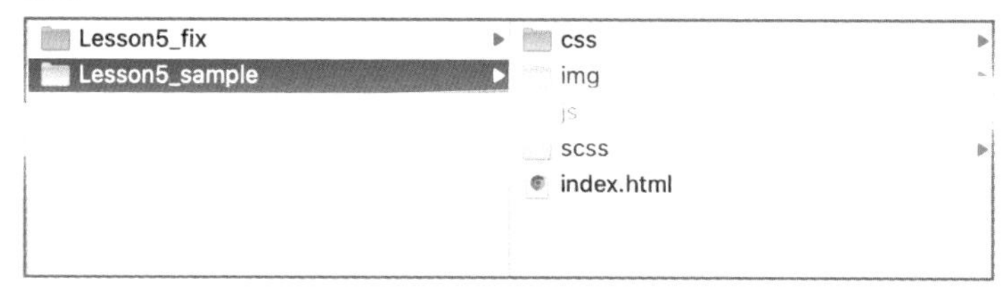

Lesson5_sample

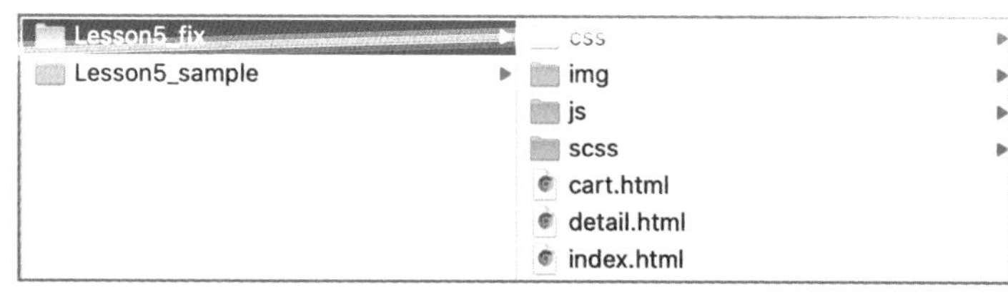

Lesson5_fix

memo

SCSSの制作環境については、Lesson6の226ページを参照してください。

図2 フォルダの説明

フォルダ名	説明
css	SCSS ファイルから生成された CSS ファイルを格納します。vendor フォルダ内にリセット CSS「ress.min.css」が格納されています
img	jpg、gif、svg、png など、すべての画像を格納します。書き出した画像データが格納されています
js	JavaScript ファイルを格納します。script.js に JavaScript を記述します
scss	scss ファイルを格納します

完成形の「Lesson5_fix」のHTMLファイルは図3のようになっています。

図3 HTMLファイル

ファイル名	説明
index.html	トップページの HTML
detail_.html	詳細ページの HTML
cart.html	カートページの HTML

HTMLファイルの説明

学習用データ「Lesson5_sample」フォルダ内の「index.html」のHTMLファイルのコードは図4のようになっています。

これらを複製して「detail_.html」と「cart.html」の作成を進めます。

図4 index.html

```
<!DOCTYPE html>
<html lang="ja">
<head>
  <meta charset="utf-8">
  <meta http-equiv="X-UA-Compatible" content="IE=edge">
  <title>About Flower オンラインショップ</title>
  <meta name="description" content="">
  <meta name="keywords" content="">
  <meta name="viewport" content="width=device-width, initial-scale=1, maximum-scale=1">
  <meta name="format-detection" content="telephone=no">
  <!--CSS-->
  <link rel="stylesheet" href="https://unpkg.com/swiper/swiper-bundle.min.css">
  <link href="https://fonts.googleapis.com/earlyaccess/notosansjapanese.css" rel="stylesheet">
  <link rel="stylesheet" href="https://unpkg.com/ress/dist/ress.min.css">
  <link rel="stylesheet" href="css/style.css">
</head>
<body>
  // ここにHTMLを記述します
  <script src="https://code.jquery.com/jquery-3.4.1.min.js" integrity="sha256-CSXorXvZcTkaix6Yvo6
HppcZGetbYMGWSFlBw8HfCJo=" crossorigin="anonymous"></script>
  <script src="https://unpkg.com/swiper/swiper-bundle.min.js"></script>
  <script src="https://cdnjs.cloudflare.com/ajax/libs/object-fit-images/3.2.4/ofi.min.js"></script>
  <script src="js/script.js"></script>
</body>
</html>
```

SCSSファイルの説明

学習用データ「Lesson5_sample」フォルダ内の「style.scss」のSCSSファイルのコードは図5のようになっています。

Baseにはサイト全体の指定が格納されています。

Layout、Component、ElementにはCSS設計に合わせて分類された接頭辞ごとにSCSS指定を記述します。

memo

Layout、Component、ElementについてはLesson5の205ページを参照してください。

図5 style.scss

```
/* ============================================================================
    Base
============================================================================ */

@import "mixin"; // サイト全体の mixin 指定
@import "animation"; // アニメーションのデフォルト指定
@import "breakpoint"; // ブレイクポイントのデフォルト指定
@import "font"; // サイト全体のフォント指定
@import "function"; //SCSS の変数指定
@import "reset"; // リセット CSS 指定

/* ============================================================================
    Layout
============================================================================ */

// ここに Layout の Scss を記述します

/* ============================================================================
    Component
============================================================================ */

// ここに Component の SCSS を記述します

/* ============================================================================
    Element
============================================================================ */

 // ここに Element の SCSS を記述します
```

コンポーネントの設計

THEME テーマ

HTMLの詳細なマークアップに入る前に、コンポーネントを設計する視点でデザインカンプから構造を読み取っていきます。サイト全体で共通する部分とユニークな（固有の）部分を洗い出します。

コンポーネント設計の考え方

コンポーネント設計とは、図1のようにサイトを要素ごとに区切り、サイトのどの箇所でも使えるようにする制作手法のことです。このサンプルサイトはコンポーネント設計で制作していきます。

コンポーネントの制作進行では、詳細なコーディングに着手する前に、まずサイト全体の共通部分とユニーク部分を洗い出します。

共通部分とは複数のページで使用する箇所で、サンプルサイトではヘッダー、フッター、商品一覧などの箇所になります図2。

それに対してユニーク部分とは、固有のページで1回のみ使用する箇所です。サンプルサイトではトップページのスライダー、購入フォームなどの箇所になります。

共通部分から制作を先に進めるとページの枠組みができるので、ページの量産に適しています。その後、ユニーク部分を作成しページを完成していきます。サイト全体で使い回す部分を把握しないで制作を進行すると、複数人で制作する場合は把握が難しくなり、ページごとに似たコンポーネントが作られてしまう可能性があります。

サンプルサイトをコンポーネント単位に区切ったものが次の図となります。コンポーネントはほかのページにも使い回せる部品としてHTML／CSS設計を行います。

memo

コンポーネント単位に細かく区切ることで、実際の工数が算出しやすいというメリットがあります。使い回す共通コンポーネントが多いページとユニークなコンポーネントが多いページで、実装工数に差が出てきます。

図1 サイト全体をコンポーネント単位に区切る

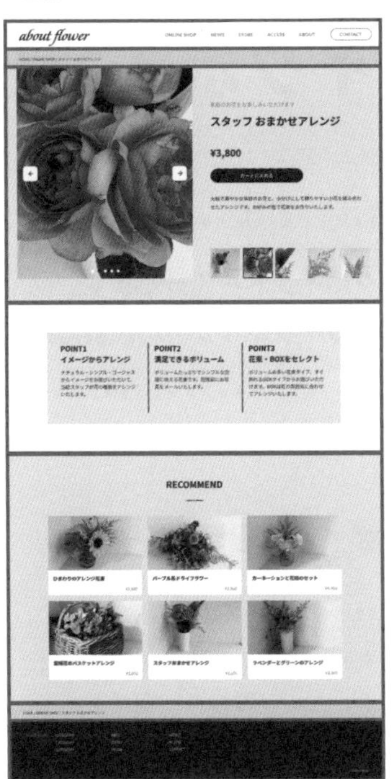

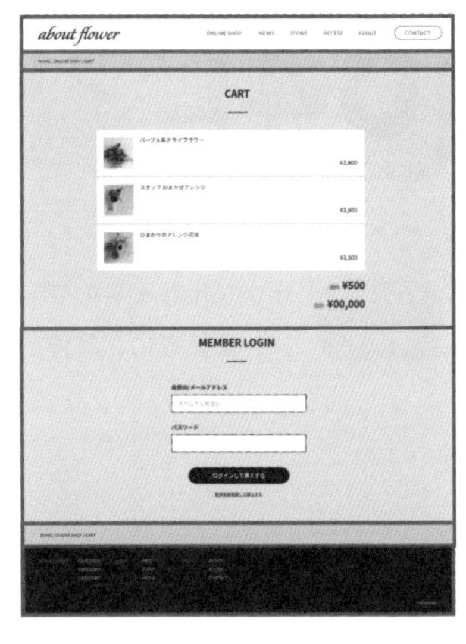

図2 サイトの共通コンポーネント箇所

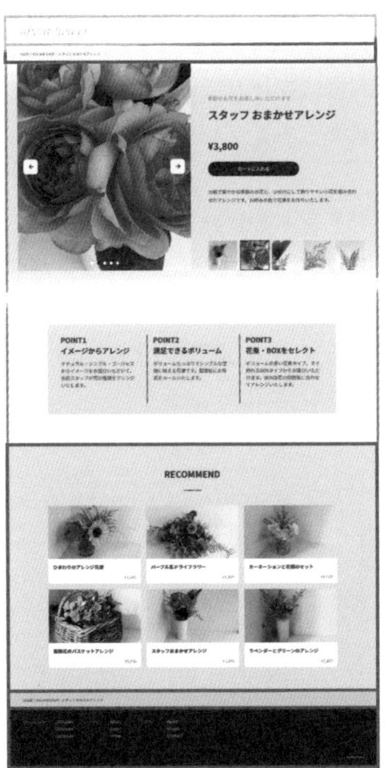

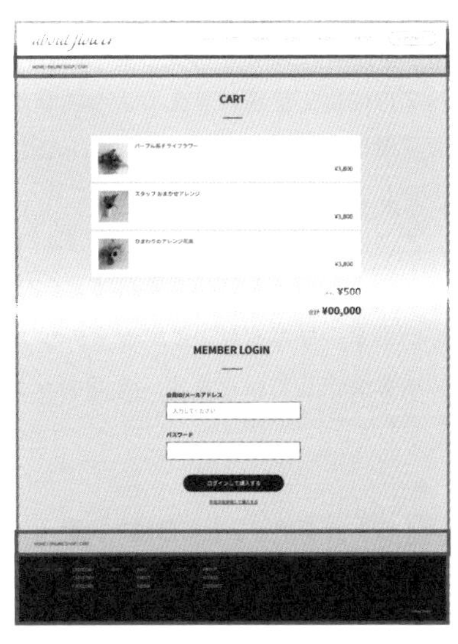

ブレイクポイントの設計

THEME テーマ サンプルサイトのブレイクポイントを設計します。Material Designのブレイクポイントを参考に、具体的なブレイクポイントの設計方法を学習していきます。

サンプルサイトのブレイクポイント設計

ブレイクポイントはBootstrapなどのフレームワークの数値を基準にしたり、iPhoneやiPadなど特定のデバイスを基準にブレイクポイントを決定します。レスポンシブWebデザインの手法が登場した初期はモバイルの種類が少なく、iPhoneの幅320pxからiPadの幅768pxを基準にブレイクポイントを決定していました。

現在はスマートフォン・ディスプレイの解像度が上がり種類も増えたため、モバイルとタブレットの区切りが明確につけられない状況となっています。そこでレスポンシブの対応は端末による区切りではなく、すべての横幅で最適に見えるよう調整する内容に変化しています。絶対的な正解はないため、プロジェクトごとに基準とするブレイクポイントを決定しましょう。

ここからはサンプルサイトのブレイクポイントを設計します。サンプルサイトのデザインは、モバイルは幅375px、PCは幅1280pxで作成されています。リキッドレイアウトのレスポンシブにおいてのブレイクポイントを決定していきます。今回のサンプルサイトでは図1のように指定しました。

WORD Bootstrap

CSSフレームワークと呼ばれる、Webサイトやアプリケーションを作成するフロントエンドのコンポーネントライブラリの1つ。フォーム、ボタン、ナビゲーションなどといった、Webサイト・Webアプリケーションの構成要素などが、HTML・CSSベースのデザインテンプレートとして用意されている。

図1 ブレイクポイントの数値を決定

デバイス	横幅 px
モバイル	320px～599px
タブレット	600px～1023px
PC	1024px～1920px

モバイルはiPhone SEとAndroid smallサイズの幅320pxを最小とし、large handsetまでを対象としました。

タブレットは専用デザインを作らず、モバイルデザインをベースに画像、フォントサイズ、レイアウト個数を調整します。モバイルより画面サイズが大きいため、文字サイズをモバイルより大きめに調整、ボタンをモバイルより大きめに調整、タッチ操作が行いやすいようグローバルナビゲーションはモバイル用の表示など、タブレットに最適になるように調整を行いました。

GoogleのMaterial Designを参考にブレイクポイントの数値を決定します図2。

モバイルはここからここまで、タブレットはここからと明確に区切りがあるのではなく、少しずつ重なり合って区切られていることがわかります。対象デバイスによって区切りを決定するようにしましょう。

図2 **Material Designのブレイクポイント一覧**

Breakpoint Range (dp)	Portrait	Landscape	Window	Columns	Margins / Gutters*
0 – 359	small handset		xsmall	4	16
360 – 399	medium handset		xsmall	4	16
400 – 479	large handset		xsmall	4	16
480 – 599	large handset	small handset	xsmall	4	16
600 – 719	small tablet	medium handset	small	8	16
720 – 839	large tablet	large handset	small	8	24
840 – 959	large tablet	large handset	small	12	24
960 – 1023		small tablet	small	12	24
1024 – 1279		large tablet	medium	12	24
1280 – 1439		large tablet	medium	12	24
1440 – 1599			large	12	24
1600 – 1919			large	12	24
1920 +			xlarge	12	24

Responsive layout grid - Material Design
(https://material.io/design/layout/responsive-layout-grid.html#breakpoints)

コンポーネントのCSS設計

サンプルサイトではBEM、PRECSSの設計思想をコンポーネント設計にアレンジしたCSS設計を行っています。サイト規模や技術の進化に合わせて、より柔軟に設計をアレンジしましょう。

命名規則について

サンプルサイトでは、BEMとPRECSSのCSS設計手法を取り入れてます。これらのCSS設計は設計内容がドキュメント化されています。チーム開発で共通言語として使用することで、複数のエンジニアがメンテナンスできる状態を保つことができます。

まずはBEMについて解説します。BEMとは、厳格なCSS設計を守ることで初期開発スピードを保ちつつ、長期メンテナンスを目指すCSS設計方法です。コンポーネントの再利用に適した設計手法であり、多くのプロジェクトで使われています。

BEMの特徴として、公式ドキュメントで以下のようにまとめられています。

- 初期設計をすばやく構築し、長期間メンテナンスできる設計です。
- HTML構造によるclass命名規則（ネーミングルール）が決まっているため、構築時の揺れや悩む時間を減らせます。
- そのため初期の開発スピードがアップし、設計におけるCSSネーミングの揺れをなくす効果が高い設計手法です。

BEMには、Block（ブロック）／Element（エレメント）／Modifier（モディファイア）の3種類があります図1。

サンプルサイトでは、コンポーネントをBEMのBlockとしてネーミングしていきます。

memo
CSS設計については、146ページ、Lesson4-01にも解説がありますので、合わせて参考にしてください。

memo
・BEM（英文サイト）
https://en.bem.info/

図1 BEMの種類

名称	読み方	class 記述	説明
Block	ブロック	―	塊をあらわす。親要素。コンポーネント設計の場合、コンポーネントを塊として命名する
Element	エレメント	区切りは「__」 アンダースコア２つ	コンポーネントを構成する要素。子要素
Modifier	モディファイア	「--」ハイフン２つ	Block と Element のバージョン違い

一方PRECSSとは、OOCSS、SMACSS、BEMを取り入れ、それらをさらに進化させたCSS設計方法です。PRECSSは、命名の悩みを減らすというコンセプトのCSS設計になっています。すべてのclassに接頭辞をつけ、スネークケースとキャメルケースを使用した明確なルールを持つのが特徴です。

サンプルサイトではPRECSSを参考にBlockごとにCSSに接頭辞をつけています。接頭辞はPrefix（プレフィックス）とも呼ばれ、blockの役割を表すためにclass名の先頭につけて使用されます。

図2はサンプルサイトで使用している接頭辞の一覧です。PRECSSの接頭辞を改変して、l_xxx、c_xxxなど1文字にしています。

> **memo**
> ・PRECSS - Manage your CSS with prefixes.
> https://precss.io/ja/

図2 サンプルサイトのclass接頭辞

接頭辞	名称	読み方	説明
l_XXX	Layout	レイアウト	サイト共通のレイアウト要素。サイトの枠組みに対して使用
c_XXX	Component	コンポーネント	サイト全体で使用できるコンポーネントに使用
e_xxx	Element	エレメント	各コンポーネント内で使用するパーツに使用。 サイト全体に影響を与えるため、余白 margin を設定しない
js_XXX	―	―	JavaScript コンポーネントの制御に使用するネーミング

BEMには、「**基本的にclassを参照しidとHTML要素は参照しない**」という注意点があります。classではなくidやタグを参照すると、CSS詳細度が上がってしまいます。これを避け、詳細度を均一にするためにclassに統一します。

サンプルサイトからHTMLとCSSのコード例を確認しましょう（次ページ図3）。

「l_header」blockの中にレイアウト用の「inner」「logo」のElementが内側に配置されています。「l-header__inner」、「l_header__logo」というように アンダースコア2つでCSS命名を行います。Elementにはblock名を含めて、HTML構造とCSS命名が等しくなるようにします。

命名を見ればHTML親子構造が含まれているため、CSS優先度について迷う必要がなくなります。また、Elementの命名だけでBlock名が確認

> **memo**
> CSSは 図3 のようにclassを参照しましょう。

できるため、どこまでがBlock範囲か理解できます。

Modifierは Blockのバージョン違いを作る際に使います。

例えば、「l_header」の会員ページだけバージョン違いを作る場合、「l_header--member」としてCSSの上書きを行うことで、似たパーツを作成する設計ができるようになっています。

図3 サンプルサイトのBEMと接頭辞の使用例

```
<header class="l_header">
  <div class="l_header__inner">
    <h1 class="l_header__logo"><a href="/"><img src="img/common/logo.svg" alt="サイトロゴ：About Folwer"></a></h1>
    ～ 一部省略 ～
  </div>
    ～ 一部省略 ～
</header>
```

コーディングのポイント

コンポーネントごとにHTMLとCSSのコーディングのポイントを解説していきます。モバイルファーストのCSS記述や<picture>タグの画像指定など、制作現場で使いたいテクニックを学びましょう。

HTMLマークアップ時のポイント

コンポーネントごとにポイントを解説していきます。具体的な分類はマークアップとともに解説します。

- レイアウト上のボックスを見える化する(コンポーネント)
- HTMLタグや機能を検討する(コンポーネント)

レイアウトブロックの設計

コーディングの前にレイアウトブロックを設計しましょう。四角で囲ったブロック同士の余白や位置を指定してレイアウトします。

まずはヘッダーのデザインからブロックを設計していきます 図1 。

図1 l_header デザインカンプ

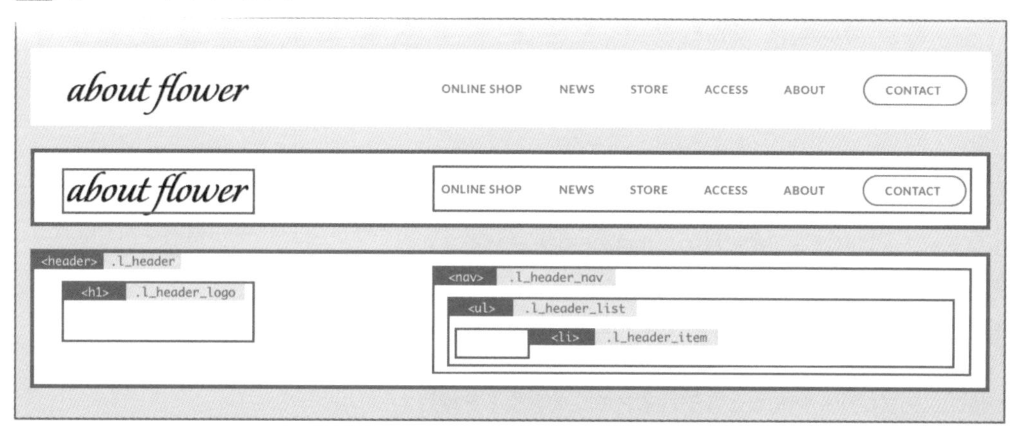

①ヘッダーのデザインカンプ、②レイアウトブロックに区切った設計図、③レイアウトブロックにHTMLタグとCSSネーミングを行います。

次に、ヘッダーコンポーネントのブロックを設計します。

デザインから要素同士のレイアウトを考えながら四角形のブロックで区切っていきます。ブロックごとにHTMLタグでマークアップし、class名をつけていきます。

また、CSS命名規則に沿ってコンポーネント名のElementをつけていきます。ヘッダーはサイトの枠組みなのでレイアウト（layout）の接頭辞「l_」を付与します。コンポーネント名はヘッダーを表す「header」とします。コンポーネント名は「.l_header」となり「.l_gnav」を中に含みます。子要素の命名はBEMの命名規則に沿って、「.l_header__xxx」とします。ブロックごとに命名していきましょう。

では、命名の内容をHTMLコードで確認しましょう 図2。

図2 l_header

```
<header class="l_header">
  <div class="l_header__inner">
    <div class="l_header__logo"><a href="/">about folwer</a></div>
    <a class="hamburger" href="#">
      <span></span>
      <span></span>
      <span></span>
    </a>
  </div>
  <nav class="l_gnav">
    <ul class="l_gnav__list">
      <li class="l_gnav__item"><a href="">Home</a></li>
      <li class="l_gnav__item"><a href="">Online Shop</a></li>
      <li class="l_gnav__item"><a href="">News</a></li>
      <li class="l_gnav__item"><a href="">Store</a></li>
      <li class="l_gnav__item"><a href="">Access</a></li>
      <li class="l_gnav__item"><a href="">About</a></li>
      <li class="l_gnav__item _cart"><a href="">Cart</a></li>
    </ul>
  </nav>
</header>
```

モバイルファーストのCSS記述

モバイルファーストにおける、各デバイス共通のCSSとデバイス別のCSSの書き方を学びましょう。

モバイルファーストとは、モバイル版のサイトを先に作ることではありません。作成する順番ではなく、モバイル優先でコンテンツボリュームを考えた後に、タブレットやPCなど各デバイスのレイアウトを検討する設計手法を指します。

44ページ、Lesson2-01参照。

今回のサイトではモバイルファーストを採用するため、タブレットのデザインはモバイルをベースにフォントサイズやレイアウトを調整する方針とします。上書きを最小限にするため、図3のように記述します。

図3 CSS／SCSSの指定

```
.hoge {
  // 各デバイス共通の指定
  @indlude mobile {
    // モバイルの指定
  }
  @include touch {
    // タブレットの指定
  }
  @indlude desktop {
    //PC の指定
  }
}
```

大文字の英単語はCSSで指定する

デザインの都合で、英単語をすべて大文字で表示したい場合があります図4。このような場合、英単語ではなく略語と判断されスクリーンリーダーで意図した読み上げが行われない場合があります。そのため、見栄えのために英単語のすべての文字を大文字にしないように注意しましょう(次ページ図5 図6)。

図4 モバイル開閉メニューのデザインカンプ

CSSプロパティ「text-transform」で大文字のみの単語を表示します。

memo
ハンバーガーメニューのマークアップについては、240ページ、Lesson6-04を確認してください。

図5は、スクリーンリーダーで意図した意味にならない例です。すべて大文字の場合、略語として判断されます。

図5 意図した判断にならない例

```
HOME（エイチオーエムイー）
CART（シーエーアールティー）
```

図6は、スクリーンリーダーで英単語として正しく判断される例です。HTMLでは先頭のみ大文字で表記し、CSSで「text-transform: uppercase;」を指定し、見た目を大文字で表示するとよいでしょう。

図6 正しく判断される例

```
Home（ホーム）
Cart（カート）
```

スクリーンリーダーに対応するためには、HTMLでは認識される形で表記し、CSSでは「text-transform: uppercase」で見た目のみ大文字へ変更を行いましょう図7 図8。

図7 HTML

```
<li class="l_gnav__item"><a href="">Home</a></li>
```

図8 CSS／SCSS

```
.l_gnav__item {
  text-transform: uppercase; // CSSで大文字表示指定
}
```

パンくずリスト：リッチリザルトの対応

Google検索結果にWebサイトの情報を表示するために、リッチリザルト➡に対応しましょう。

パンくずのリッチリザルトに対応すると[illegible]のように、日本語でフォルダ構造が表示できます。指定がない場合はURLのフォルダ構造が反映されます。

図9は、パンくずのリッチリザルトが表示されたGoogle検索結果です。レビューの評価を表す星マークも検索結果で確認できます。このように情報が表示されることで目に止まりやすくなり、目的に合ったサイトと判断されることで、サイトへの流入数アップが見込めます。

構造化データはユーザーの利便性を高め、SEOにも効果があるため、マークアップで積極的に対応しましょう。

➡ 69ページ、**Lesson2-05**参照。

memo

パンくずリストのリッチリザルト仕様については、GoogleのWebサイトを確認してください。

・パンくずリスト | Google 検索デベロッパー ガイド | Google Developers
https://developers.google.com/search/docs/data-types/breadcrumb

図9 リッチリザルトに対応したGoogleの検索結果

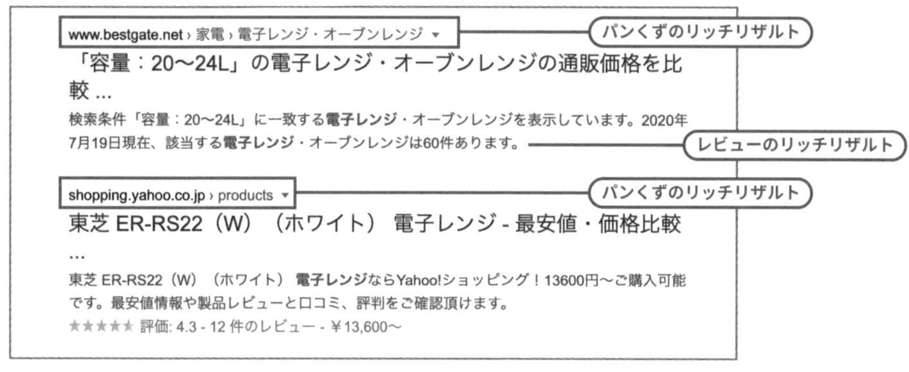

検索結果にサイト構造とレビューの情報が表示されるため利便性が高まります。

では、サンプルサイトでマークアップとリッチリザルトの実装を行っていきましょう。

まず、デザインを確認していきます図10。

図10 パンくずリストのデザインカンプ

HOME / ONLINE SHOP / スタッフ おまかせアレンジ

パンくずリストとは、サイト構造をツリーで表すものです。パンくずナビ、トピックパス、フットパスとさまざまな呼び方が存在します。classネーミングでpankuzuとつけずに、英語圏で通用する呼び方をつけておきましょう。

サンプルサイトでは、英語の「breadcrumb list」から「l_breadcrumb」とネーミングしています図11。

図11 商品ページのパンくずリストHTMLコードサンプル

```
<div class="l_breadcrumb" aria-label="現在のページ">
  <ul class="l_breadcrumb__list">
    <li class="l_breadcrumb__item"><a href="/">HOME</a></li>
    <li class="l_breadcrumb__item"><a href="/category/">ONLINE SHOP</a></li>
    <li class="l_breadcrumb__item _current" aria-current="page"><strong>スタッフ おまかせアレンジ"/
strong></li>
  </ul>
</div>
```

パンくずリスト構造化のJSONコードは、</head>の直前に記述します図12。

図12 パンくずリスト構造化のJSONコードサンプル

```
<script type="application/ld+json">
  {
    "@context": "https://schema.org",
    "@type": "BreadcrumbList",
    "itemListElement": [
      {
        "@type": "ListItem",
        "position": 1,
        "name": "about flower オンラインショップ",
        "item": "https://example.com/" // こちらは実際のドメインURLを入れてください
      },
      {
        "@type": "ONLINE SHOP",
        "position": 2,
        "name": "Category",
        "item": "https://example.com/category/"
      },
      {
        "@type": "ListItem",
        "position": 3,
        "name": "スタッフ おまかせアレンジ",
        "item": "https://example.com/category/page/"
      }
    ]
  }
</script>
```

画像のRetina対応とサイズによる出し分け

Retina対応とは、通常の2倍程度のサイズ（ピクセル数）で書き出した画像を半分のサイズに縮小して表示する実装方法です。密度が2倍となるため、Retinaディスプレイでもなめらかに表示されます。

53ページ、**Lesson2-02**参照。

PCサイズは画像サイズが大きく容量が重いため、1x、2xサイズの指定を行います。SPはRetinaディスプレイがほぼ100%を占めるため、2倍サイズの画像をデフォルトで表示します。

デバイス別の商品画像には、以下の4種類を準備します。

- WebP画像
- モバイル用 Retina画像
- PC用 等倍画像
- PC用 Retina画像

memo

WebP画像の書き出しについては、55ページ **Lesson2-02**を確認してください。

表示速度はさまざまな要素の積み重ねで容量が大きくなります。特に画像サイズが大きな割合を占めますので、制作の際は画像書き出しの容量や、サイズの異なる画像の出し分けに注意して実装を行うようにしましょう図13。

memo
Retinaディスプレイなどに対応するため、同じ画像で等倍と2倍、異なるサイズのものを用意して、デバイスによって表示を分けます。これを制作現場では「画像出し分け」「画像の出し分け」と呼んでいます。

図13 メインの画像の出し分け

PC版

モバイル版

図14は、画像のデバイス別の画像出し分けを行ったHTMLコードのサンプルです。

HTML

```
<picture>
  <source media="(min-width: 980px)" type="image/webp" src="/img/online/main01.webp"> //PC WebP用の画像
  <source media="(min-width: 980px)" srcset="/img/online/main01.jpg 1x, /img/online/main01@2x.jpg 2x"> //PC用の等倍、Retina画像
  <source media="(max-width: 979px)" srcset="/img/online/main01_sp@2x.jpg"> //モバイル用のRetina画像
  <img src="/img/online/main01.jpg" alt=""> //PC用 srcset未対応ブラウザ画像
</picture>
```

srcsetとpictureで画像の出し分けが実現できます。通信速度アップのために最適な画像表示対応を行うようにしましょう。

object-fit：画像をボックスに表示する指定

object-fitとは、CSSで画像をトリミングするCSSプロパティです。WordPressなどのCMSでどのような幅の画像が入ってきてもCSSだけで対応できるので便利です（次ページ図15）。

memo
・fregante/object-fit-images
https://github.com/fregante/object-fit-images

図15 CSSでobject-fitを適用した状態

サンプルサイトの例では商品一覧にobject-fitを使用しています。商品画像でどのようなサイズの画像が入ってきても美しく表示されるようにCSSプロパティで指定します図16。

図16 CSSでobject-fitを適用した状態

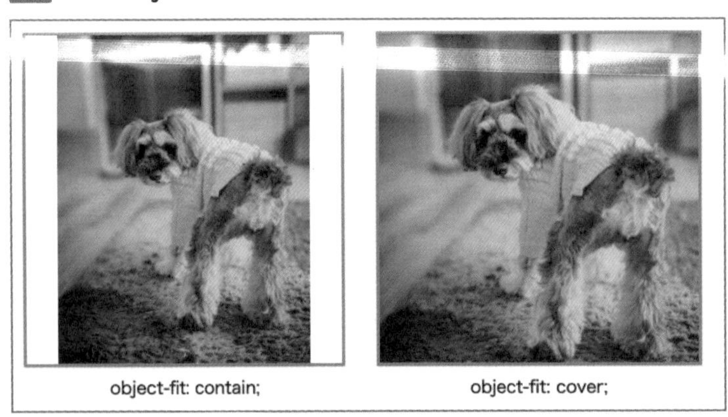

正方形の枠に横長や縦長の写真を指定すると、図16のようになります。

「object-fit: cover;」を指定すると、図16の右のように画角を埋めるように拡大し、余った部分はトリミングされます。

「object-fit: contain;」を使うと、図16の左のようにトリミングなしで長辺に合わせてリサイズできます。

画像をトリミングしたくない、ボックスに余白を作りたくないという場合に応じてobject-fitプロパティを使い分けましょう。

図17 object-fitプロパティの各ブラウザ対応状況

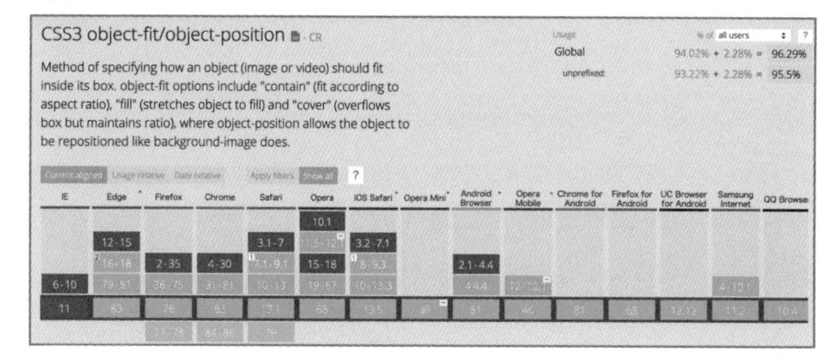

object-fitプロパティのブラウザ対応状況は、図17のようにIE11には未対応となっています。IE11を対象ブラウザに含める場合はobject-fitを対応させるJavaScriptプラグイン「object-fit-images」を使用しましょう。

・object-fit-images
https://github.com/fregante/object-fit-images

商品詳細：表示順番の変更

レスポンシブでデバイスごとに表示順番が変わる場合があります。サンプルサイトでは商品ページでデバイス別にコンテンツの表示順を変更しています。

このような場合はHTMLを2つ作るのではなく、CSSのflexboxのorderプロパティを使い並び替えをしましょう。

同じHTML複数回表示すると運用時の修正工数が増え、ミスの確率も増えるためHTMLは1箇所とするのがよいでしょう。

それでは、デザインを確認して実装していきます。デザインを確認すると、PCとモバイルで並び順が違います。また、❶商品名や❹商品説明は文字量が変わることが想定されます。

図18 商品詳細デザインカンプ

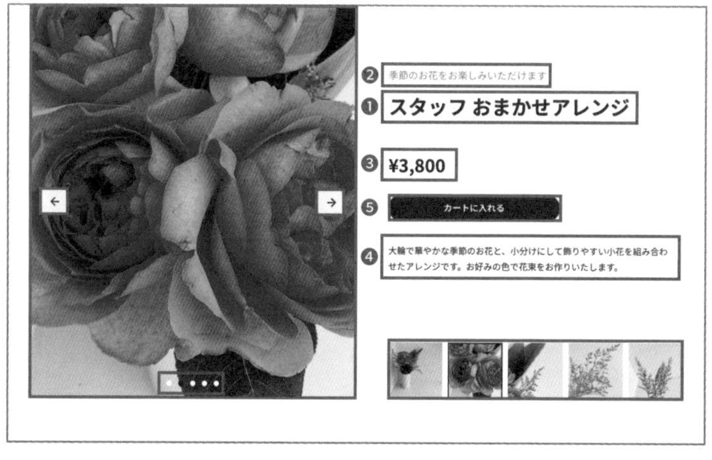

PC版

モバイル版

c_detail

モバイルの表示順に合わせてHTMLコードを記述します図19。

図19 HTML

```
<section class="c_detail">
  <div class="c_detail__inner">
    <div class="c_detail__main">
      <div class="swiper-container _detail">
        ～省略～
      </div>
      <div class="swiper-container gallery-thumbs">
        ～省略～
      </div>
    </div>
    <div class="c_detail__contents">
      <div class="c_detail__name">
        <h1 class="c_detail__nameTitle"> スタッフ おまかせアレンジ </h1>
        <p class="c_detail__nameSub"> 季節のお花をお楽しみいただけます </p>
        <div class="c_detail__namePrice">¥3,800</div>
        <p class="c_detail__lead"> 大輪で華やかな季節のお花と、小分けにして飾りやすい小花を組み合わせたアレンジです。お好みの色で花束をお作りいたします。
        </p>
        <div class="c_detail__btn">
          <a class="e_btn _brown" href="cart.html"> カートに入れる </a>
        </div>
      </div>
    </div>
  </div>
</section>
```

.c_detail

ここでは、PC用のSassを解説します（モバイルのSCSSは省略しています）。

順番を並び替えるブロック「.c_detail__contents」に「display:flex;」を指定し、子要素に「order」で表示順を指定します図20。

図20 CSS／SCSS

```
.c_detail {
  .c_detail__contents {
    display: flex;
  }
  .c_detail__nameSub {
    order: 1;
  }
  .c_detail__nameTitle {
    order: 2;
  }
  .c_detail__namePrice {
    order: 3;
  }
  .c_detail__lead {
    order: 5;
  }
  .c_detail__btn {
    order: 4;
  }
}
```

formのマークアップ

シンプルなログインフォームのマークアップを行いましょう図21。

フォームはWebサイトでよく設置される機能ですが、正しくマークアップするためには深い知識が必要です。

図21 ログインフォーム

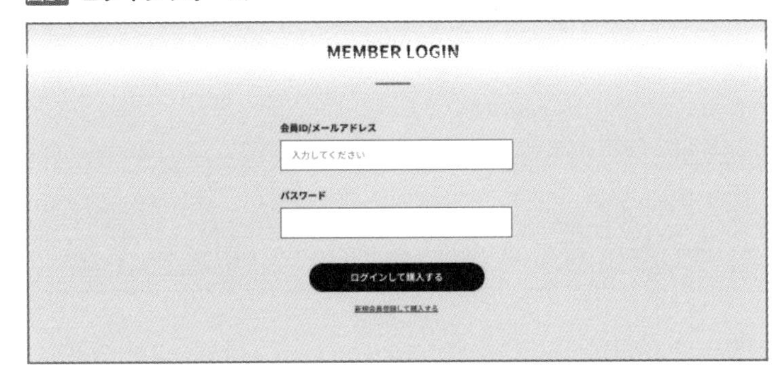

アクセシビリティ対応のため、labelでinputの関連づけを行いましょう。

forとidを同じ値にして関連づけをすると、クリックでinputにフォーカスが入ります。inputには属性が多くありますので、見た目だけでなく機能を理解し、正しいマークアップを行いましょう。

タグを暗記する必要はありません。どんな指定ができるかあらかじめ知っておき、リファレンスを参照して正しくマークアップするようにしましょう。

formのボタンは<button>タグでマークアップしましょう。<input>タグや<img>タグでのマークアップは機能的に正しいものではありません。図22は、フォームのHTMLコードサンプルです。

図22 フォームのHTMLコードサンプル

```
<form class="c_form" action="">
  <div class="c_form__group">
    <label for="member_id" class="c_form__label">会員ID/メールアドレス</label>
    <input type="text" class="c_form__input" id="member_id" name="member_id" placeholder="テキストが入ります。" autocapitalize="none" autocorrect="off" spellcheck="false" required>
  </div>
  <div class="c_form__group">
    <label for="member_password" class="c_form__label">パスワード</label>
    <input type="password" id="member_password" name="member_password" required>
  </div>
  <div class="e_btnWrap">
    <button class="e_btn _brown" type="button">ログインして購入する</button>
    <p class="e_btnWrap__note"><a href="">新規会員登録して購入する</a></p>
  </div>
</form>
```

JavaScriptライブラリの実装

THEME テーマ トップページのスライダーをJavaScriptプラグイン「Swiper」を使ってカスタマイズします。HTML構造をデモと合わせて作成することがポイントです。

キービジュアルを画像スライダーで表示

トップページで使用されているキービジュアルを設定します。

サイトのメインビジュアルとなるエリアで「Swiper」を使った画像スライダー機能を実装します。

スライダー部分のHTML構造は図1のとおりになります。

図1 キービジュアルのデザインカンプ

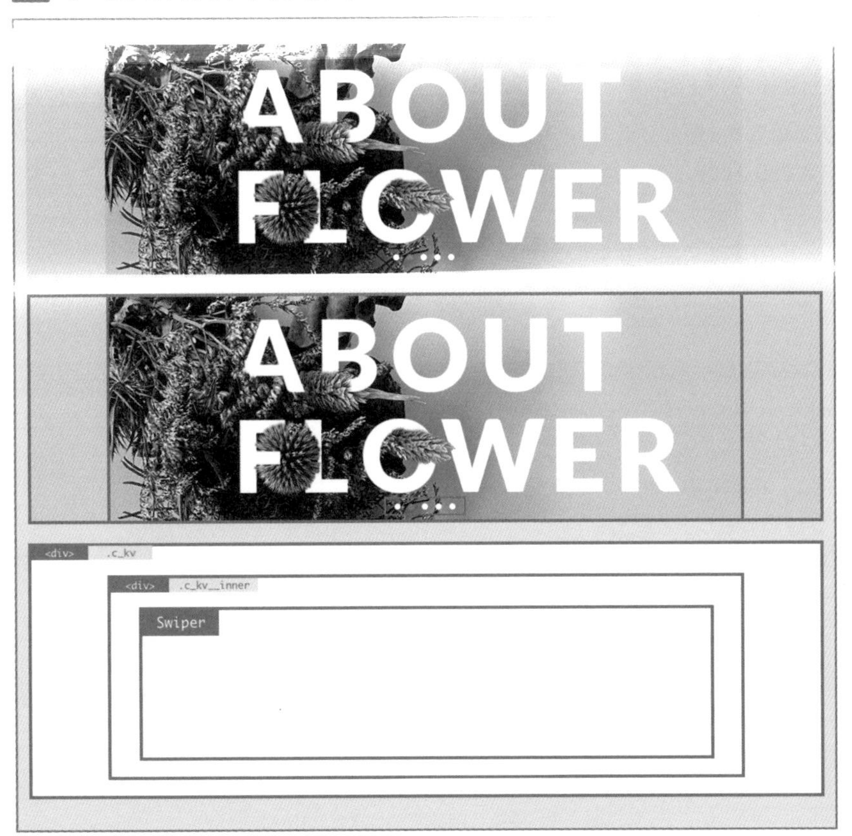

今回は、トップページと商品ページで、スライダーのライブラリ「Swiper」を使用します。

スライダーのライブラリは数多くありますが、Swiperはカスタマイズによりさまざまな機能が実装できるため、制作現場で広く使われています。

なお、HTML構造はSwiperのデモと同じものにします。JavaScriptの読み込みなどは、Swiper公式サイトを参考にしてください図2。

図2 Swiper

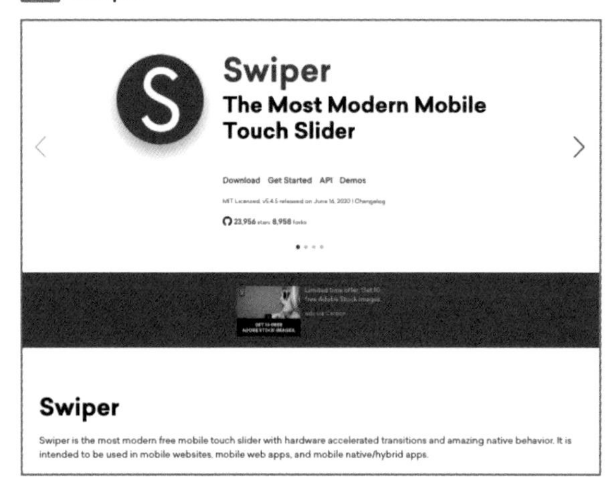

https://swiperjs.com/

ここからは、Swiper実装方法の流れを解説します。

まず、JavaScriptとベースのCSSをCDNで読み込みます。サンプルサイトではCSSはswiperをベースとし、デザインに合わせて色や数値をカスタマイズします。図3のコードをHTMLに記述しましょう。

WORD CDN

「Content Delivery Network」の略。JavaScriptやCSSなどのライブラリファイルをサーバーから直接リンクすることで、レスポンスが早くなり、サーバーへの負荷が軽減できるメリットがある。

図3 HTML

```
<link rel="stylesheet" href="https://unpkg.com/swiper/swiper-bundle.min.css">
<script src="https://unpkg.com/swiper/swiper-bundle.min.js"></script>
```

Swiperのデモページを確認し、Paginationがついたコードをベースにします。実際にHTMLコードを確認しましょう図4。

memo

Swiper公式サイトのこちらのデモをベースにカスタマイズしています。他にも豊富なデモがあります。

・Swiper Demo - pagination
https://swiperjs.com/demos/#pagination

図4 HTML

```
<div class="swiper-container"> // スライダー全体の親ボックス
  <div class="swiper-wrapper"> // スライダー画像のボックス
    <div class="swiper-slide">Slide 1</div> // スライダー要素。画像やテキストが入ります。
    <div class="swiper-slide">Slide 2</div>
    <div class="swiper-slide">Slide 3</div>
    <div class="swiper-slide">Slide 4</div>
    <div class="swiper-slide">Slide 5</div>
    <div class="swiper-slide">Slide 6</div>
    <div class="swiper-slide">Slide 7</div>
    <div class="swiper-slide">Slide 8</div>
    <div class="swiper-slide">Slide 9</div>
    <div class="swiper-slide">Slide 10</div>
  </div>
  <!-- Add Pagination -->
  <div class="swiper-pagination"></div> // スライダーのページネーション
</div>
～省略～
<script src="../package/swiper-bundle.min.js"></script> //Swiper JavaScriptファイル
```

Swiperに対応するclass名をつけたDemoと同じHTMLボックス構造とします。スライダーすべての要素を親ボックスの「.swiper-container」内に置きましょう図5。

図5 HTML

```
<div class="c_kv">
  <div class="c_kv__inner">
    <div class="swiper-container _top"> // スライダー全体の親ボックス
      <div class="swiper-wrapper"> // スライダー画像のボックス
        <div class="swiper-slide"> // スライダー要素。画像やテキストが入ります。
          <picture>
            <source type="image/webp" src="/img/online/main01.webp">
              <source media="(min-width: 980px)" srcset="/img/online/main01.jpg 1x, /img/online/
main01@2x.jpg 2x">
            <source media="(max-width: 979px)" srcset="/img/online/main01_sp@2x.jpg">
            <img src="/img/online/main01.jpg" alt="">
          </picture>
        </div>
        <div class="swiper-slide"> // スライダー要素。画像やテキストが入ります。
          <picture>
            <source type="image/webp" src="/img/online/main02.webp">
              <source media="(min-width: 980px)" srcset="/img/online/main02.jpg 1x, /img/online/
main02@2x.jpg 2x">
            <source media="(max-width: 979px)" srcset="/img/online/main02_sp@2x.jpg">
            <img src="/img/online/main02.jpg" alt="">
          </picture>
        </div>
      </div>
      <div class="swiper-pagination"></div> // スライダーのページネーション
    </div>
```

```
  </div>
</div>
～省略～
<script src="https://unpkg.com/swiper/js/swiper.js"></script> //Swiper JavaScript ファイル
```

JavaScriptでは必要な指定を追加していきます。

トップページのキービジュアルの指定は図6のようになります。すべてのコードを記述して、スライダーの動作を確認しましょう。

図6 JavaScript

```
<script>
  var swiper = new Swiper('.swiper-container._top', {
    loop: true,
    effect: 'fade',
    fadeEffect: {
      crossFade: true
    },
    autoplay: {
      delay: 5000,
    },
    pagination: {
      el: '.swiper-pagination',
      clickable: true,
    },
  });
</script>
```

Lesson 6

Sass（SCSS）を取り入れる

レスポンシブデザインのWebサイトを、Sass（SCSS）を用いて制作していきます。基本的なSassの使い方を学びましょう。また、JavaScriptライブラリの「jQuery」や「Swiper」を組み込む方法についても紹介しています。

読む　準備　設計　制作

完成形と全体構造の確認

THEME テーマ

Lesson6では、Webページ制作を通してSCSS形式での記述とJavaScriptを用いたスライドショー、開閉式メニューの導入を学んでいきます。まずは全体の構造の確認をして、制作の準備をしましょう。

サンプルサイトの仕様

このLesson6では、サンプルサイトとして架空のサファリパーク「東京サファリパーク」のWebサイトを作成します。完成形としては複数ページで構成されたWebサイトとなりますが、本書ではそのうちのトップページのみを扱います。

サイトの作りとして、モバイル端末でもPCでも問題なく表示されるように、レスポンシブ対応・モバイルファーストで作成していきます。

また、制作を通して次の機能の実装方法を学んでいきます。

- モバイル表示ではハンバーガーメニューが表示され、jQueryによってクリックでナビゲーションが開閉する
- JavaScriptで稼働するスライドショーを設置し、サイトのデザインに合わせたスタイルの変更を適用する
- Sass（SCSS記法）を使ってスタイルを設定する
- CDNを用いてjQuery、スライドショー、Webフォント、アイコンフォント、リセットCSSのソースを読み込む

これらはそれぞれ、現場で求められる技術となりますので、しっかり学習していきましょう。

memo

Lesson6のサンプルでは、ぱくたそ(https://www.pakutaso.com/)の写真素材を利用しています。二次配布物の受領者がこの写真を継続して利用する場合は、ぱくたそ公式サイトからご自身でダウンロードしていただくか、ぱくたそのご利用規約(https://www.pakutaso.com/userpolicy.html)に同意していただく必要があります。同意いただけない場合は写真素材のご利用はできませんので、ご注意ください。

作成するサンプルサイトのレイアウト

サンプルサイトではブレイクポイントとして**768px**を基本の数値として採用し、補佐的に576pxと992pxのブレイクポイントも活用していきます。

サンプルサイトのモバイル表示・PC表示それぞれのデザインを確認しましょう 図1 図2。サンプルサイトのmarginやpaddingの数値は基本的には**8の倍数**で作成しています。5の倍数で作るほうが直感的ですが、8の

倍数のほうがさまざまな数で割りやすいというメリットがあります。

図1 モバイル用のレイアウト構成

図2 PC用のレイアウト構成

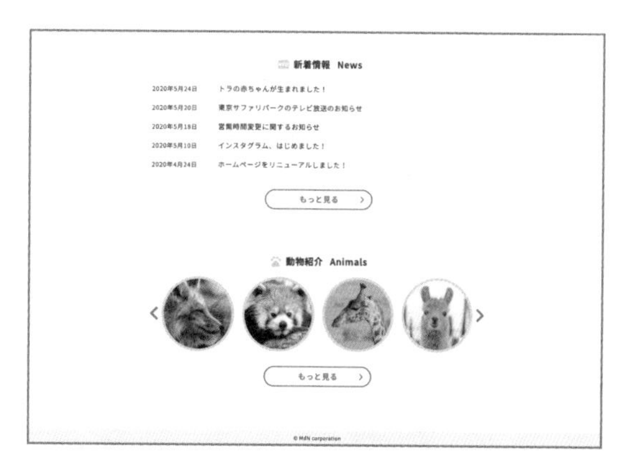

基本となるHTMLの作成

サンプルサイトの構造を確認したら、基本となるHTMLをマークアップします。<head>内を記述し、jQueryなどのソースコードを読み込みましょう。

作業用のフォルダを作成する

コーディングをはじめる前に、**Lesson6**の作業用のフォルダ（ディレクトリ）として、「tokyo-safari」フォルダを作成します。また、「tokyo-safari」フォルダの中に「htdocs」フォルダと、「scss」フォルダをそれぞれ作成しましょう。「htdocs」フォルダにはWebページの表示に必要なファイルを入れ、「scss」フォルダにはSassのファイルを入れます。

htdocs内には画像データを入れておく「img」フォルダ、JavaScriptファイルを入れておく「js」フォルダを用意します。サンプルデータ内の「Lesson6_02」フォルダのhtdocsにある**同名の「img」フォルダをそのままコピーして持ってきましょう**。また、「scss」フォルダ内に、「**style.scss**」というSCSS形式のファイルを作成しておきます。style.scssのコードは**Lesson6-03**以降に記述していきます。

フォルダ構成の完成形としては図1のようになります。「.code-workspace」というファイルがありますが、これはVisual Studio Codeの「ワークスペース」という機能を使うためのファイルで、このあと扱っていきます。

memo
作業用フォルダはプロジェクト名をつけることが一般的です。

memo
CSS用のフォルダはSassのコンパイル時に自動で生成されます。

図1 作業用のフォルダ構造

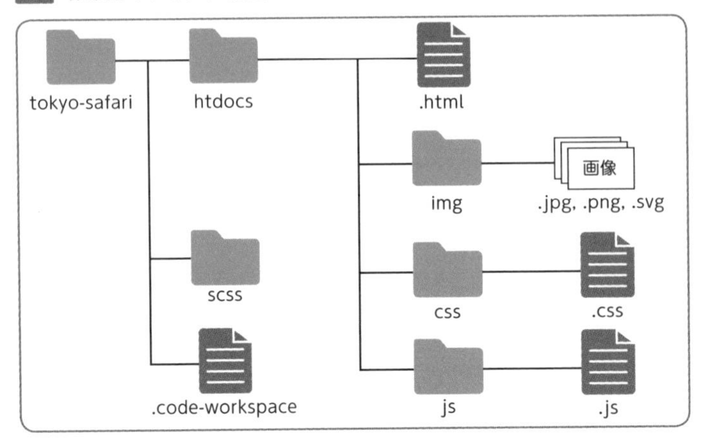

ワークスペースを使う

コードエディタのVisual Studio Codeには「**ワークスペース**」という機能があります。ワークスペースは、作業用フォルダを指定できたり、特定のプロジェクトのみに適用したい設定がある場合に、「現在のワークスペース範囲内にのみ効果のある設定」として、Visual Studio Codeの既存の設定ファイルを上書きできたりします。

Visual Studio Codeを立ち上げ、「エクスプローラー」のサイドバーから「フォルダを開く」で先ほど作成した作業用フォルダを選びます。次に、メニューの「**ファイル**」から「**名前を付けてワークスペースを保存…**」と選択し、作業用フォルダと同じ階層に「tokyo-safari.code-workspace」などの名称で❗ワークスペースのファイルとして保存しましょう。

続いて、先ほど作成した「tokyo-safari.code-workspace」に、図2のようにSassコンパイル用の設定と「**Live Server**」という拡張機能を用いてローカルサーバーを立ち上げる設定を追記します。この「Live Server」によって、SCSSファイルを保存するとhtdocs内のcssフォルダに自動的にCSSファイルが出力されるだけでなく、htdocsフォルダ内のファイルが更新されると、自動的にページリロードがかかります。

ローカルサーバーを立ち上げるには画面下部のステータスバーの「**Go Live**」部分をクリックします（次ページ図3）。

memo

複数のフォルダを作業用フォルダとして指定することもできます。

❗ POINT

ワークスペースのファイルを作成後は、メニューの「ファイル」→「ワークスペースを開く…」から「.code-workspace」のファイルを選択するか、「.code-workspace」のファイルを開くことでワークスペースを開くことができます。

memo

gulpでSassをコンパイルする場合はワークスペースのSassコンパイル用の記述は不要となります。
gulpでのSassコンパイルは**Lesson 3-03**の102ページを参照してください。
Visual Studio CodeでのSassコンパイルは**Lesson1-05**の33ページを参照してください。

図2 「tokyo-safari.code-workspace」の記述

```
{
  "folders": [
    {
      "path": "."
    }
  ],
  "settings": {
    "liveServer.settings.root": "/htdocs",
    "liveSassCompile.settings.formats": [
      {
        "format": "expanded",
        "extensionName": ".css",
        "savePath": "/htdocs/css",
      }
    ],
  }
}
```

- "liveServer.settings.root": ローカルサーバー立ち上げ時に開くトップのページ
- "format": CSSの出力フォーマット形式
- "savePath": コンパイル後のCSSファイルを配置するフォルダ

図3 ローカルサーバーを立ち上げる

基本となるタグを記述する

「htdocs」のフォルダ内に「**index.html**」を用意し、まずは図4のように基本となる要素を記述します。

図4 基本となる要素の記述例

```
<!DOCTYPE html>
<html lang="ja">
<head>
  <meta charset="UTF-8">
  <meta name="viewport" content="width=device-width,initial-scale=1">
  <title>東京サファリパーク</title>
  <meta name="description" content="東京サファリパークは、都内のどこかにある広大なサファリパークです。">
  <meta http-equiv="X-UA-Compatible" content="IE=edge">
  <meta name="format-detection" content="telephone=no">
  <link rel="shortcut icon" href="./img/favicon.ico" type="image/x-icon">
</head>
<body>

</body>
</html>
```

続いて、HTMLの<head>内に必要となるCSS等のリソースとして、「**jQuery**」、Web Fontの「**Google Fonts**」、そしてリセットCSSの「**ress**」を読み込む必要があります。このようなリソースをプロジェクトに導入する場合、2つの方法があります。1つは、GitHubなどのプラットフォームからダウンロードしたものを自身で管理しているWebサーバーにアップロードし、それぞれのページで読み込む方法があります。この方法以外にもう1つ、「**CDN**」経由で読み込む方法があり、今回はCDN経由での読み込みを採用します。

WORD **CDN**

220ページ、**Lesson5-07**参照。

CDN経由で読み込む場合、Google Fontsの参照先は「https://fonts.googleapis.com」、jQueryは「https://code.jquery.com」、ressは「https://unpkg.com」となり、こういった外部のWebサーバーから読み込む手法がCDN経由での読み込みとなります。この手法にはいくつかのデメリットもありますが、CDN経由のほうが高速に表示される場合が多いので、CDNが提供されている場合は利用するとよいでしょう。CDN経由での読み込み方法は各プロジェクトのGitHub等に記載されていますので、確認の上で利用しましょう。

jQueryならば「jQuery CDN」のページへ行き、「jQuery Core」のjQuery 3.xにある**「minified」をクリック**し、表示されるコードをコピーします（次ページ図5）。jQueryにはいくつかの種類がありますが、これらは「どのWebブラウザに対応しているのかなどのバージョンの違い」として「jQuery 3.x」「jQuery 2.x」「jQuery 1.x」の種類があり、「ファイルの圧縮の違い」として「uncompressed」「minified」にわかれており、「より使われている機能に絞っているもの」として「slim」があります。本書では「jQuery 3.x」の「minified」を利用しています。

「東京サファリパーク」はGoogle Fontsの「Noto Sans JP」を利用します。「Noto Sans JP」をCDNで読み込む場合、Google Fontsのサイトへ行き、「Noto Sans JP」を選びます。書体サンプルが細い順に表示されており、その中の「Regular 400」と「Bold 700」の右側にある**「+ Select this style」をクリック**します。すると右側に「Selected family」のサイドバーが表示されますので、「Review」と「Embed（埋め込み）」とあるところの**「Embed」をクリック**します。そこに表示された<link>タグが必要なコードとなります（次ページ図6）。

ressの場合、ressのプロジェクトページから「Docs」のページへ行き、左のサイドバーナビゲーションの4番目にある**「CDN」をクリック**し、表示されるURLを、<link>タグの「href属性」で読み込むことになります（次ページ図7）。

以上を踏まえて、実際にHTMLに記述する内容は（231ページ図8）のようになります。

読み込むデータはCSS形式ですので、「rel="stylesheet"」の記述も必要となります。

図5 jQuery CDN

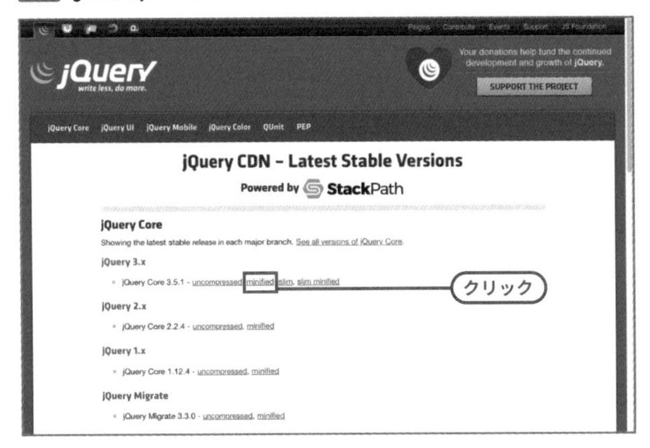

https://code.jquery.com/

図6 Noto Sans JP - Google Fonts

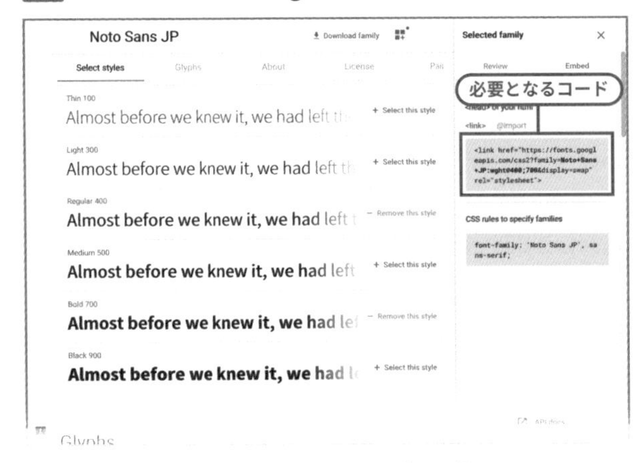

https://fonts.google.com/specimen/Noto+Sans+JP

図7 ress - Docs

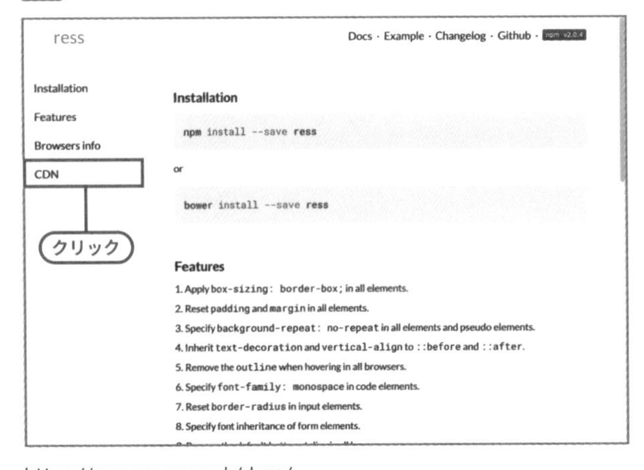

https://ress-css.surge.sh/docs/

図8 CDN経由での読み込み方法

```
<link href="https://fonts.googleapis.com/css2?family=Lato:wght@400;700&amp;family=Noto+Sans+JP:wg
ht@400;700&amp;display=swap" rel="stylesheet">
<link rel="stylesheet" href="https://unpkg.com/ress/dist/ress.min.css">
<script src="https://code.jquery.com/jquery-3.5.1.min.js" integrity="sha256-9/
aliU8dGd2tb6OSsuzixeV4y/faTqgFtohetphbbj0=" crossorigin="anonymous"></script>
```

body内のHTMLを記述する

<body>タグ内のおおまかなHTMLを記述しましょう。<header>タグ、<main>タグ、<footer>タグと、<main>内に<section>タグを4つ配置します図9。<section>タグは上から順に、メインビジュアル部分、イベント情報部分、新着情報部分、動物紹介部分です。今の時点では、<section>タグの内側はいったん空欄としておきます。

図9 <body>タグ内をマークアップする

```
<body>
  <header class="header">
  </header>
  <!-- /.header -->
  <main class="main">
    <section>

    </section>
    <section>

    </section>
    <section>

    </section>
    <section>

    </section>
  </main>
  <footer class="footer">
    <small>&copy; MdN corporation</small>
  </footer>
</body>
```

基本となるCSSをSassで作成する

THEME テーマ

東京サファリパークのCSSをSCSS記法のSassで記述していきます。Sassで利用可能な変数の設定やmixinでのメディアクエリの設定、基本となる要素へのスタイルを記述します。

Sassの準備と基本の要素へのスタイル

ここからはCSSを作成していきます。Sassを利用しますので、**.scss形式のファイル**をscssフォルダに用意します。ファイル名を「style.scss」とすることで、ワークスペースの設定によってコンパイル後はhtdocsフォルダ内のcssフォルダに「style.css」として出力されます。

ページ全体で使う色を**変数**で設定し、最大幅の1200pxも変数として設定します。body、アンカー、画像など基本的な要素へのスタイルも記述しましょう。また、HTMLにはstyle.cssを読み込むためのlink要素を記述しておきます 図1。

本書ではSassのコンパイル方法として、Visual Studio Codeでの方法とgulpでの方法をそれぞれ紹介していますが、SCSSファイルの保存時に問題なくCSSファイルが出力されているかなどの点を改めて確認しておきましょう。

図1 基本的な要素へのスタイル

HTML

```
<head>
  <meta charset="UTF-8">
  <meta name="viewport" content="width=device-width,initial-scale=1">
  <title>東京サファリパーク</title>
  (中略)
  <link rel="stylesheet" href="https://unpkg.com/ress/dist/ress.min.css">  ← リセットCSS
  <link rel="stylesheet" href="./css/style.css">  ← リセットCSSよりも後ろの行に記述する
   <script src="https://code.jquery.com/jquery-3.5.1.min.js" integrity="sha256-9/aliU8dGd2tb6OSsuzixeV4y/faTqgFtohetphbbj0=" crossorigin="anonymous"></script>
</head>
```

SCSS

```
// variables
//--------------------
$c_black : #333;
```

```
$c_green : #459209;
$c_yellow : #efdd34;
$c_beige : #efe1c5;
$m-width : 1200px;

// common
//--------------------
body {
  font-family: "Noto Sans JP", "Hiragino Kaku Gothic ProN", "Hiragino Sans", Meiryo, sans-serif;
  font-size: 14px;
  line-height: 1.8;
  letter-spacing: 0.05em;
  color: $c_black;
}
a {
  color: $c_black;
  text-decoration: none;
}
img {
  max-width: 100%;
  vertical-align: bottom;
}
ul {
  list-style: none;
}
```

変数

定義済みの変数を使う

レスポンシブデザインに対応する

東京サファリパークはレスポンシブデザインを採用したWebサイトとなります。PCやタブレットでの表示でもレイアウトが崩れないよう、メディアクエリを設定します。

メディアクエリは「**@media**」を利用しますが、Sassの機能の「**@mixin**」➡として定義しておくことで、同じくSassの機能である「**@include**」を使って呼び出すことができるようになります。図2のように変数と@mixinを組み合わせることでメディアクエリの内容を定義しましょう。

@includeでメディアクエリを呼び出す方法については、このあとの235ページで扱います。

WORD @mixin
ひとまとまりの指定を定義したもの。

➡ 15ページ、**Lesson1-01**参照。

図2 @mixinを利用したメディアクエリの書き方

```
// variables
//--------------------
$breakpoints: (
  'sm-min': 'screen and (min-width: 576px)',
  'sm-max': 'screen and (max-width: 575px)',
  'md-min': 'screen and (min-width: 768px)',
  'md-max': 'screen and (max-width: 767px)',
  'lg-min': 'screen and (min-width: 992px)',
  'lg-max': 'screen and (max-width: 991px)',
```

ブレイクポイントとして変数を定義

```
  'xl-min': 'screen and (min-width: 1131px)',
  'xl-max': 'screen and (max-width: 1130px)',
);
@mixin mq($breakpoint: md-min) {
  @media #{map-get($breakpoints, $breakpoint)} {
    @content;
  }
}
```

mixinを定義

SCSSファイルの最上部の、文字色の変数が定義されている部分の上などにまとめておくとよいでしょう。

共通のスタイルの見出し

各セクションのうち、イベント情報部分、新着情報部分、動物紹介部分にはスタイルが共通となる見出しがあります。これらをコーディングしていきます。

見出しの左側に配置されているアイコンは、**アイコンフォント**であるMaterial Iconを利用しています 図3。Material Iconを<head>タグ内に<link>タグで読み込みましょう 図4。

次に、見出しのHTMLとSCSSを記述します 図5。Material Iconの出力方法は、<span>タグの内側に表示させたいアイコン名と同じテキストを入れることで、アイコンが出力されます。

Sassの記法としてセレクタを入れ子状にして記述することで、子孫要素セレクタのCSSとして出力されます 図6。SCSSがコンパイルされているかどうかも含め、見出し部分が問題なく表示されているか確認しましょう。

WORD アイコンフォント

Web上で文字と同じようにアイコンを表示できるしくみ。通常の文字フォントと同じくfont-familyを指定するのでこのように呼ばれる。

図3 Material Icon

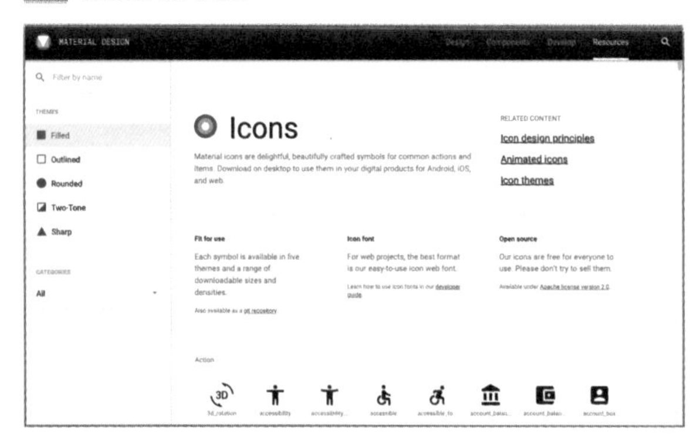

https://material.io/resources/icons/

図4 <head>タグ内の記述

```
<link href="https://fonts.googleapis.com/icon?family=Material+Icons" rel="stylesheet">
```

CDNで読み込みます。

図5 見出しのHTMLとSCSS

HTML

```
<main class="main">
  <section>

  </section>
  <section>
  <h2 class="heading-lv1"><span class="material-icons heading-icon">feedback</span> イ ベ ン ト 情 報 <span class="heading-sub">Events</span></h2>

  </section>
  <section>
     <h2 class="heading-lv1"><span class="material-icons heading-icon">fiber_new</span> 新 着 情 報 <span class="heading-sub">News</span></h2>

  </section>
  <section>
    <h2 class="heading-lv1"><span class="material-icons heading-icon">pets</span> 動 物 紹 介 <span class="heading-sub">Animals</span></h2>

  </section>
</main>
```

メインビジュアル部分なので今は空欄

各 <section> に見出しタグを追加

SCSS

```
.heading-lv1 {
  display: flex;
  justify-content: center;
  align-items: center;
  margin-top: 64px;
  .heading-icon {
    color: $c_yellow;
    font-size: 30px;
    margin-right: 8px;
  }
  .heading-sub {
    margin-left: 16px;
  }
  @include mq(md-min) {
    margin-top: 96px;
  }
}
```

.heading-lv1 の入れ子となっている

md-minとしているため、$breakpointsで定義した「'md-min': 'screen and (min-width: 768px)'」が適用される

メディアクエリを適用する書き方

図6 見出し部分のSassをCSSとしてコンパイルした様子

```
.heading-lv1 {
  display: flex;
  justify-content: center;
  align-items: center;
```

```
  margin-top: 64px;
}

.heading-lv1 .heading-icon {
  color: #efdd34;
  font-size: 30px;
  margin-right: 8px;
}

.heading-lv1 .heading-sub {
  margin-left: 16px;
}

@media screen and (min-width: 768px) {
  .heading-lv1 {
    margin-top: 96px;
  }
}
```

SCSSで入れ子にしたものは子孫セレクタとして出力される

@include mq(md-min) {margin-top: 96px;}と記述した箇所のコンパイル後のCSS

共通のスタイルのボタン

先ほど見出しを作成したセクションのイベント情報部分、新着情報部分、動物紹介部分には、スタイルが共通の**「もっと見る」ボタン**がそれぞれあります。このボタンを作成するため、HTMLとSCSSを図7のようにコーディングしましょう。

矢印はMaterial Iconで出力しています。SCSSでは、機能の1つである「&(アンパサンド)」を利用しています。これは入れ子の外側部分のセレクタに、「&」以下のセレクタを結合することができます。この場合だと、「&:hover」の外側は「.btn-more」で、出力結果は「.btn-more:hover」となります。「&」は使う機会が多い機能ですので、使い方を覚えておきましょう。

図7 ボタンのHTMLとSCSS

HTML

```
<main class="main">
  <section>

  </section>
  <section>
    <h2 class="heading-lv1"><span class="material-icons heading-icon">feedback</span> イベント情報 <span class="heading-sub">Events</span></h2>

    <a href="#" class="btn-more">もっと見る<span class="material-icons">navigate_next</span></a>
  </section>
  <section>
```

追記部分

```
    <h2 class="heading-lv1"><span class="material-icons
heading-icon">fiber_new</span> 新着情報 <span class="heading-
sub">News</span></h2>

    <a href="#" class="btn-more">もっと見る<span class="material-
icons">navigate_next</span></a>
  </section>
  <section>
    <h2 class="heading-lv1"><span class="material-icons
heading-icon">pets</span> 動物紹介 <span class="heading-
sub">Animals</span></h2>

    <a href="#" class="btn-more">もっと見る<span class="material-
icons">navigate_next</span></a>
  </section>
</main>
```

追記部分

追記部分

SCSS

```
.btn-more {
  font-size: 18px;
  font-weight: bold;
  color: $c_green;
  text-align: center;
  display: block;
  position: relative;
  max-width: 400px;
  width: 80%;
  margin: 32px auto 48px;
  padding: 4px 0;
  background: #FFFFFF;
  border: 3px solid $c_green;
  border-radius: 99em;
  transition: all .3s;
  @include mq(md-min) {
    width: 250px;
  }
  span {
    position: absolute;
    top: 50%;
    right: 6px;
    margin-top: -15px;
    font-size: 30px;
  }
  &:hover {
    color: $c_yellow;
    border-color: $c_yellow;
  }
}
```

矢印を上下中央の右端に配置するスタイル

「&」を利用。この場合「.btn-more:hover」と出力される

main要素とfooter要素

レイアウト部分の調整として、main要素とfooter要素用のSCSSを記述します 図8。header要素は**Lesson6-04**で扱いますので、セレクタのみを記述しておきます。

図8 レイアウト部分のSCSS

```
//header
//--------------------
.header {

}

//main
//--------------------
.main {
  margin-top: 67px;
  @include mq(md-min) {
    margin-top: 0;
  }
}

//footer
//--------------------
.footer {
  text-align: center;
  padding: 4px 0;
  margin-top: 64px;
  background-color: #faf5e9;
  @include mq(md-min) {
    margin-top: 96px;
  }
}
```

モバイル表示ではheaderが上部に固定となり、そのぶんの余白を確保するためのmargin-top

Lesson 6 04 レスポンシブ対応のヘッダーを作成する

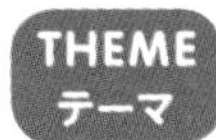

120 min

THEME テーマ ページの上部のナビゲーション、ロゴ部分の「ヘッダー」を作成しましょう。モバイル表示とPC表示との違いをメディアクエリで実現し、モバイル表示時の開閉式メニューをjQueryで実装します。

完成イメージの確認

ここからはサイトを上部から順に作成していきます。まずは「ヘッダー」部分のモバイル表示・タブレット端末表示・PC表示それぞれのデザインを確認しましょう 図1 図2 図3。

モバイル表示ではハンバーガーメニューが表示され、jQueryによってクリックでナビゲーションが開閉するしくみとします。一方でPC表示では左にロゴ、右にグローバルナビゲーションというオーソドックスな作りです。

図1 ヘッダーのモバイル用レイアウト構成

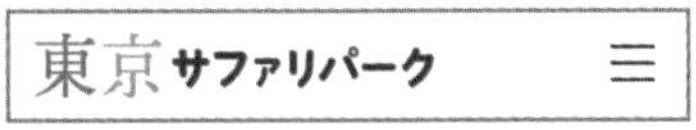

東京サファリパーク
通常時ハンバーガー

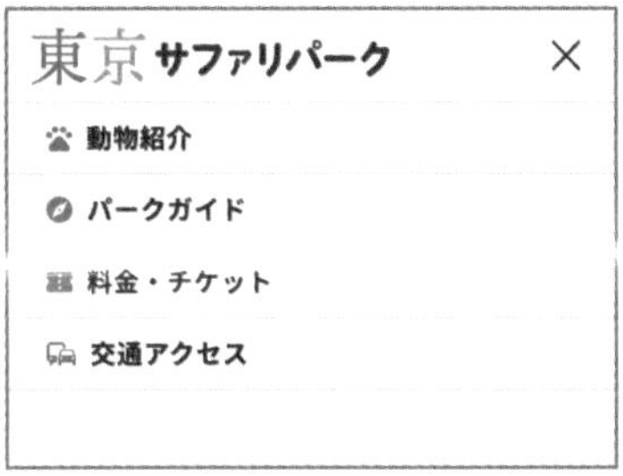

東京サファリパーク
動物紹介
パークガイド
料金・チケット
交通アクセス
メニュークリック後

図2 ヘッダーのPC用レイアウト構成

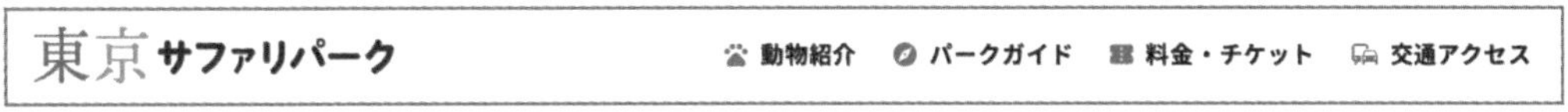

東京サファリパーク
動物紹介
パークガイド
料金・チケット
交通アクセス

図3 ヘッダーのタブレット端末用レイアウト構成

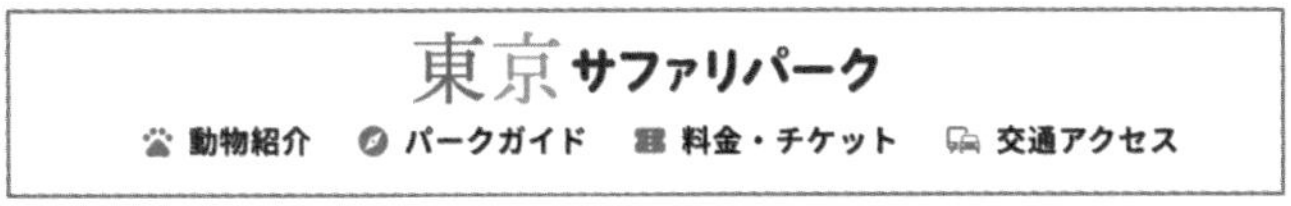

東京サファリパーク
動物紹介
パークガイド
料金・チケット
交通アクセス

ヘッダーのHTMLを記述する

ヘッダーのHTMLを図4のように記述しましょう。HTMLを見ると、<header>タグの内側の要素として、ロゴを表示している<h1>タグ、ハンバーガーメニューの<button>タグ、グローバルナビゲーションの<nav>タグの3つが並んでいるマークアップになっています。これはCSSのメディアクエリで表示をコントロールすることで、PCではロゴとナビのみ、モバイル表示ではボタンとナビのみの表示とします。

図4 ヘッダーのHTML

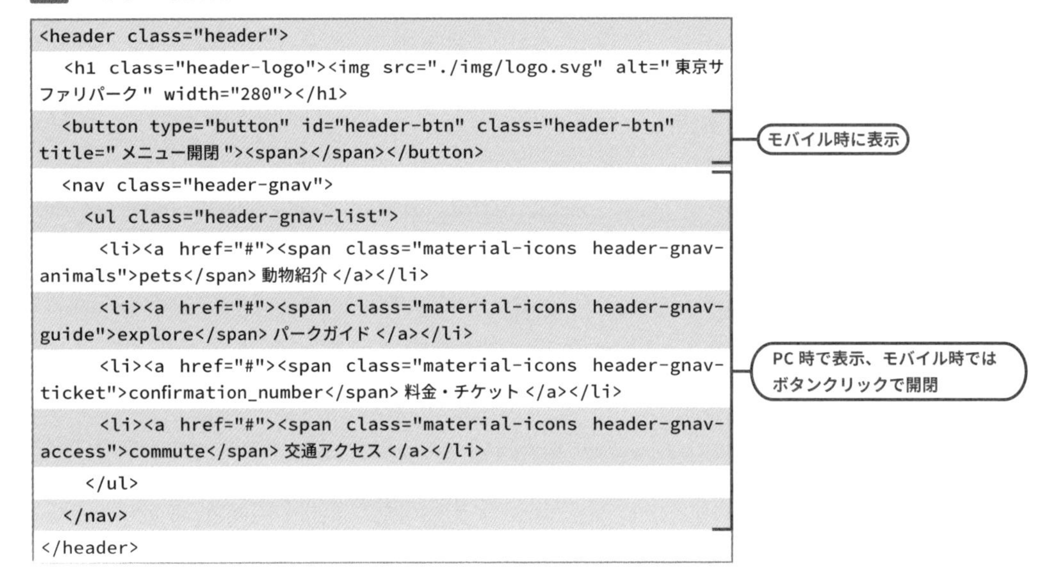

```
<header class="header">
  <h1 class="header-logo"><img src="./img/logo.svg" alt=" 東京サファリパーク " width="280"></h1>
  <button type="button" id="header-btn" class="header-btn" title=" メニュー開閉 "><span></span></button>
  <nav class="header-gnav">
    <ul class="header-gnav-list">
      <li><a href="#"><span class="material-icons header-gnav-animals">pets</span> 動物紹介 </a></li>
      <li><a href="#"><span class="material-icons header-gnav-guide">explore</span> パークガイド </a></li>
      <li><a href="#"><span class="material-icons header-gnav-ticket">confirmation_number</span> 料金・チケット </a></li>
      <li><a href="#"><span class="material-icons header-gnav-access">commute</span> 交通アクセス </a></li>
    </ul>
  </nav>
</header>
```


ヘッダーのSCSSを記述する

続いてはSCSSを図5のように記述しましょう。

<header class="header">には「display: flex;」を設定しています。モバイル表示では<header>タグの内側の要素が横並びに配置される表示でよいのですが、タブレット以上のサイズでは縦並びの配置になる「flex-direction: column;」を設定します。そして、これをさらにPC表示では横並びになるよう上書きをする「flex-direction: row;」を設定します。

また、モバイル表示では上部に固定するので「position: fixed;」を設定し、タブレット表示・PC表示は位置固定とならない「position: static;」とします。このとき、ヘッダーに「position: fixed;」を設定しつつ画面いっぱいの幅に広がるようにしたい場合、「width: 100%;」が必要となります。

ハンバーガーメニューはタブレット表示・PC表示のときに「display: none;」とすることで非表示にしています。グローバルナビゲーションは、モバイル表示では「position: absolute;」「right: -100%;」と画面外に隠しているのですが、タブレット表示・PC表示では「position: static;」とすることで「right」の効果があらわれないようにしています。

図5 ヘッダーのSCSS

```
//header
//--------------------
.header {
  display: flex;
  justify-content: space-between;
  align-items: center;
  margin: 0 auto;
  padding: 12px 16px;
  position: fixed; ——上部に固定
  left: 0;
  top: 0;
  z-index: 1000;
  max-width: $m-width;
  width: 100%;
  background-color: #fff;
  @include mq(md-min) {
    position: static;
    flex-direction: column; ——タブレット端末で縦の配置に
  }
  @include mq(lg-min) {
    flex-direction: row; ——PC で横の配置に
  }
}
.header-logo {
  line-height: 1;
  @include mq(sm-max) {
    width: 250px;
  }
}
.header-btn {
  width: 32px;
  height: 20px;
  padding-right: 5px;
  background: none;
  display: block;
  z-index: 500;
  span {
    position: relative;
    display: block;
    height: 2px;
    background: $c_black;
    transition: all .3s;
    &::before,
    &::after {
      position: absolute;
      left: 0;
      content: "";
```
（span { 〜 content: ""; ：ハンバーガーメニューのスタイル）

```
      display: block;
      width: 100%;
      height: 2px;
      background: $c_black;
      transition: all .3s;
    }
    &::before {
      top: -10px;
    }
    &::after {
      bottom: -10px;
    }
  }
  @include mq(md-min) {
    display: none; ―― タブレット端末以上でボタンを非表示に
  }
}
.header-gnav {
  margin-top: 62px;
  width: 100%;
  height: 100vh;
  position: absolute;
  top: 0;
  right: -100%; ―― モバイル時に画面外に配置して隠しておく
  transition: all .5s;
  background-color: #fff;
  @include mq(md-min) {
    margin-top: 0;
    width: auto;
    height: auto;
    position: static; ―― 絶対配置をやめることで「right」が適用されなくなる
  }
}
.header-gnav-list {
  border-top: 1px solid $c_beige;
  a {
    display: flex;
    font-weight: bold;
    align-items: center;
    padding: 8px 24px;
    font-size: 18px;
    border-bottom: 1px solid $c_beige;
    span {
      font-size: 22px;
      color: $c_green;
      margin-right: 8px;
      &.header-gnav-access {
        font-size: 24px;
      }
    }
  }
```

```
  @include mq(md-min) {
    display: flex;
    border: none;
    a {
      border: none;
      margin-left: 16px;
      padding: 5px;
    }
  }
}
```


開閉式メニューをjQueryで実装

次に、モバイル表示時の開閉式メニュー部分のjQueryのコーディングと、ボタンを押した際の表示関連のSCSSを記述しましょう。

JavaScript（jQuery）のファイルは<head>内に<script>タグで「**script.js**」を読み込み、この内容を図6のように記述します。これは、クリック(画面タップ)するごとに、<body>タグにclass名「**is-openMenu**」を付与したり外したりする、というスクリプトです。

また、この「is-openMenu」が設定されているときのスタイルは図7のように記述します。ハンバーガーメニューは真ん中の横棒部分の背景色を透明にし、上下の横棒は角度を斜め45度にして「×」の形にする、というようなスタイルです。グローバルナビゲーションは、「is-openMenu」が付与されたときに「right: -100%;」から「right: 0;」のスタイルに上書きされることによって表示させます。

図6 ヘッダーのJavaScript

HTML

```
<head>
  <meta charset="UTF-8">
  <meta name="viewport" content="width=device-width,initial-scale=1">
  <title>東京サファリパーク</title>
  (中略)
  <script src="https://code.jquery.com/jquery-3.5.1.min.js" integrity="sha256-9/aliU8dGd2tb6OSsuzixeV4y/faTqgFtohetphbbj0=" crossorigin="anonymous"></script>
  <script src="./js/script.js"></script>
</head>
```

jQueryの本体を先に読み込む

jQuery本体の後に記述する

JavaScript

```
$(document).ready(function () {
  $("#header-btn").on("click",function(){
    $("body").toggleClass("is-openMenu");
  });
});
```

ボタン部分をクリックしたときのイベント

body要素に「is-openMenu」というclassをつけ外しする

図7 ヘッダーが開いているときのSCSS

```
// open
//--------------------
.is-openMenu {
  .header-btn {
    span {
      background: transparent;
      &::before {
        top: 0;
        transform: rotate(45deg);
      }
      &::after {
        top: 0;
        transform: rotate(-45deg);
      }
    }
  }
  .header-gnav {
    right: 0;
  }
}
```

ボタンの三本線を「×」に変形させる

右に隠れていたナビゲーションを表示させる

メインビジュアル部分にスライドショーを実装する

Webサイトの「顔」ともなる部分がメインビジュアルです。今回は、「Swiper」というJavaScriptプラグインを利用して、メインビジュアル部分に複数の画像が切り替わるスライドショーを実装します。

スライドショーの仕様を確認する

メインビジュアル部分に使うスライドショー（スライダー）を実装していきます。JavaScriptの**プラグイン**として使えるスライドショーには、有料・無料ともにさまざまなものがあり、どれを選ぶべきなのかで迷う場合もあります。そこで、作成するスライドショー部分に、どんな機能が必要なのかを洗い出してみるのがよいでしょう。

今回のスライドショーでは以下の機能・条件が必要となります。

- レスポンシブ対応
- 左右に矢印を設定し、下部には円形の現在位置を表示するしくみ
- 自動で切り替わる
- 切り替わりはフェード

WORD プラグイン

本体となるプログラムやソフトウェア（この場合はjQuery）を拡張する、ひとまとまりの機能を備えたプログラム。

これらに対応可能なスライドショーとして、「**Swiper**」を採用します 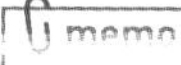。スライドショーなどのプラグインを選ぶときには、プラグインの紹介サイトにはデモサイトが含まれていることが多く、そこで紹介されている機能と作成したいスライドショーの機能とを照らし合わせて確認するとよいでしょう 図2。

memo

Lesson5-07の220ページでも「Swiper」を扱いましたが、改めて実装方法を確認していきます。

図1 Swiper

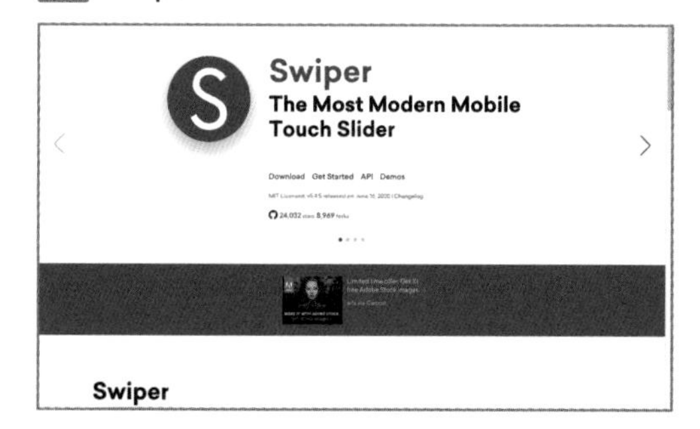

https://swiperjs.com/

図2 Swiperのデモページ

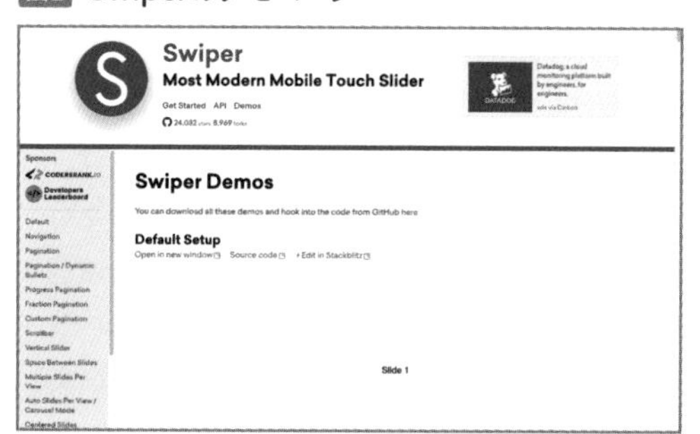

https://swiperjs.com/demos/

Swiperを読み込む

制作に入る前に、まずはSwiperの「Get Started（入門）」のページを確認しておきましょう図3。Swiperのようなプラグインの公式サイトには、このような導入のためのページが用意されている場合が多くあります。「**Use Swiper from CDN**」に沿って、CDNでSwiperのJavaScriptとCSSを読み込みます。

Lesson5-04では、簡易なものではありましたがJavaScriptを扱いましたが、動きや「クリック時」などの操作を可能とするのはJavaScript、見た目やレイアウトはCSSで設定しました。Swiperもこれは変わらないので、プラグインにはJavaScriptだけでなくCSSも含まれていて、両方が必要となります。

memo
欧米圏の方が開発者の場合は英語のサイトとなりますが、平易な単語で書かれていることも多く、コード さえ読めれば理解できることもあります。

図3 SwiperのGet Startedページ

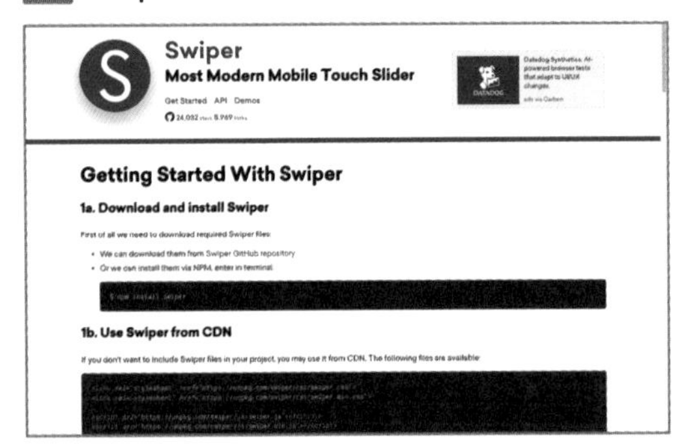

https://swiperjs.com/get-started/

Swiperを動かしてみる

東京サファリパークのデザインをスライドショー部分に反映させる前に、まずは「Get Started」で紹介されているコードを記述してみることで、Swiperが自分のサイトで動くのかを確認してみましょう。

図4のようにHTML、CSS（SCSS）、JavaScriptのコードを記述します。<head>タグ内にはSwiperのCSSとJavaScriptをCDNで読み込んでいます。「Initialize Swiper」のJavaScriptコードは、紹介されているものをHTML内の**</body>の直上に<script>タグとして記述しています**。

記述が問題なければ、次ページ図5のようになります。スクロールバーがあったり、スライドする方向が縦方向になっていたりしていますが、あくまでも仮のスライドショーなので、これらの見た目でいったんは問題ありません。クリックでスライドが動かせるかを確認しましょう。いきなり完成形を記述するのではなく「Get Started」の内容を試すのは、挙動がおかしい場合に問題を絞り込みやすくなるからです。

もしうまく動かない場合は、**Lesson1-06**で紹介した「デベロッパーツール」を立ち上げて、249ページ図6のようなエラー表示が出ていないかを確認します。このとき、赤い「×」アイコンをクリックすると「**コンソールパネル**」が開き、エラーメッセージを確認できます。エラーには、ファイルが読み込まれていない「参照エラー」や、JavaScriptの記述内のエラーである「シンタックスエラー」などがあります（249ページ図7）。図4の記述例やサンプルコードも参考にしつつ、原因を特定・解決しましょう。

図4 HTML、SCSS、JavaScriptのコード

HTML

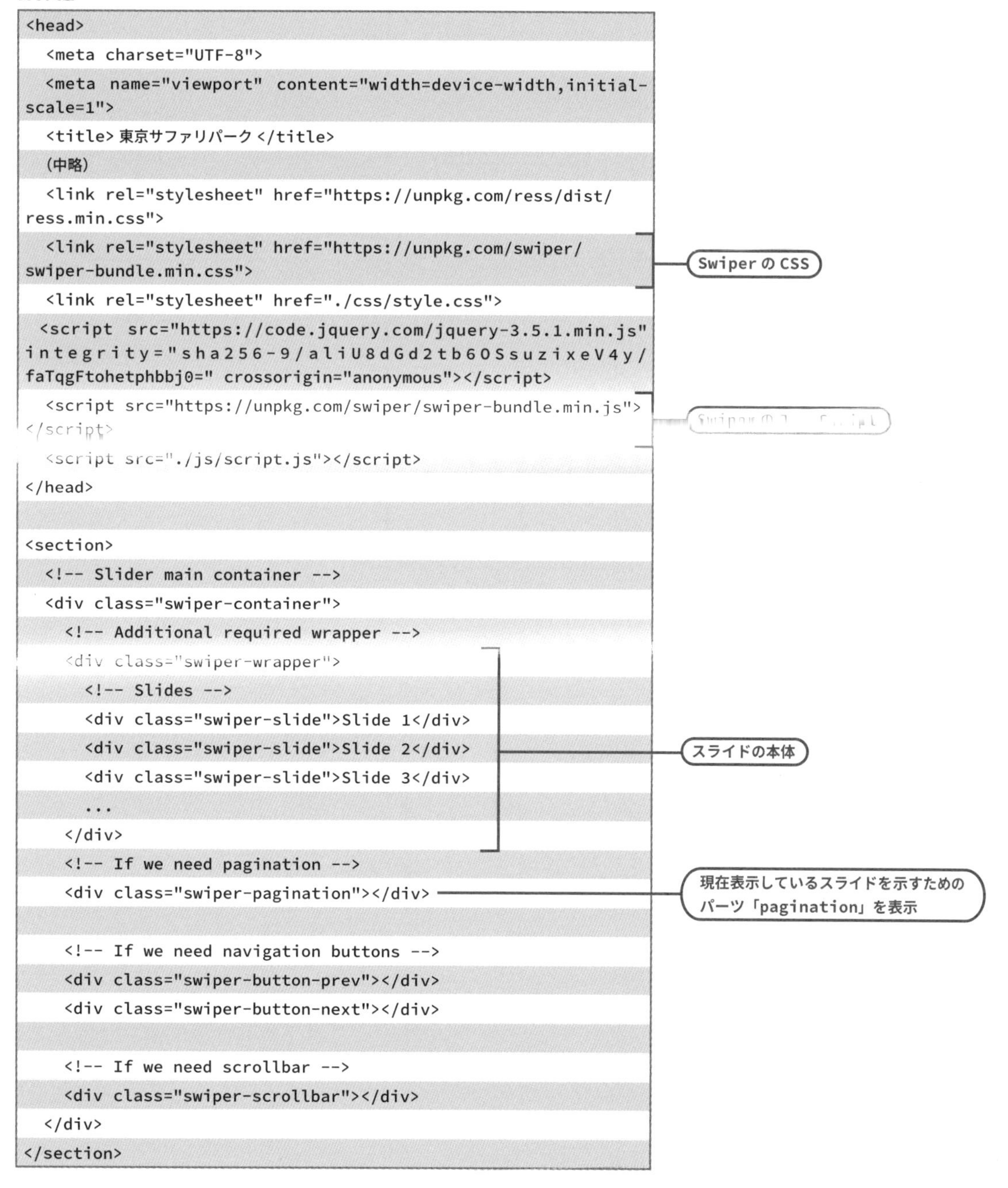

```
<head>
  <meta charset="UTF-8">
  <meta name="viewport" content="width=device-width,initial-
scale=1">
  <title>東京サファリパーク</title>
  (中略)
  <link rel="stylesheet" href="https://unpkg.com/ress/dist/
ress.min.css">
  <link rel="stylesheet" href="https://unpkg.com/swiper/
swiper-bundle.min.css">
  <link rel="stylesheet" href="./css/style.css">
  <script src="https://code.jquery.com/jquery-3.5.1.min.js"
integrity="sha256-9/aliU8dGd2tb6OSsuzixeV4y/
faTqgFtohetphbbj0=" crossorigin="anonymous"></script>
  <script src="https://unpkg.com/swiper/swiper-bundle.min.js">
</script>
  <script src="./js/script.js"></script>
</head>

<section>
  <!-- Slider main container -->
  <div class="swiper-container">
    <!-- Additional required wrapper -->
    <div class="swiper-wrapper">
      <!-- Slides -->
      <div class="swiper-slide">Slide 1</div>
      <div class="swiper-slide">Slide 2</div>
      <div class="swiper-slide">Slide 3</div>
      ...
    </div>
    <!-- If we need pagination -->
    <div class="swiper-pagination"></div>

    <!-- If we need navigation buttons -->
    <div class="swiper-button-prev"></div>
    <div class="swiper-button-next"></div>

    <!-- If we need scrollbar -->
    <div class="swiper-scrollbar"></div>
  </div>
</section>
```

SCSS

```
.swiper-container {
  width: 600px;
  height: 300px;
}
```

JavaScript

```
<script>
  var mySwiper = new Swiper ('.swiper-container', {
    // Optional parameters
    direction: 'vertical',
    loop: true,

    // If we need pagination
    pagination: {
      el: '.swiper-pagination',
    },

    // Navigation arrows
    navigation: {
      nextEl: '.swiper-button-next',
      prevEl: '.swiper-button-prev',
    },

    // And if we need scrollbar
    scrollbar: {
      el: '.swiper-scrollbar',
    },
  })
</script>
```

スライドの方向を縦にする

pagination の表示

左右の矢印の表示

スクロールバーの表示

index.html の </body> タグ直上に記述する

図5 仮のスライドショー

図6 デベロッパーツールのエラー表示

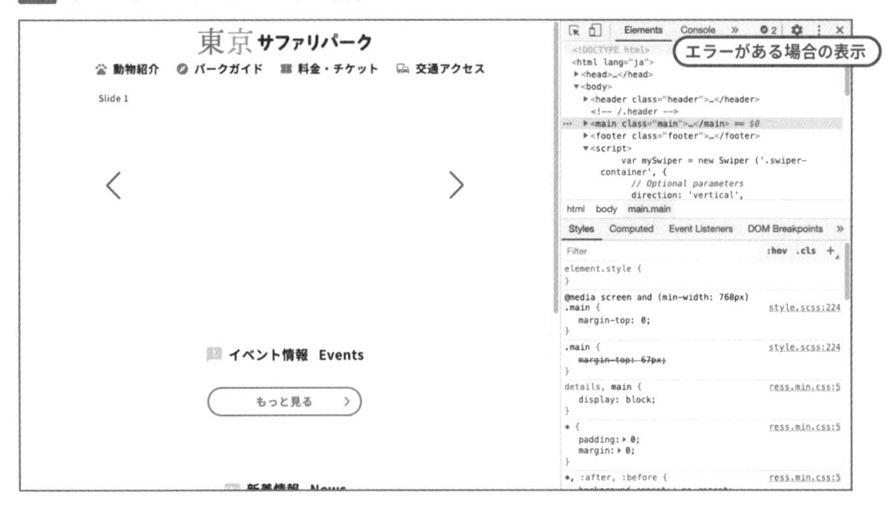

図7 エラーメッセージ

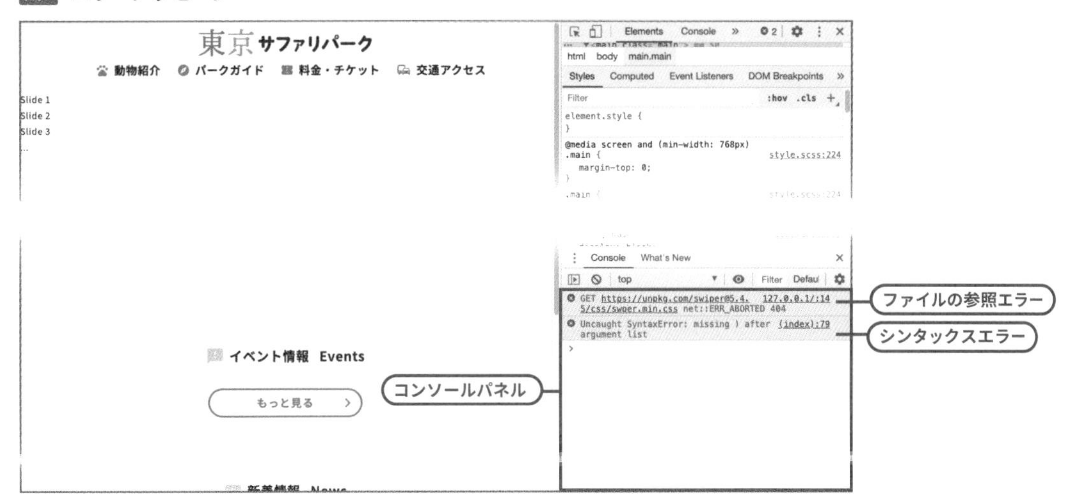

HTMLとCSSを記述する

現状のスライドショーはあくまでも仮ですので、実際のデザインのものに変更していきます。まずはHTMLを書き換えましょう。<main>タグの1つ目の<section>タグ内に記述していた「<div class="swiper-container">～</div>」を削除し、次ページ図8の「<div class="swiper-container swiper-slider_01">～</div>」に差し替えます。

スライドショー部分は「swiper-slider_01」というclass名としています。これは、ページ下部にある「動物紹介部分」もSwiperを設定するための連番で、スライドショー部分を「swiper-slider_01」、動物紹介部分を「swiper-slider_02」とします。画像部分には、<picture>タグの**レスポンシブイメージ**を利用します。<source>タグには「media="(max-width:

575px)"」を設定することで、575px以下は「srcset属性」で設定されたモバイル用の画像が表示されます。

続いてはSCSSです。仮のスライドショー用に設定したSCSS（CSS）は簡易なものでしたが、それを消して設定します。このとき、「.swiper-slider_01」と「.swiper-slider_02」の両方に共通するスタイルを共通パーツとして上部にまとめて記述しておきます図9。

「.swiper-slider_01」の記述がメインビジュアル部分のスタイルとなります図10。

各スライド部分は、PC表示では「object-fit: cover;」と「height: 540px;」を設定しています。これを設定することで、次ページ図11のような画像が潰れたような表示になることを避けられます。

POINT

本来、この「共通スタイルをまとめる」工程は、2つ目のスライダーを作成している際に共通のスタイルを確認しつつ取り組むことが多いでしょう。

memo

object-fit: cover;はIE11には対応していません。これを解決する場合、IE11にobject-fit: cover;を適用させるためのJavaScriptの「fitie」などを別途読み込みます。

ただし、object-fit: cover;を適用している箇所に利用しているSwiperなどのプラグインとの相性の影響で、完璧に解決することが難しいこともあるため、条件によってはobject-fit: cover;以外の方法を用いるほうがよい場合もあります。

・fitie
https://github.com/jonathantneal/fitie

図8 HTMLのコードを書き換える

```
<section>
  <div class="swiper-container swiper-slider_01">
    <div class="swiper-wrapper">
      <div class="swiper-slide">
        <picture>
          <source media="(max-width: 575px)" srcset="./img/
main-sp_01.jpg">
          <img src="./img/main_01.jpg" alt="ライオンのオス２頭">
        </picture>
      </div>
      <div class="swiper-slide">
        <picture>
          <source media="(max-width: 575px)" srcset="./img/
main-sp_02.jpg">
          <img src="./img/main_02.jpg" alt="フラミンゴの群れ">
        </picture>
      </div>
      <div class="swiper-slide">
        <picture>
         <source media="(max-width: 575px)" srcset="./img/
main-sp_03.jpg">
         <img src="./img/main_03.jpg" alt="どんぐりをほおばるリス">
        </picture>
      </div>
    </div>
    <div class="swiper-pagination"></div>
    <div class="swiper-button-prev"></div>
    <div class="swiper-button-next"></div>
  </div>
  <!-- /.swiper-container -->
</section>
```

メインビジュアル部分用スライダーの名称

レスポンシブイメージで画像を用意

pagination の表示

左右の矢印の表示

図9 スライドショー用の共通スタイルのSCSSコード

```
//slider common
//--------------------
.swiper-container-horizontal>.swiper-pagination-bullets {
  bottom: -5px;
  .swiper-pagination-bullet {
    margin: 0 8px;
    @include mq(md-min) {
      margin: 0 12px;
    }
  }
}
.swiper-pagination-bullet {
  width: 12px;
  height: 12px;
}
.swiper-pagination-bullet-active {
  background-color: $c_green;
}
.swiper-button-next, .swiper-button-prev {
  color: $c_green;
  overflow: hidden;
  &:after {
    font-family: 'Material Icons';   ← 左右矢印を Material Icon の矢印に変更
    font-size: 60px;
  }
}
.swiper-button-next {
  &:after {
    content: "navigate_next";
  }
}
.swiper-button-prev {
  &:after {
    content: "navigate_next";
    transform: scale(-1, 1);   ← 右向き矢印が左向きになるよう反転
  }
}
```

図10 メインビジュアル部分用のSCSSのコード

```
//main visual
//--------------------
.swiper-slider_01 {
  text-align: center;
  padding-bottom: 28px;   ┐
  margin-bottom: -28px;   ┘ pagination の影響で下部余白がズレるのを回避
  img {
    @include mq(sm-min) {
      object-fit: cover;   ← 540px の高さをキープしたまま幅いっぱいに画像を表示
      height: 540px;
```

```
      width: 100%;
    }
  }
  .swiper-button-next, .swiper-button-prev {
    top: calc( 50% - 16px);
  }
  @include mq(md-min) {
    padding-bottom: 32px;
    margin-bottom: -32px;
  }
}
```

図11 画像が潰れたような表示

JavaScriptを記述する

最後に、JavaScriptを書き換えます。**HTMLの</body>のすぐ上に書いていた<script>タグを消しておき**、一方で<head>内に「**top.js**」のファイルを読み込む<script>タグを追加し、内容は図12のようにします。これはjQueryの「document.ready」イベントを用いているので、<head>内から読み込むことができます。HTMLのclass名の「swiper-slider_01」に反映されるように、JavaScriptには「'.swiper-slider_01'」と記述しています。

デベロッパーツールでエラーなどがなく、左右の矢印などをクリックして稼働するかを確認しましょう。

図12 JavaScriptを書き換える

```
$(document).ready(function () {
  const swiper01 = new Swiper('.swiper-slider_01', {
    loop: true,
    speed: 1000,
    autoplay: {
      delay: 5000,
    },
    effect: 'fade',
    pagination: {
      el: '.swiper-pagination',
      clickable: true,
    },
    navigation: {
      nextEl: '.swiper-button-next',
      prevEl: '.swiper-button-prev',
    },
  });
});
```

ページ中部のコンテンツ部分を作成する

続いては「イベント情報」「新着情報」のコンテンツ部分を作成します。JavaScriptは利用しない部分ですので、レスポンシブWebデザインに対応するHTMLとCSSを記述していきましょう。

イベント情報部分のHTMLとCSSを記述する

Lesson6-03で見出しとボタンは作成していますので、その2つの間にイベント情報部分を作成しましょう。HTML、SCSSは図1のようになります。モバイル表示では1列、PC表示では3列となります。

PC表示のとき、イベント情報のそれぞれのli要素の幅は「**calc**」を使っています。li要素には左右のmarginとして8pxの、合計16pxのmarginが設定されていますが、同時にli要素のwidthを33%とした場合、3つのliの幅の合計が100%を超えてしまい、ul要素の中にli要素が入り切らなくなってしまいます。これを解決するのが「calc」で、「width: calc(33% - 16px);」とすることで、広がった16pxのmarginを打ち消しています。このように、異なる単位での計算を可能とするのが「calc」です。「calc」はSassではなく、CSSで可能な記述方法です。

図1 イベント情報部分のHTML、SCSS

HTML

```
<section>
  <h2 class="heading-lv1"><span class="material-icons heading-icon">feedback</span> イベント情報 <span class="heading-sub">Events</span></h2>
  <ul class="events-list">
    <li>
      <a href="#">
        <figure><img src="./img/event_01.jpg" alt=" サファリカー "></figure>
        <div class="events-info">
          <p class="events-title"> サファリバスツアー </p>
          <p class="events-txt"> 野生の動物をたくさん見られる、大迫力の全面金網バスで敷地内をぐるっと 1 周！ </p>
        </div>
      </a>
    </li>
    <li>
      <a href="#">
        <figure><img src="./img/event_02.jpg" alt=" 牧場広場の羊 "></figure>
```

```
      <div class="events-info">
        <p class="events-title">牧場広場で酪農体験</p>
        <p class="events-txt">併設の牧場で乳搾り体験ができます。牛や羊と触れ合える広場です。</p>
      </div>
    </a>
  </li>
  <li>
    <a href="#">
      <figure><img src="./img/event_03.jpg" alt="餌やりの様子"></figure>
      <div class="events-info">
        <p class="events-title">餌やり体験ツアー</p>
        <p class="events-txt">飼育員と一緒に餌やり体験ができるツアーです。間近で動物を観察してみましょう。</p>
      </div>
    </a>
  </li>
</ul>
<!-- /.events-list -->
<a href="#" class="btn-more">もっと見る<span class="material-icons">navigate_next</span></a>
</section>
```

SCSS

```
//events
//--------------------
.events-list {
  display: flex;
  justify-content: space-between;
  flex-wrap: wrap;
  max-width: $m-width;
  margin:0 16px -16px;
  @include mq(md-min) {
    margin: 0 auto -16px;
    padding: 0 16px;
  }
  li {
    margin: 16px auto;
    width: 100%;
    max-width: 500px;
    box-shadow: 0px 2px 5px rgba(0, 0, 0, 0.2);
    @include mq(md-min) {
      width: calc( 33% - 16px );
      margin-left: 8px;
      margin-right: 8px;
    }
  }
  .events-info {
    padding: 8px 16px 16px;
  }
  .events-title {
    font-size: 18px;
    font-weight: bold;
    margin-bottom: 0.25em;
```

li下部のmarginの16pxを打ち消す

タブレット端末・PC表示でliを3つ並べつつ、左右に余白を作る

```
  }
}
```

新着情報部分のHTMLとCSSを記述する

次は新着情報部分です。こちらも、見出しとボタンの間に新着情報部分を作成しましょう。HTML、SCSSは図2のようになります。

新着情報のリストはtime要素の日付とp要素のテキストにわかれていますが、その2つは包んでいるa要素に設定された「display: flex;」で横並びになっています。このとき、<time>タグの幅を固定させたいのですが、<p>タグのテキスト量によっては<time>タグの幅が変わってしまいます(258ページ図3)。これを避けるため、<time>タグに「**flex: 0 0 auto;**」を指定しています。

図2 新着情報部分のHTML、SCSS

HTML

```
<section>
  <h2 class="heading-lv1"><span class="material-icons heading-icon">fiber_new</span> 新着情報 <span class="heading-sub">News</span></h2>
  <ul class="news-list">
    <li>
      <a href="#">
        <time datetime="2020-05-24">2020 年 5 月 24 日 </time>
        <p> トラの赤ちゃんが生まれました！ </p>
      </a>
    </li>
    <li>
      <a href="#">
        <time datetime="2020-05-20">2020 年 5 月 20 日 </time>
        <p> 東京サファリパークのテレビ放送のお知らせ </p>
      </a>
    </li>
    <li>
      <a href="#">
        <time datetime="2020-05-18">2020 年 5 月 18 日 </time>
        <p> 営業時間変更に関するお知らせ </p>
      </a>
    </li>
    <li>
      <a href="#">
        <time datetime="2020-05-10">2020 年 5 月 10 日 </time>
        <p> インスタグラム、はじめました！ </p>
      </a>
    </li>
    <li>
      <a href="#">
        <time datetime="2020-04-24">2020 年 4 月 24 日 </time>
```

```
        <p> ホームページをリニューアルしました！ </p>
      </a>
    </li>
  </ul>
  <!-- /.news-list -->
  <a href="#" class="btn-more"> もっと見る <span class="material-icons">navigate_next</span></a>
</section>
```

SCSS

```
//news
//--------------------
.news-list {
  max-width: 800px;
  margin: 16px auto;
  padding: 0 16px;
  li {
    border-top: 1px dashed $c_beige;
    &:last-of-type {
      border-bottom: 1px dashed $c_beige;
    }
  }
  a {
    display: flex;
    padding: 8px 0;
  }
  time {
    flex: 0 0 auto;
  }
  p {
    font-size: 16px;
    margin-left: 24px;
    line-height: 1.4;
    @include mq(md-min) {
      margin-left: 48px;
    }
  }
}
```

最後の要素だけに適用させるセレクタ

<time> の幅を変えないための設定

図3 <time>の幅が変わってしまった様子

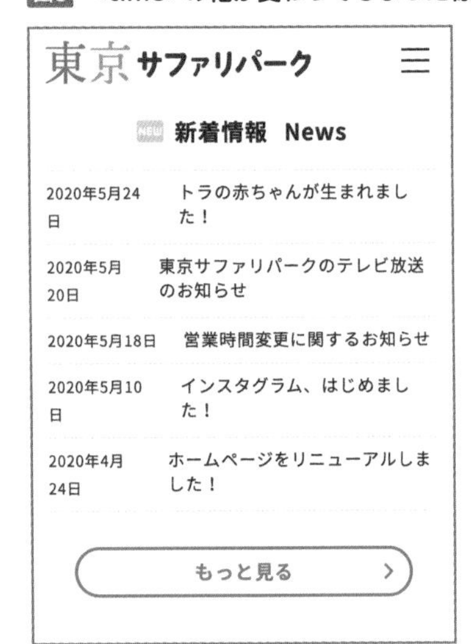

memo

<time>に「flex: 0 0 auto;」を指定していない場合、図3のように<time>の幅が変わります。

ページ下部のカルーセルを実装する

「動物紹介」部分は、左右の矢印をクリックでコンテンツがスライドする「カルーセル」を実装します。オプションの設定を変えることでSwiperをカルーセルとしても利用できます。

カルーセルとは

「カルーセル」とは日本語で回転木馬のことです。Webでの「カルーセル」はスライドショーの一種で、主に左右の矢印をクリックするとコンテンツがスライドしていくものを指します。カルーセル専用のプラグインもありますが、Swiperはカルーセル形式で実装が可能なので、引き続きSwiperを使います。

Swiperのデモの中では「Loop Mode with Multiple Slides Per Group」が作りたいサンプルに近いでしょう図1。このデモでは、1回のクリックで3つずつスライドが動くようになっていますが、これを1回のクリックで1つのスライドが動くように変更します。

Swiperのデモはオンラインコードエディタのstackblitzでコードを実際に変更して試すことができます。タイトルのすぐ下にある3つのリンクのうち、右の**「Edit in Stackblitz」をクリック**すると、Visual Studio Codeベースのオンラインエディタが立ち上がります（次ページ図2）。「index.html」の下部、「<!-- Initialize Swiper -->」以降に初期化用のJavaScriptコードがあり、その中の**「slidesPerGroup: 3」の行を消すかコメントアウト**してみましょう（次ページ図3）。初期状態が1回のクリックで1つのスライドが動く設定となっているので、問題なければそのように変更されています。

> **memo**
> 日本や英国などはメリーゴーランドですが、カルーセルはフランス語またはアメリカ英語の「carousel」に近い呼び方です。

図1 Swiperのデモ「Loop Mode with Multiple Slides Per Group」

図2 Stackblitzを立ち上げた様子

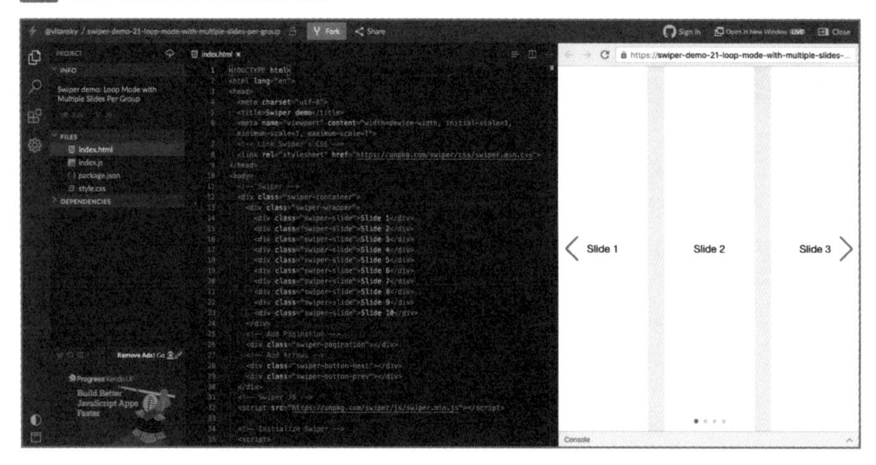

図3 デモのコードを変更する

動物紹介部分のHTMLとSCSS

左右のスライドを動かすための矢印を、スライダーの外側に配置されるように変更したいところですが、これはSwiperのオプションでは対応していないため、HTMLとCSS（SCSS）を変更します。

HTMLは図4のようにし、「<div class="swiper-container swiper-slider_02">」の外側に「<div class="swiper-outer">」を追加します。矢印部分となる「<div class="swiper-button-prev"></div>」と「<div class="swiper-button-next"></div>」は、通常は「<div class="swiper-container">」の中に入れますが、これを「<div class="swiper-outer">」の子要素として配置しています。

SCSSは図5のとおりです。「.swiper-outer」に「padding: 0 40px;」を設定することで矢印の幅が配置されるだけの余白を確保し、「.swiper-outer」に「position: relative;」の設定を追加したことによって矢印の基準位置が「.swiper-outer」から見て上から50%の位置となります。

> **memo**
> 「.swiper-button-prev」と「.swiper-button-next」の「top: 50%;」のスタイルは、別途CDNから読み込んでいる「swiper.min.css」によるスタイルです。

図4 動物紹介部分のHTML

```
<section>
  <h2 class="heading-lv1"><span class="material-icons heading-icon">pets</span> 動 物 紹 介 <span class="heading-sub">Animals</span></h2>
  <div class="swiper-outer">  ← 新規追加
    <div class="swiper-container swiper-slider_02">  ← Swiperを呼び出すclass名
      <div class="swiper-wrapper">
        <!-- Slides -->
        <div class="swiper-slide"><a href="#"><img src="./img/animal_01.jpg" alt=" きつね "></a></div>
        <div class="swiper-slide"><a href="#"><img src="./img/animal_02.jpg" alt=" レッサーパンダ "></a></div>
        <div class="swiper-slide"><a href="#"><img src="./img/animal_03.jpg" alt=" きりん "></a></div>
        <div class="swiper-slide"><a href="#"><img src="./img/animal_04.jpg" alt=" リャマ "></a></div>
      </div>
    </div>
    <!-- /.swiper-container -->
    <div class="swiper-button-prev"></div>  ┐ <div class="swiper-container">の外に記述
    <div class="swiper-button-next"></div>  ┘
  </div>
  <!-- /.swiper-outer -->
  <a href="#" class="btn-more"> もっと見る <span class="material-icons">navigate_next</span></a>
</section>
```

図5 動物紹介部分のSCSS

```
//animals
//--------------------
.swiper-outer {
  margin: 16px auto;
  max-width: 800px;
  padding: 0 40px;  ← 矢印を配置するための余白
  position: relative;
}
.swiper-slider_02 {
  img {
    border-radius: 99em;       ┐
    border: solid 6px $c_beige; │ スライドを円形にする
    box-sizing: border-box;    ┘
  }
}
```

動物紹介部分のJS

最後はJavaScriptですが、次ページ図6のように記述します。「.swiper-slider_01」のオブジェクトの下に、「.swiper-slider_02」のSwiperのオプションを追加していきましょう。「**breakpoints: { ～ }**」はブレイクポイントを指定できるオプションで、「500: {～}」の場合は、端末やブラウザの画面幅が500px以上のときに「{～}」内の記述が優先されます。

「500: { ～ }」の指定はタブレット表示時の設定、「768: { ～ }」ではPC表示時の設定を記述しています。

図6 動物紹介部分のJavaScript

```
const swiper02 = new Swiper('.swiper-slider_02', {  ← 適用する要素の class 名
  loop: true,
  speed: 600,
  slidesPerView: 2,
  spaceBetween: 16,
  navigation: {
    nextEl: '.swiper-button-next',
    prevEl: '.swiper-button-prev',
  },
  breakpoints: {
    500: {  ← 画面が 500px 以上のときに上書きされる
      slidesPerView: 3,
      spaceBetween: 12
    },
    768: {  ← 画面が 768px 以上のときに上書きされる
      slidesPerView: 4,
      spaceBetween: 18
    }
  },
});
```

Lesson 7

Vue.jsを取り入れる

撮影した写真を掲載するギャラリーサイトを作成します。Vue.jsを利用した写真データの読み込みから表示、カテゴリ別のフィルタリングなど非同期型の実装方法について解説します。

読む　準備　設計　制作

完成形と全体構造の確認

THEME テーマ

Lesson7では、複数の画像を掲載するギャラリーサイトの制作を行います。jsonファイルで写真を管理し、自動で写真を読み込むオートロードやカテゴリ別のフィルタリングなどJavaScriptを使った実装方法を紹介します。

サンプルサイトの仕様

JavaScriptフレームワークの「Vue.js」を利用して、多数の写真を掲載するギャラリーサイトのサンプルを作成します。制作するサイトは1ページ構成で、写真の縦横の比率に合わせて隙間を敷き詰めたMasonry構成のレイアウトになっており、スクロールに合わせて写真を自動で表示します。モバイルサイトでは、レスポンシブのブレイクポイントを「768px」に設定し、PCでは3カラムだった写真の表示を1カラムで表示します 図1。

> **memo**
> Lesson7で使用している写真は、ぱくたそ（https://www.pakutaso.com/）の写真素材を利用しています。二次配布物の受領者がこの写真を継続して利用する場合は、ぱくたそ公式サイトからご自身でダウンロードしていただくか、ぱくたそのご利用規約（https://www.pakutaso.com/userpolicy.html）に同意していただく必要があります。同意いただけない場合は写真素材のご利用はできませんのでご注意ください。

図1 完成イメージ

PC版

モバイル版

写真のジャンルごとに切り替えられるようにメニューを配置し、切り替えも同一ページ内で行えるようにします。メニューはスクロールに合わせて途中で固定させます 図2。

図2 ジャンルの切り替えとスクロール時のイメージ

PC版

モバイル版

また、写真をクリックしたときに画像を拡大し、前後の写真へ切り替えられるポップアップ機能にも対応します図3。

図3 ポップアップ時のイメージ

PC版

モバイル版

表示する写真のサムネイル、拡大表示する写真、タイトル、カテゴリについては、外部のjson形式のファイルに記述し、このjsonファイルを読み込むことで表示を行います図4。

図4 jsonファイル

```
[
  {
    "id": 0,
    "src": "./img/sky/img_sky_01.jpg",
    "thumb": "./img/sky/img_sky_01_thumb.jpg",
    "title": "空サンプル1",
    "category": "sky"
  },
  {
    "id": 1,
    "src": "./img/sky/img_sky_02.jpg",
```

```
    "thumb": "./img/sky/img_sky_02_thumb.jpg",
    "title": "空サンプル2",
    "category": "sky"
  },
  ~~~~
```

今回は、これらの機能の作成に、Vue.jsおよびVue.jsに対応したプラグインを使用します。

Vue.jsとは

Vue.jsは、ユーザーインターフェースの構築に特化したJavaScriptフレームワークの1つです図5。今回のサンプルサイトのように、外部ファイルからデータを受け取りサイト上に表示したり、表示の切り替えを非同期に行ったりすることができます。Vue.jsは、プログレッシブフレームワークとも呼ばれており、サイトの一部機能をVue.jsで作成することができるため、サイト全体に対応せずとも段階的な導入が可能です。もちろん、サイト全体に適応することでいわゆるSPA（Single Page Application）などといったアプリライクなWebサイトも制作可能です。

サンプルサイトでは、図6のVue.jsのバージョンおよびプラグインを使用します。

図5 Vue.js公式サイト

https://jp.vuejs.org/index.html

図6 使用するJavaScriptライブラリ

名前	バージョン	説明
Vue.js	2.6.11	Vue.js 本体
vue-masonry-css	1.0.3	複数の写真並べて敷き詰める Masonry プラグイン
vue-lazyload	1.3.3	画像に対して遅延読み込みを行う Lazyload のプラグイン
vue-image-lightbox	7.1.0	画像をクリックしたときに拡大する Lightbox プラグイン

作業用ディレクトリを作成する

ギャラリーサイトは、図7のようなディレクトリ構成となっていますので、それぞれ必要なディレクトリとファイルを作成します。まずは、自身のPCに「Lesson7_sample」という作業用ディレクトリを作成し、サンプルデータの「Lesson7_sample」内の「01_start_files」ディレクトリ内のファイル一式をコピーして配置しましょう。

図7 完成サイトのディレクトリ構成

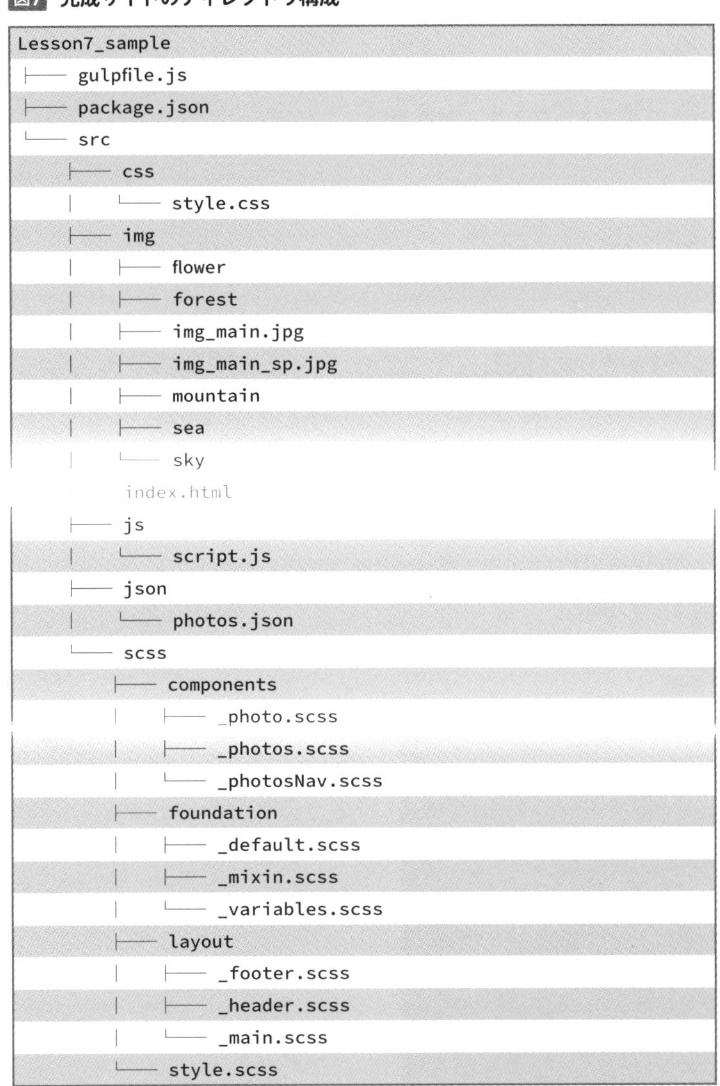

```
Lesson7_sample
├── gulpfile.js
├── package.json
└── src
    ├── css
    │   └── style.css
    ├── img
    │   ├── flower
    │   ├── forest
    │   ├── img_main.jpg
    │   ├── img_main_sp.jpg
    │   ├── mountain
    │   ├── sea
    │   └── sky
    ├── index.html
    ├── js
    │   └── script.js
    ├── json
    │   └── photos.json
    └── scss
        ├── components
        │   ├── _photo.scss
        │   ├── _photos.scss
        │   └── _photosNav.scss
        ├── foundation
        │   ├── _default.scss
        │   ├── _mixin.scss
        │   └── _variables.scss
        ├── layout
        │   ├── _footer.scss
        │   ├── _header.scss
        │   └── _main.scss
        └── style.scss
```

Gulp環境を構築する

Sassの変換、ローカルサーバーの立ち上げおよびHTMLファイルや画像などのオートリロードを行うために、**Lesson3-03**（99ページ〜）、

Lesson3-04（108ページ～）で紹介したGulpを利用します。Node.jsがインストールされていない場合は、**Lesson3-02**（87ページ～）を参考にインストールしましょう。

コマンドラインツールを立ち上げて、自身のPCに作成した「Lesson7_sample」ディレクトリへコマンドラインツールで移動しましょう。

ホームディレクトリ以下に作業ディレクトリを作成した場合は、コマンドラインツールを起動後、図8のコマンドで移動できます。

図8 作業ディレクトリの移動

```
$ cd ./Lesson7_sample
```

ディレクトリに移動したら、npmモジュールをインストールします図9。

図9 npmモジュールのインストール

```
$ npm install
```

インストールが完了したら、gulpコマンドを実行します図10。

図10 gulpコマンドの実行

```
$ npx gulp install
```

Gulpに設定してあるBrowsersyncによって、Webブラウザでギャラリーサイトの「index.html」が起動すれば準備完了です図11。

図11 GulpのBrowsersyncで立ち上がった画面

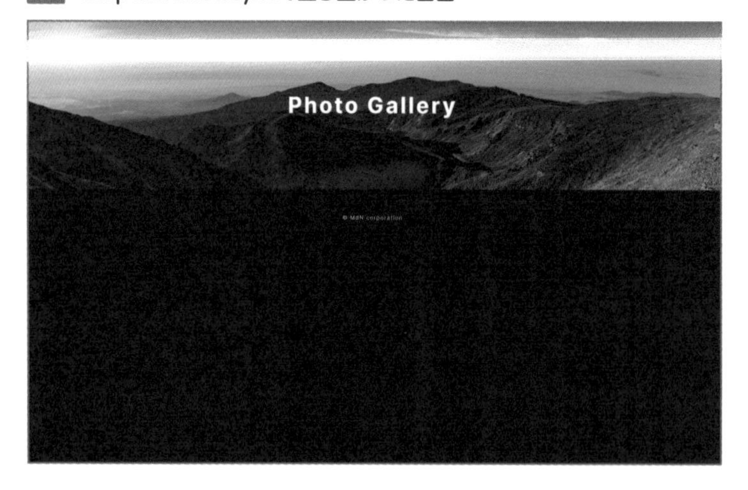

基本となるHTMLとCSSの作成

基本となるHTMLとCSSのベースとファイル構成について見ていきます。また、ページの共通要素となるヘッダー、メイン、フッターの作成についても解説します。

基本となるHTMLタグについて

基本的な初期HTML構成は、図1のようになっています。

使用するプラグインのCSSやJavaScriptファイルに関しては、CDNに配置されているファイルを読み込み、JavaScriptファイルは</body>タグの直前に配置しています。head内の<link>タグの「dns-prefetch」では、外部ドメインを指定すると、指定したドメインの名前解決を事前に行うことができます。外部ファイルの読み込み時に名前解決の実行が省略されるため、外部ファイルの読み込み速度の高速化に繋がります。

コンテンツ要素となるbody内では、全体を囲む「container」と「header」、「main」、「footer」という枠組みで構成しています。

図1 index.htmlのタグ

```
<!DOCTYPE html>
<html lang="ja">
<head>
  <meta charset="UTF-8">
  <meta name="viewport" content="width=device-width,initial-scale=1">
  <title>Photo Gallery</title>
  <meta name="description" content="">
  <meta http-equiv="X-UA-Compatible" content="IE=edge">
  <meta name="format-detection" content="telephone=no">
  <link rel=" dns-prefetch" href=" //unpkg.com" >
  <link rel=" dns-prefetch" href=" //cdn.jsdelivr.net" >
  <link rel="stylesheet" href="https://unpkg.com/ress/dist/ress.min.css">
   <link rel="stylesheet" href="https://cdn.jsdelivr.net/npm/vue-image-lightbox@7.1.0/dist/vue-image-lightbox.min.css">
  <link rel="stylesheet" href="css/style.css">
</head>
<body>
<div class="container">
  <header id="header" class="header">
```

```
  </header>
  <main id="main" class="main">

  </main>
  <footer class="footer">

  </footer>
</div>
<script src="https://cdn.jsdelivr.net/npm/axios/dist/axios.min.js"></script>
<script src="https://unpkg.com/vue@2.6.11/dist/vue.js"></script>
<script src="https://unpkg.com/vue-masonry-css"></script>
<script src="https://unpkg.com/vue-lazyload/vue-lazyload.js"></script>
<script src="https://cdn.jsdelivr.net/npm/vue-image-lightbox@7.1.0/dist/vue-image-lightbox.min.js"></script>
<script src="./js/script.js"></script>
</body>
</html>
```

CSSについて

スタイルを記述するSassに関しては、「src/scss」ディレクトリ内にまとめています図2。それぞれ役割ごとにディレクトリを分けており、componentsディレクトリやlayoutディレクトリでは、1つのclass名に対して1ファイルを作成することで、どこに何のclassが書かれているか分かりやすくしています。

図2 scssのディレクトリ構造

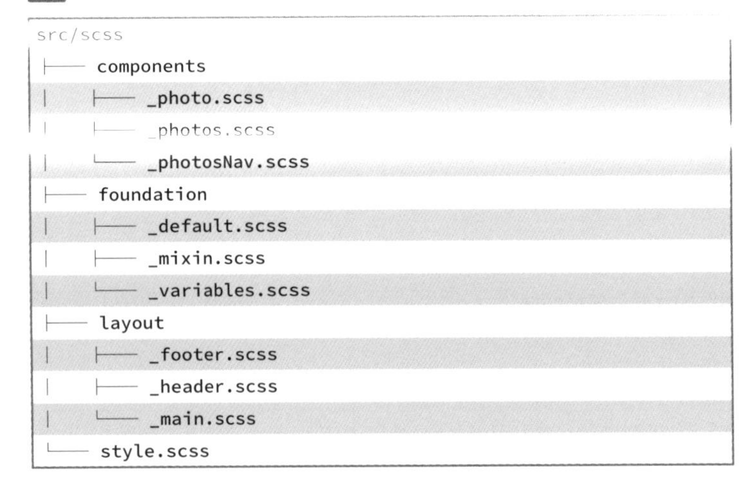

```
src/scss
├── components
│   ├── _photo.scss
│   ├── _photos.scss
│   └── _photosNav.scss
├── foundation
│   ├── _default.scss
│   ├── _mixin.scss
│   └── _variables.scss
├── layout
│   ├── _footer.scss
│   ├── _header.scss
│   └── _main.scss
└── style.scss
```

foundationディレクトリ内には、SCSS内で使用する変数をまとめた「_variables.scss」図3、htmlやbodyなどデフォルトのhtml要素に対してスタイルを初期設定する「_default.scss」図4、media queryのmixinを記述した「_mixin.scss」図5があります。使用するmixinに関しては、**Lesson6-03**（233ページ）と同様のものになります。

図3 変数を設定した_variables.scss

```
@charset "UTF-8";

// font-family
$fontFamily : 'Inter', "Hiragino Kaku Gothic ProN", "ヒラギノ角ゴ ProN W3", Meiryo, sans-serif;

// color
$textColor: #ffffff;
$bgColor: #111111;
$borderColor: #333333;

$breakpoints: (
  'sm-min': 'screen and (min-width: 576px)',
  'sm-max': 'screen and (max-width: 575px)',
  'md-min': 'screen and (min-width: 768px)',
  'md-max': 'screen and (max-width: 767px)',
  'lg-min': 'screen and (min-width: 992px)',
  'lg-max': 'screen and (max-width: 991px)',
  'xl-min': 'screen and (min-width: 1131px)',
  'xl-max': 'screen and (max-width: 1130px)',
);
```

図4 デフォルトタグのスタイルを設定した_default.scss

```
@charset "UTF-8";

* {
  box-sizing: border-box;
}

body {
  font-size: 14px;
  font-family: $fontFamily;
  color: $textColor;
  background: $bgColor;
}

a {
  color: $textColor;
  text-decoration: none;
}
```

図5 メディアクエリを設定した_mixin.scss

```
@charset "utf-8";
@mixin mq($breakpoint: md-min) {
  @media #{map-get($breakpoints, $breakpoint)} {
    @content;
  }
}
```

個々のパーツやレイアウトに関するスタイルは、componentsディレクトリとlayoutディレクトリにまとめています図6。個別のスタイルについては、各パーツ作成時に解説します。

図6 componentsディレクトリとlayoutディレクトリ

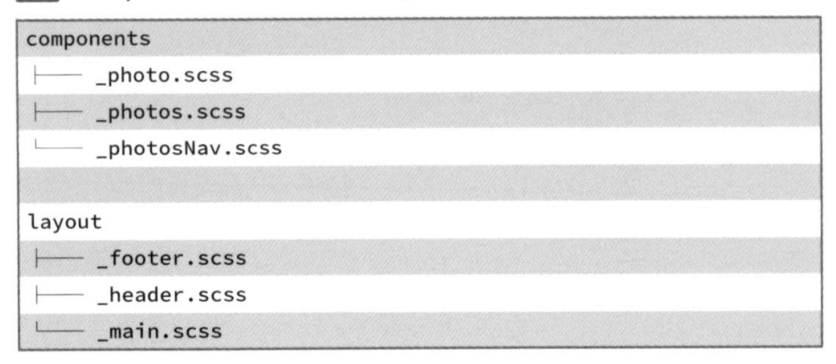

最終的にCSSとして出力される「style.scss」では、複数のSassファイルをimportしたものを記述しており、**Lesson3-04**で紹介した「gulp-sass-glob」を使って、layoutディレクトリとcomponentsディレクトリのインポート記述を省略しています図7。

図7 style.scss

```
@charset "UTF-8";
@import "foundation/variables";
@import "foundation/mixin";
@import "foundation/default";
@import "layout/**";
@import "components/**";
```

ヘッダーの作成

ヘッダーは、サイトのタイトルと背景画像で構成されています図8。

背景画像はブラウザサイズの可変に対応するため、高さを固定し、ブラウザの横サイズが拡縮された際に中心を保つようにしています。また、画像自体を画面固定にし、メインコンテンツの後ろのレイヤーにする演出を加えています。タイトルの白文字が写真によっては見えなくなる可能性もあるため、画像の上に黒の透過レイヤーを擬似要素として配置しました。

図8 headerのデザイン

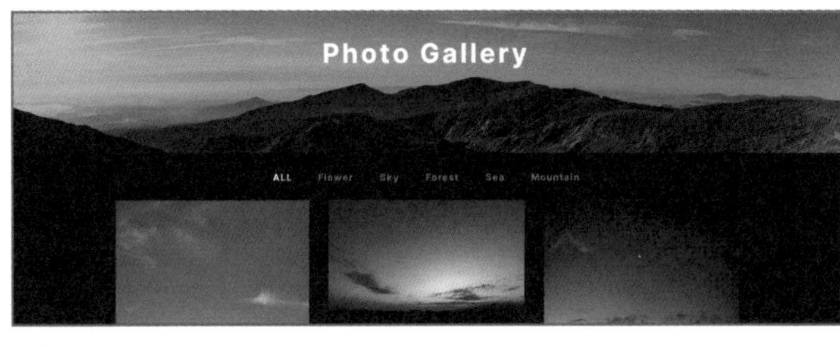

PC版

モバイル版

ヘッダーのHTMLとCSS

まずは、ヘッダーのHTMLをindex.htmlに記述します。ベースのHTMLでは<header id="header" class="header">～</header>が記述されているため、その中に図9を追記していきましょう。

図9 headerのHTML

```
<header id="header" class="header">
  <h1 class="logo">Photo Gallery</h1>
  <div class="header__bg">
    <img src="img/img_main.jpg" alt="蔵王山の火口">
  </div>
</header>
```

headerのスタイルは、「src/scss/layout/」ディレクトリ内の「_header.scss」に記述しています。「.header」classでは、flexboxを使用してタイトルを天地中央にし、PCでは要素の高さを300px、モバイルでは150pxとしています図10。

図10 headerのスタイル

```
.header {
  position: relative;
  height: 150px;
  display: flex;
  justify-content: center;
  align-items: center;
  @include mq() {
    height: 300px;
  }
  .logo {
    letter-spacing: .1em;
    font-size: 28px;
    z-index: 1;
    @include mq() {
      font-size: 40px;
```

```
    }
  }
}
```

背景画像については、囲んだdiv要素を「position: fixed;」で画面固定にし、タイトルの後ろのレイヤーに配置しています。また、「object-fit: cover;」で画像を画面サイズに合わせて拡縮するようにし、高さをPCでは300px、モバイルでは150pxと指定することで、最小の高さを保った表示方法にしています。

memo
「object-fit: cover;」は、IE11に対応していないため、対応させる場合はPolyfillを使用しましょう。
・object-fit-images
https://github.com/fregante/object-fit-images

図11 背景画像のスタイル

```
.header__bg {
  position: fixed;
  top: 0;
  left: 0;
  z-index: 0;
  width: 100%;
  height: 100%;
  &::before {
    content: '';
    position: absolute;
    top: 0;
    left: 0;
    width: 100%;
    height: 100%;
    background: rgba(#000000, .2);
  }
  img {
    object-fit: cover;
    width: 100%;
    height: 150px;
    @include mq() {
      height: 300px;
    }
  }
}
```

メインの作成

main要素には写真の一覧を記述しますが、ここではスタイル設定について解説します。headerで背景画像を「position: fixed;」で固定したため、main要素がheaderの後ろのレイヤーに隠れてしまいます。そこで、main要素に「position: relative;」を設定し、「foundation/_variables.scss」に設定した「$bgColor」を背景色に指定します。

図12 main要素のHTML

```
<main id="main" class="main">

</main>
```

図13 main要素のCSS

```
.main {
  position: relative;
  background: $bgColor;
}
```

フッターの作成

フッターでは、copyrightを記述します。こちらもmain要素同様、border色の指定に変数の「$borderColor」を指定しています図14 図15。

図14 フッターのHTML

```
<footer class="footer">
  <p class="copyright"><small>© MdN corporation</small></p>
</footer>
```

図15 フッターのCSS

```
.footer {
  margin-top: 20px;
  text-align: center;
  padding: 20px 0;
  border-top: 1px solid $borderColor;
}
.copyright{
  font-size: 12px;
  letter-spacing: 0.1em;
}
```

Lesson 7

03 Vue.jsを使って写真の一覧を作成する

180 min

THEME テーマ

外部のjsonファイルを読み込み、読み込んだ写真データをVue.jsを使って一覧表示します。また、読み込んだ写真をカテゴリ別にフィルタリング表示する仕組みを作成します。

Vueのインスタンスを作成する

まずは、Vue.jsを使うために、「src/js」ディレクトリの「script.js」を開いて、Vueのインスタンスを作成する記述を行います。Vueの**インスタンス**には、引数で「elオプション」が指定できるので、写真一覧を表示する要素の<main id="main" class="main"></main>のIDを指定しましょう 図1。

WORD インスタンス

オブジェクト指向プログラミング言語においてクラス（class）が設計書で、その設計書を生成した実体のことをインスタンスという。

図1 Vue.jsのインスタンス作成

```
var app = new Vue({
  el: '#main',
});
```

カテゴリ別のナビゲーションの作成

次に、写真のカテゴリ別のフィルタリングを行うナビゲーション部分を作成します 図2。script.jsのVueの「dataオプション」に、「filterプロパティ」を定義します。そして、ナビゲーションのボタンをクリックしたときに実行する「updateFilter」関数を「methodsプロパティ」に記述します 図3。

初期値は「all」ですが、クリックしたボタンによって、「sky」や「forest」などカテゴリ別の名称がfilterプロパティに設定されます。

図2 カテゴリのナビゲーション

PC版

モバイル版

図3 VueにdataオプションとupdateFilter関数を設定

```
var app = new Vue({
  el: '#main',
  data: {
    filter: 'all',          ← filter プロパティ追加
  },
  methods: {
    updateFilter: function(filterName) {   ← クリック時の関数を設定
      this.filter = filterName;
    },
  },
});
```

ナビゲーションのHTMLを作成する

次にナビゲーションのHTMLを<main id="main"></main>内に作成します。ここからは、Vue.jsのMustache構文やディレクティブをHTMLに適応した状態で作成を行っていきます。

ボタンをクリックしたときのイベントを定義する場合は、メソッドイベントハンドラのv-onディレクティブを使うことで、JavaScriptの実行が可能になります。ボタンをクリックするとscript.jsに定義した「updateFilter」関数が実行され、dataのfilterにカテゴリ名が設定されます。また、v-bind:classディレクティブで現在のfilterの値を判定し、同じカテゴリ値のボタンに対して「is-active」というclassを付与することで現在クリックしたボタンの判別を行います図4。

WORD ディレクティブ

ディレクティブとは、「v-」で始まるDOM要素に設定できる属性のことで、DOM要素に対して何かを実行することをVue.jsに伝える仕組み。

memo

「v-on:click」は「@click」、「v-bind:」は「:」といった形で記述を省略できるため、HTMLの記述では省略式の記述で記載しています。

図4 カテゴリナビゲーションの作成

```
<nav class="photosNav">
  <ul class="photosNav__list">
    <li class="photosNav__item">
      <button type="button" @click="updateFilter('all')" :class="{'is-active': filter === 'all'}" 
class="photosNav__button">ALL</button>
    </li>
    <li class="photosNav__item">
```

```
        <button type="button" @click="updateFilter('flower')" :class="{'is-active': filter === 'flower'}" class="photosNav__button">Flower</button>
    </li>
    <li class="photosNav__item">
      <button type="button" @click="updateFilter('sky')" :class="{'is-active': filter === 'sky'}" class="photosNav__button">Sky</button>
    </li>
    <li class="photosNav__item">
        <button type="button" @click="updateFilter('forest')" :class="{'is-active': filter === 'forest'}" class="photosNav__button">Forest</button>
    </li>
    <li class="photosNav__item">
      <button type="button" @click="updateFilter('sea')" :class="{'is-active': filter === 'sea'}" class="photosNav__button">Sea</button>
    </li>
    <li class="photosNav__item">
        <button type="button" @click="updateFilter('mountain')" :class="{'is-active': filter === 'mountain'}" class="photosNav__button">Mountain</button>
    </li>
  </ul>
</nav>
```

CSSの作成

ナビゲーションのスタイルは、「_photosNav.scss」図5として、「Lesson7_sample/scss/components」内に作成しています。スクロール途中でヘッダーに固定させるため、「position: sticky;」を設定します。また、モバイル表示では横スクロールでナビゲーションを表示できるように、「.photosNav__list」に「overflow-x: scroll;」を設定します。

図5 photosNav.scss

```
@charset "UTF-8";
.photosNav {
  position: sticky; ――― スクロールがナビゲーション位置にきたら画面上部に固定する
  top: 0;
  left: 0;
  z-index: 1;
  background: $bgColor;
  color: $textColor;
  max-width: 960px;
  margin: 0 auto;
}

.photosNav__list {
  display: flex;
  padding: 10px 0;
  justify-content: flex-start;
  overflow-x: scroll; ――― モバイルでは横スクロールでナビゲーションを表示させる
  @include mq() {
```

```
    justify-content: center;
    padding: 20px 0;
  }
}

.photosNav__item {
  list-style-type: none;
  &:last-child {
    margin-right: 0;
  }
}

.photosNav__button {
  cursor: pointer;
  display: inline-block;
  padding: 5px 20px;
  font-weight: 700;
  opacity: .5;
  transition: .2s;
  letter-spacing: .1em;
  &.is-active,
  &:hover{
    opacity: 1;
  }
}
```

これでカテゴリのナビゲーションボタンをクリックしたときに、切り替える準備が整いました。

写真の一覧データを読み込む

次に、メインコンテンツとなる写真の一覧部分の実装を行います図6。

図6 写真一覧部分

PC版

モバイル版

まずは、写真のデータを定義した「photos.json」を読み込みます。読み込みには「axios」というHTTP通信を簡単に取り扱えるライブラリを使用します。

jsonのファイルパスを変数として設定するために追記しましょう図7。

図7 jsonファイルの配置場所のパスを変数に設定する

```
var JSON_FILE = './json/photos.json'; ―― jsonファイルを変数に指定

var app = new Vue({
  el: '#main',
```

次に、「dataオプション」に、読み込んだjsonデータを保存する「photosプロパティ」を空配列で設定します図8。

図8 photosプロパティをdataオプションに設定する

```
var app = new Vue({
  el: '#main',
  data: {
    photos: [], ―― jsonから受け取ったデータを格納するプロパティ
    filter: 'all',
  },
```

そして、Vueが実行されDOMが生成されたタイミングで実行できる「mountedオプション」内に、axiosを使ってjsonファイルの読み込み設定を記述します図9。

図9 mountedオプションで、axiosを使ってjsonファイルのデータを読み込む

```
var app = new Vue({
  el: '#main',
  data: {
    photos: [],
    filter: 'all',
  },
  mounted: function() {
    var self = this;
    axios.get(JSON_FILE) ―― 変数のjsonFileをaxiosのgetに設定
      .then(function(response) {
        self.photos = response.data; ―― jsonから受け取った値をphotosプロパティに設定
      })
      .catch(function(error) {
        console.log(error); ―― エラーが出た場合、consoleに表示
      });
  },
```

読み込みが成功した場合は、引数にresponseが渡されるため、photosプロパティに結果をセットします。何かしらの理由で読み込みが失敗した場合は、コンソールログにエラー内容を表示します。

> **memo**
> Google Chromeなどのブラウザでは、index.htmlをローカルで起動した場合、ローカルからの外部ファイルの読み込みはセキュリティエラーとなってしまいます。そのため、今回のサンプルサイトのようにBrowsersyncでローカルサーバーを立ち上げたり、ファイル一式をWebサーバーにファイルをアップロードして確認する必要があります。

写真の一覧を表示するHTMLを作成する

HTML側では、「photos」プロパティに保存されたデータを展開します。配列化されたデータを展開するために、「v-for」ディレクティブと「key」属性を設定します。また、データ内のimg属性のプロパティを参照するために、タグの属性で「src」および「alt」のディレクティブを設定します図10。

図10 photosデータをHTML側で展開する

```
<div class="photos">
  <div class="photos__list">
     <div class="photos__item" class="photos__item" v-for="(photo, index) 
in photos" :key="photo.id">
      <div class="photo">
        <figure class="photo__thumb">
          <img :src="photo.thumb" :alt="photo.title">
        </figure>
      </div>
    </div>
  </div>
</div>
```

写真一覧のCSSの作成

一覧のスタイル設定では、「Lesson7_sample/scss/components」以下にある「_photos.scss」で一覧のスタイル設定を行い、「_photo.scss」で個々の写真のスタイル設定を行っています図11 図12。

図11 _photos.scss

```
@charset "UTF-8";
.photos {
  max-width: 960px;
  margin: 0 auto;
}

.photos__item {
  padding: 0 20px;
  margin-bottom: 20px;
  @include mq() {
    padding: 0;
    margin-bottom: 30px;
  }
}
```

```
.photos__more{
  text-align: center;
  margin-top: 60px;
}
```

図12 _photo.scss

```
@charset "UTF-8";
.photo__thumb {
  overflow: hidden;
  img {
    display: block;
    max-width: 100%;
    height: auto;
    @include mq() {
      transition: 1s;
      &:hover{
        transform: scale(1.1);
      }
    }
  }
}
```

写真をカテゴリ別にフィルタリングする

現状、読み込んだデータは写真のカテゴリに関係なくすべて出力されるため、カテゴリ別にフィルタリングを行う設定を行います。dataオプションに登録されているデータを別のデータとして算出する場合は、算出オプションの「computed」オプションを使用します。また、一度に表示する写真枚数にも制限を行うため表示件数の指定を行います。

図13 写真のフィルタリングと表示件数の設定

```
var JSON_FILE = './json/photos.json';
var VIEW_LIMIT = 9; ―――――――――――――――― 表示件数を指定

var app = new Vue({
  el: '#main',
  data: {
    filter: 'all',
    photos: [],
    photoCount: VIEW_LIMIT, ――――――――――― 表示件数を data オプションに設定
  },
  mounted: function() {
    var self = this;
    axios.get(JSON_FILE)
      .then(function(response) {
        self.photos = response.data;
```

```
      })
      .catch(function(error) {
        console.log(error);
      });
  },
  methods: {
    updateFilter: function(filterName) {
      this.photoCount = VIEW_LIMIT; // カテゴリを切り替えた際に初期件数にリセット
      this.filter = filterName;
    },
  },
  computed: {
    filteredPhotos: function() {
      var filter = this.filter;
      if (filter === 'all') { // allだったらすべてのカテゴリ写真を表示
        return this.photos.slice(0, this.photoCount); // 配列の数を表示件数分に抽出
      } else { // それ以外だったら、カテゴリナビゲーションでクリックされたfilterの値を元に写真を抽出
        var photos = this.photos.filter(function(photo) {
            return filter === photo.category;
          });
        return photos.slice(0, this.photoCount); // 配列の数を表示件数分に抽出
      }
    }
  },
});
```

JavaScript側の設定はできたので、フィルタリングされたデータを展開するため、HTMLの「v-for="(photo, index) in photos"」のphotosの記述を算出プロパティで定義した「filteredPhotos」に変更します図14。

図14 算出プロパティからデータを展開する

```
<div class="photos__item" class="photos__item" v-for="(photo, index) in photos" :key="photo.id">
~~~~~ 省略 ~~~~~
</div>
```

```
<div class="photos__item" class="photos__item" v-for="(photo, index) in filteredPhotos"
:key="photo.id">
~~~~~ 省略 ~~~~~
</div>
```

Lesson 7 04 Vue.jsのプラグインでギャラリーサイト機能を追加

THEME テーマ

ここでは、写真のレイアウトをMasonryに対応し、スクロールに合わせて自動で読み込む、写真のポップアップ表示の機能を実装します。Vueプラグインを使うことで、1から記述しなくてもさまざまな機能を追加できます。

写真の一覧レイアウトをMasonryに対応させる

通常、横と縦の比率が異なる画像をカラムで並べる場合、CSSの「float:left;」や「flexbox」では横一列になるため、画像の比率によっては上下に隙間が生まれてしまいます図1。そこで、写真を敷き詰めるレイアウトの実装方法の1つとして、JavaScriptライブラリのMasonryが使用されています。

図1 flexboxとmasonryの比較

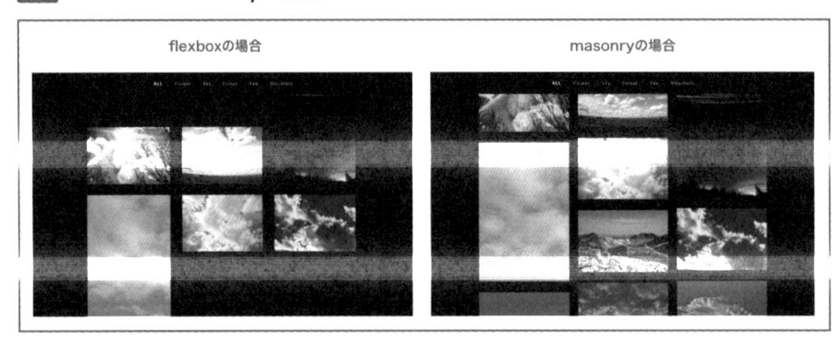

列内に縦写真がくると横写真の下に隙間ができるため、余白が均等になりません。

PCでは3カラム、モバイルでは1カラムでレイアウトするために、事前に読み込んでおいた「vue-masonry-css」を使用します。

まずは、「script.js」で、プラグインの登録を先頭行に追記します図2。

図2 プラグインの登録を先頭行に追記

```
Vue.use(VueMasonry);
```

これでVueのelオプションで指定した要素内であれば、タグが使用できるようになりました。HTML側にタグを追記します。defaultはPC表示の場合のカラム数、768はモバイル表示のカラム数をレスポンシブのように指定できます。また、「:gutter」ディレクティブでは要素間の左右の余白を指定できます図3。

図3 Masonryタグを追記

```
<div class="photos__list">
  <masonry :cols="{default: 3, 768: 1}" :gutter="30">
     <div class="photos__item" class="photos__item" v-for="(photo, index)
in filteredPhotos" :key="photo.id">
~~~~~ 省略 ~~~~~
    </div>
  </masonry>
</div>
```

スクロールに合わせて写真を自動で表示する

初期表示では、指定した9件しか表示されないため、スクロールが一番下まで到達したら新たな写真を追加表示する仕組みを実装します。

まずは、ページのスクロールを監視するために、「createdオプション」でscrollイベントを設定します図4。「handleScroll」メソッドでは、scrollHeightで現在のスクロール値、maxHeightでコンテンツの最大高さを変数に設定しています。現在のスクロール量がコンテンツの最大高さから200pxマイナスした位置に到達した場合、表示数の上限を+9件として最大値までカウントします。

memo

掲載する写真枚数が大量にある場合は、JSONデータを読み込むだけで時間がかかってしまう場合があります。その場合は、表示件数を調整する方法ではなく、必要な件数だけ都度データを読み込むような実装も検討しましょう。

図4 スクロールイベントを追加

```
var app = new Vue({
  el: '#main',
  data: {
~~~~~ 省略 ~~~~~
  },
  created: function() {
    window.addEventListener('scroll', this.handleScroll);
  },
  ~~~~~ 省略 ~~~~~
  methods: {
    ~~~~~ 省略 ~~~~~
    handleScroll: function() {
      var scrollHeight = window.scrollY;
      var maxHeight = window.document.body.scrollHeight - window.document.
documentElement.clientHeight;

      if (scrollHeight >= maxHeight - 200) {
        this.photoCount += VIEW_LIMIT;
      }
    },
```

写真のポップアップを実装する

写真をクリックしたときに写真を拡大表示する機能の実装をします図5。VueのLightboxプラグイン「vue-image-lightbox」と画像の遅延読み込みを行う「vue-lazyload」を使用するため、vue-masonry-css同様、まずはscript.jsにプラグインの登録を行います図6。

図5 ポップアップ機能

PC版

モバイル版

図6 プラグインを登録

```
var LightBox = window.Lightbox.default;
Vue.use(VueLazyload);
Vue.component('light-box', LightBox);
```

Vue.componentに、「light-box」という名称でプラグインを登録します。これでHTML側では<light-box></light-box>というタグが使用できるようになります。

<div class="photos__list">タグの下に<div class="photos__show">タグを追記し、<light-box>タグを設定します。<light-box>では、ディレクティブにさまざまなオプション値を設定できますが、今回は、初期表示とクリック後のサムネイル表示機能をOFFにします図7。

図7 <light-box>の追加

```
<div class="photos">
  <div class="photos__list">
    ~~~~~ 省略 ~~~~~
  </div>
  <div class="photos__show">
    <light-box ref="lightbox" :media="filteredPhotos" :show-light-box="false" :show-thumbs="false"></light-box>
  </div>
</div>
```

次に、HTMLのbutton要素にクリックイベントのディレクティブを設定します。引数には拡大して表示する写真のIDを設定します図8。

図8 写真に対してクリックイベントを設定する

```
<div class="photo">
  <button type="button" class="photo__button" @click="openPhoto(photo.id)">
    <figure class="photo__thumb">
      <img :src="photo.thumb" alt="photo.title">
    </figure>
  </button>
</div>
```

クリックされた際にLightboxが起動するようにJavaScriptを設定します。methodsオプションに、openPhotoという関数を追加します。

動的に配置された子要素をJavaScriptから操作したい場合に、あらかじめ要素に「ref=""」と指定しておくと、JavaScript側から「$refs」で参照・取得できるようになります。今回は、Lightboxに「ref="lightbox"」を指定しているため、「this.$refs.lightbox」で参照が可能となり、Lightboxのメソッドが実行可能となります図9。

図9 「this.$refs.lightbox」で参照が可能

```
methods: {
  updateFilter: function(filterName) {
  ~~~~~ 省略 ~~~~~
  },
  handleScroll: function() {
  ~~~~~ 省略 ~~~~~
  },
  openPhoto: function(id) {
    this.$refs.lightbox.showImage(id);
  },
},
```

圧縮データを作成する

これで一通りの機能が完成しました。最後に、CSSやJavaScript、画像などのファイルを圧縮して生成するため、gulpの監視を「ctrl+c」で停止し、「gulp dist」コマンドを実行します。

distコマンドは今回のサンプルサイトのgulpfile.jsで設定した圧縮用コマンドで、src内でWebサーバーで公開するために必要なファイル群を、distディレクトリ以下に生成します(次ページ図10)。

図10 distコマンドの実行

```
$ npx gulp dist
```

実行後、distディレクトリが「Lesson7_sample」ディレクトリ内に作成されていれば完了です図11。

図11 distディレクトリ構造

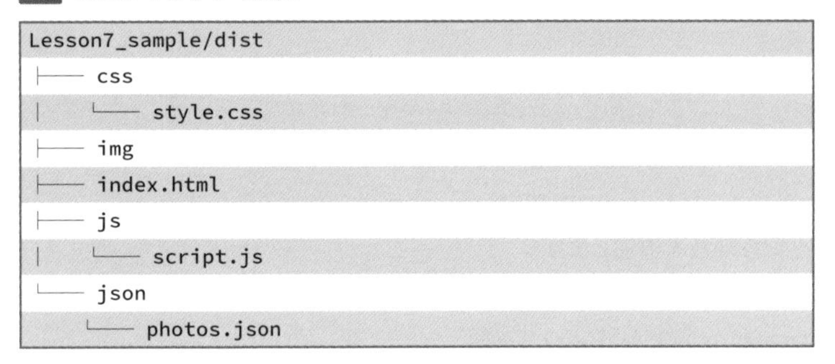

```
Lesson7_sample/dist
├── css
│   └── style.css
├── img
├── index.html
├── js
│   └── script.js
└── json
    └── photos.json
```

以上で、ギャラリーサイトのサンプルは完成です。実案件においては、外部のファイルやAPIからデータを受け取ってJavaScriptで表示するというケースは数多くあるので、取得から表示方法までの基本的な仕組みを理解しておきましょう。

Figmaで情報を取得する

Figmaで作成されたデザインデータからCSSに必要な情報を取得する方法を紹介します。

図1 は**Lesson6**のサンプルサイト「東京サファリパーク」のデザインカンプで、**Lesson6**のサンプルデータに同梱しています。

要素の選択中、右側の「Code」パネルを開いているときにCSSのスタイル例が表示されます。例えば「イベント情報」部分の見出し部分を選択した場合、右側のパネルに表示される「font-size」「color」などのプロパティとその値をコピーできます。

文字部分だけでなく、図形を選択することで「background-color」や、線が設定されている場合は「border」の情報などを取得できます。

要素と要素のすき間を確認したい場合は、「Code」パネルを開いている状態で、選択している要素とは別の要素にマウスカーソルを持っていったときに赤い数字でピクセル数が表示されます。

このとき、「マスク機能」が適用されている画像を選択しようとした場合、外側のマスク部分が選ばれてしまいますので、そのときは左の「レイヤーパネル」から適切なレイヤーを選びましょう。

また、画像の書き出しは右側の「Design」パネル下部にある「Export」から可能です。

図1 Figma

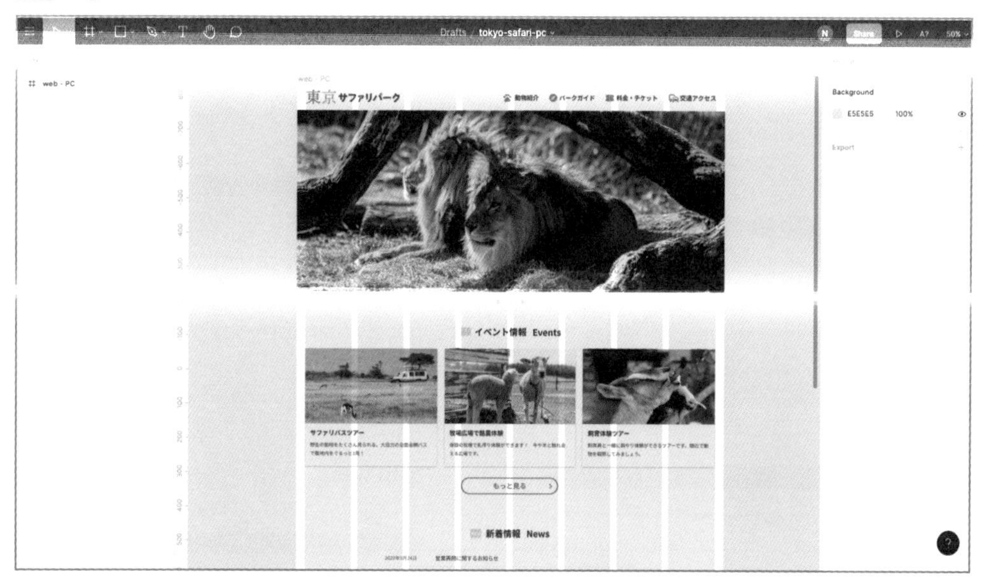

利用にはアカウント登録が必要です。「tokyo-safari-pc.fig」をアップロードして開きましょう。

Index　用語索引

数字・記号

アルファベット

A

B

C

D

E

F

G

H

I

Index　用語索引

執筆者紹介

相原　典佳　（あいはら・のりよし）

Lesson 1・6 執筆

都内制作会社にて百貨店のWebサイトのアシスタントディレクターを担当。その後、デジタルハリウッドにて本格的にWebデザインを学び、卒業後の2010年より個人事業主のWeb制作者として独立。デザインからフロントエンドまでを引き受ける。また、デジタルハリウッドにて講師も担当。

Twitter：@noir44_aihara
36度社：https://36do.jp/

草野　あけみ　（くさの・あけみ）

Lesson 4 執筆

愛知県出身。早稲田大学第一文学部卒業後、一旦は地元愛知県の公立高校世界史教員として勤務。その後岐阜県立国際情報芸術アカデミー（IAMAS）でデジタルクリエイティブを学び、2000年からリクルート関連子会社にてWeb制作に従事。2003年よりWebサイトコーディングの受託制作をメインとするフリーランスとして活動中。

Twitter：@ake_nyanko
ブログ：http://roka404.main.jp/blog/

サトウ　ハルミ（さとう・はるみ）

Lesson 2・5 執筆

制作会社でコーダーとして勤務。独立後、2016年にコーディング専門プロダクションFLATを設立。Web制作会社やシステム会社のコーディングパートナーとして制作を行う。受託制作の経験を活かした効率的かつ堅実なコーディングを得意とし、チーム全体の生産性を高め、指名されるコーディングチームを目指している。夫と愛犬のスパンと仲良く暮らす。典型的なO型。

株式会社FLAT（フラット）：https://wd-flat.com/

塚口　祐司（つかぐち・ゆうじ）

Lesson 3・7 執筆

1987年生。DTP、動画配信・リッチコンテンツ制作、Web制作会社共同創業を経て、フリーランスとして独立。デザインからフロントエンド、バックエンドの実装、WordPressやMovableTypeなどのCMS構築まで一貫した制作を行う。プライベートワークでは、フリー素材サイト「PAKUTASO／ぱくたそ」の開発・運営を担当中。

個人サイト：https://raym-d.jp/

●制作スタッフ

[装丁]　西垂水 敦(krran)
[カバーイラスト]　山内庸資
[本文デザイン]　加藤万琴
[編集]　株式会社リブロワークス
[DTP]　株式会社リブロワークス デザイン室

[編集長]　後藤憲司
[担当編集]　熊谷千春

初心者からちゃんとしたプロになる

HTML+CSS 実践講座

2020年9月1日　初版第1刷発行

[著者]　相原典佳　草野あけみ　サトウハルミ　塚口祐司
[発行人]　山口康夫
[発行]　株式会社エムディエヌコーポレーション
〒101-0051　東京都千代田区神田神保町一丁目105番地
https://books.MdN.co.jp/
[発売]　株式会社インプレス
〒101-0051　東京都千代田区神田神保町一丁目105番地
[印刷・製本]　中央精版印刷株式会社

Printed in Japan

【カスタマーセンター】
造本には万全を期しておりますが、万一、落丁・乱丁などがございましたら、送料小社負担にてお取り替えいたします。お手数ですが、カスタマーセンターまでご返送ください。

落丁・乱丁本などのご返送先
〒101-0051　東京都千代田区神田神保町一丁目105番地
株式会社エムディエヌコーポレーション カスタマーセンター
TEL：03-4334-2915

書店・販売店のご注文受付
株式会社インプレス　受注センター
TEL：048-449-8040 ／ FAX：048-449-8041

【内容に関するお問い合わせ先】

株式会社エムディエヌコーポレーション
カスタマーセンター メール窓口

info@MdN.co.jp

本書の内容に関するご質問は、Eメールのみの受付となります。メールの件名は「HTML+CSS実践講座　質問係」、本文にはお使いのマシン環境（OSとWebブラウザの種類・バージョンなど）をお書き添えください。電話やFAX、郵便でのご質問にはお答えできません。ご質問の内容によりましては、しばらくお時間をいただく場合がございます。また、本書の範囲を超えるご質問に関しましてはお答えいたしかねますので、あらかじめご了承ください。

ISBN978-4-295-20021-5　C3055